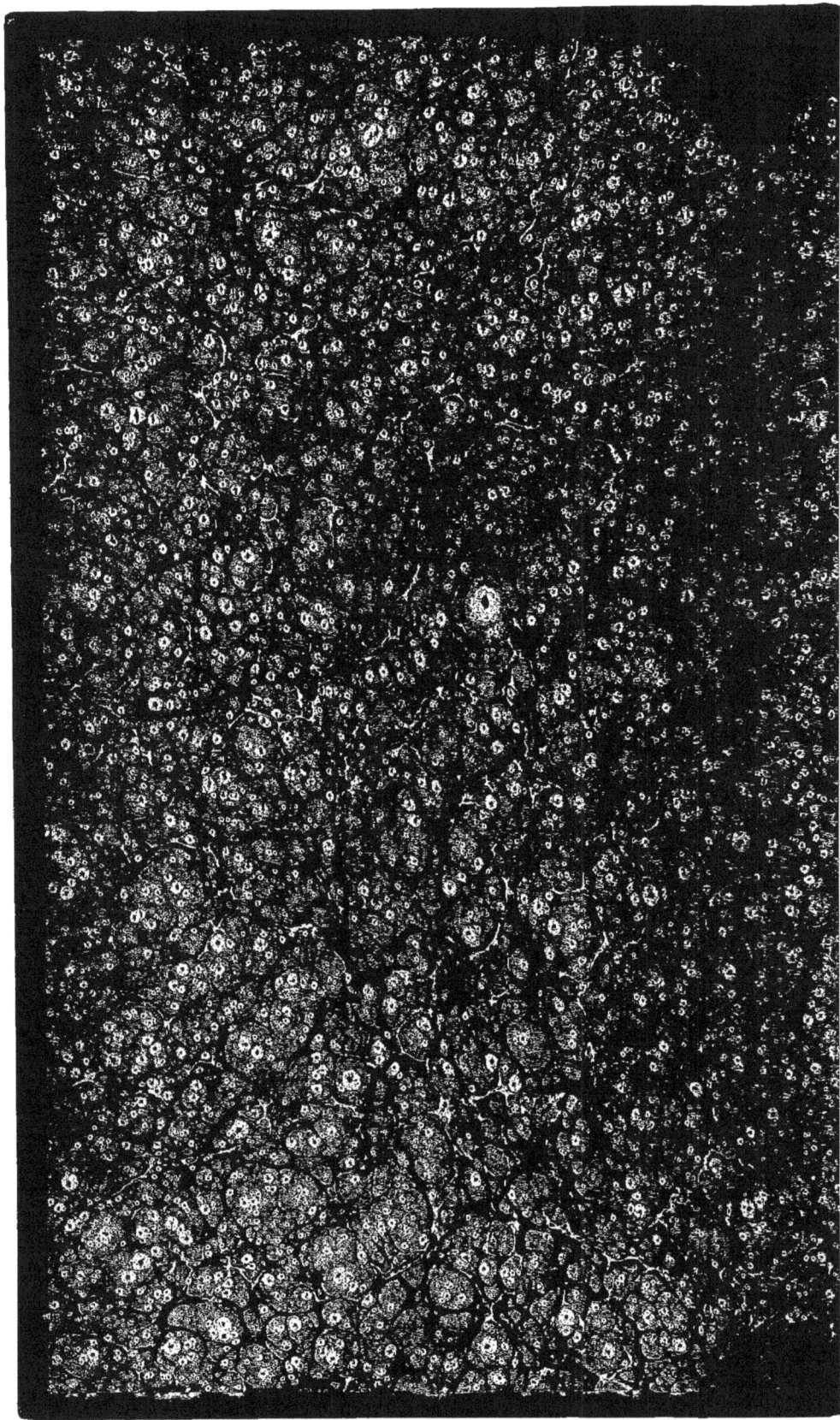

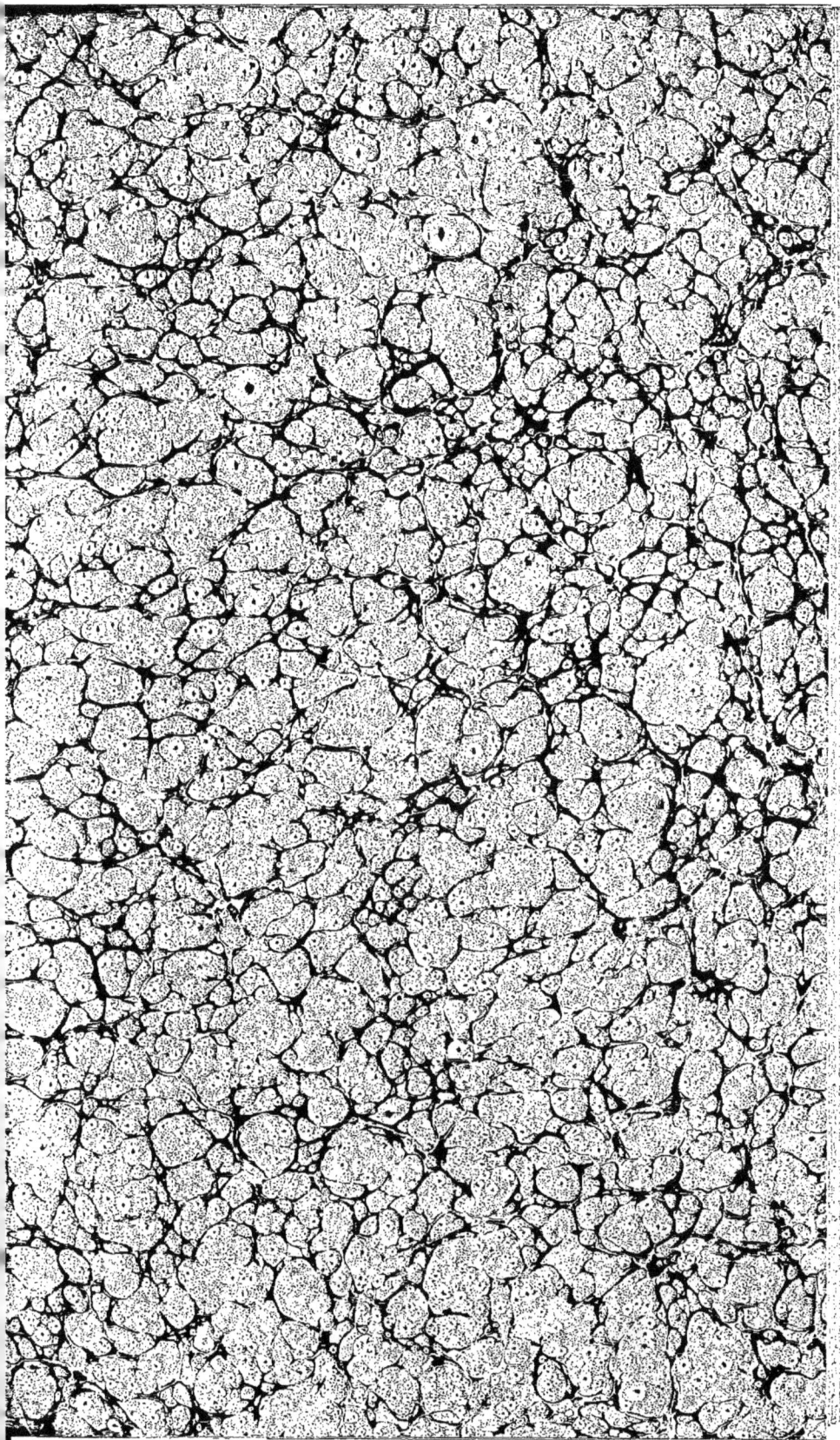

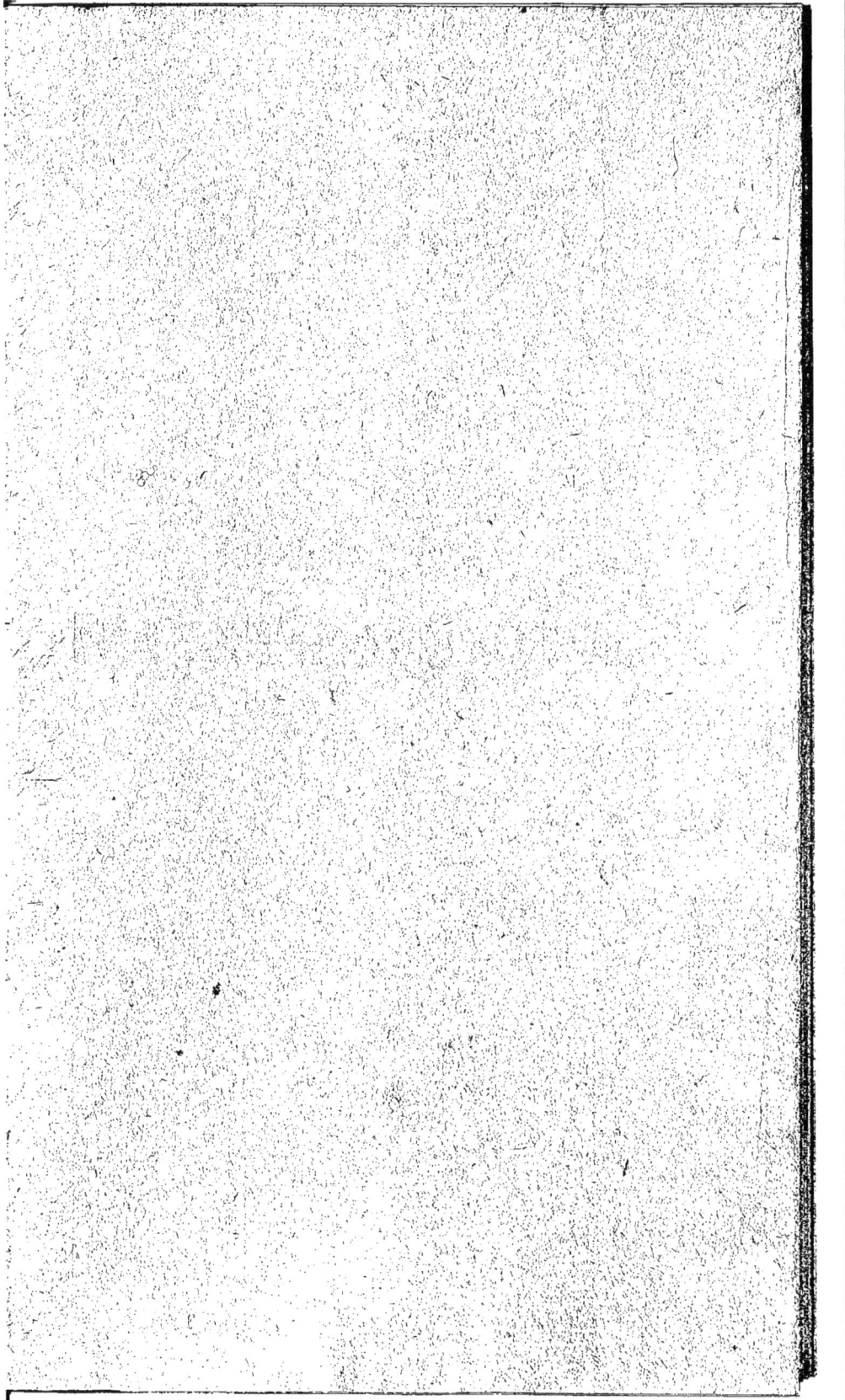

V

ÉLÉMENS
D'ARITHMÉTIQUE.

NANCY, DE L'IMPRIMERIE DE C.-J. HISSETTE.

ÉLÉMENS
D'ARITHMÉTIQUE,

Par C. J. A. ANTOINE,

ANCIEN PROFESSEUR DE MATHÉMATIQUES.

———————◆———————

VI.e ÉDITION.

Prix: 2 fr. 75 c. LE VOLUME BROCHÉ.

PARIS,

LECOINTE ET DUREY, LIBRAIRES, QUAI DES GRANDS-AUGUSTINS, N° 49.

NANCY,

A LA LIBRAIRIE BONTOUX, RUE DES DOMINICAINS, N° 53;
GRIMBLOT, LIBRAIRE, PLACE ROYALE, N° 9.

1830.

AVERTISSEMENT.

On trouvera à la fin de ce volume, l'explication des termes et des signes employés dans le cours de l'Ouvrage, ainsi que les axiomes auxquels on devra recourir à mesure qu'on les verra cités dans les démonstrations dont on s'occupera.

Les n.^{os} sont destinés à faciliter le recours aux articles dont le souvenir est nécessaire à l'intelligence des articles suivans.

On a réuni, dans cet ouvrage, un grand nombre de questions, afin que chaque professeur pût choisir celles dont la discussion s'adapterait davantage à sa méthode particulière d'enseignement.

Ax. est l'abréviation d'axiome.

ÉLÉMENS
D'ARITHMÉTIQUE.

NOTIONS PRÉLIMINAIRES.

1. L'ARITHMÉTIQUE est l'art du calcul et la science des quantités représentées par des nombres.

2. La *quantité* ou la *grandeur* est tout ce qui est susceptible d'augmentation ou de diminution.

Par exemple, l'étendue, le mouvement, la durée ou le temps, les valeurs monétaires, les poids, les nombres, l'unité.

3. *L'unité* est l'objet unique auquel on compare les objets de même espèce. (Axiome I.)

Tel est un homme à l'égard de plusieurs hommes ; une année à l'égard d'une portion d'année ou de plusieurs années.

4. Le *nombre* est le résultat de la comparaison d'une quantité avec l'unité.

Ainsi quand on dit : *voilà huit arbres*, cela signifie qu'ayant comparé un seul arbre avec la quantité d'arbres dont il s'agit, on trouve que cette dernière se compose de huit fois ce qu'on entend par un seul arbre.

De même, si l'on parle d'*un quart de jour*, on entend désigner un espace de temps, qui, comparé à la durée d'un jour, n'en paraît être que le quart.

5. Donc *l'unité est elle-même un nombre.*

Car lorsqu'on dit : *voilà une étoile*, on énonce l'identité qu'on trouve entre la chose ou la quantité dont on s'occupe, et ce qu'on entend par l'unité d'étoiles ; on énonce donc le résultat de la comparaison faite entre une quantité et l'unité ; cette expression *une étoile* est donc celle d'un véritable nombre.

6. Les nombres se divisent en *nombre entier*, *fraction* et *nombre fractionnaire*.

7. Le nombre *entier* est un assemblage d'unités entières.

Par exemple, douze chevaux, dix-sept habits, etc., etc.

8. La fraction est une partie de l'unité.

Comme une demi-aune de drap, trois quarts d'heure.

9. Le nombre fractionnaire est celui qui résulte de la réunion d'une fraction avec une ou plusieurs unités entières.

Tels sont un mois et demi, neuf francs et sept dixièmes de franc.

10. L'unité est *concrète* ou *abstraite*.

11. L'unité est concrète ou déterminée quand on en indique l'espèce.

Comme un livre, une table.

12. L'unité abstraite ou indéterminée est celle dont on ne fait pas connaître l'espèce.

Tels sont un, une fois.

13. Le nombre est *concret* ou *abstrait*, selon qu'il se rapporte à une unité concrète ou abstraite.

Ainsi quatre maisons, deux tiers de lieue, cinq mois et demi, sont des nombres concrets ou déterminés.

Au contraire, quatre-vingts, sept huitièmes, neuf fois et demie, sont des nombres abstraits ou indéterminés.

14. Ces nombres s'appellent abstraits, parce qu'on fait abstraction de l'espèce de leurs unités pour n'en considérer que le nombre.

15. On entend par *mesure*, ou *unité de convention*, une quantité prise à volonté pour servir de terme de comparaison à toutes les quantités de même espèce. (Ax. I.)

Par exemple, le franc, le décime, le centime, la livre tournois, le sou, le denier, pour estimer les valeurs monétaires; le mètre, le décimètre, etc., etc., la toise, le pied, le pouce, etc., etc., pour évaluer les longueurs; le myriamètre, la lieue, pour les grandes distances; l'année, le mois, le jour, l'heure, etc., etc., pour le temps, etc., etc.

16. C'est-à-dire qu'on adopte une certaine monnaie pour apprécier les valeurs monétaires; une certaine longueur, une certaine surface, un certain volume, pour mesurer respectivement les longueurs, les superficies et les volumes; un certain poids pour évaluer ce que pèsent les corps, et ainsi de suite; de telle sorte que l'unité choisie soit arbitraire, quant à sa grandeur, mais nécessairement de même espèce que les quantités auxquelles elle doit servir de terme de comparaison. (Ax. I.)

17. *Mesurer une quantité*, c'est chercher ce qu'elle est à l'égard de la quantité de même espèce qu'on a adoptée pour mesure, unité conventionnelle ou terme de comparaison.

Ainsi, quand on dit que tel corps pèse cinq livres, cela signifie que le poids de ce corps équivaut à cinq fois celui qu'on a choisi pour mesure de la pesanteur des corps, et auquel on a donné le nom de livre.

Cette mesure est tellement de pure convention, sous le rapport de sa grandeur, qu'au lieu d'exprimer le poids du corps dont il s'agit par cinq livres, on pourrait le désigner par quatre-vingts onces, ou par six cent quarante gros, etc., etc., selon que, pour l'évaluer, on adopterait successivement l'once ou le gros, comme poids de comparaison.

Rien n'empêcherait même que, pour évaluer une longueur, par exemple, on ne fît usage d'une mesure plus arbitraire encore, comme si l'on disait : *Cette longueur est égale à vingt fois celle de ma canne.*

18. La diversité des mesures employées chez les différentes nations, et la faculté qu'ont les gouvernemens d'en adopter d'autres à leur gré, est une nouvelle preuve qu'on les a choisies arbitrairement.

19. Un *calcul*, ou une *opération*, est toute composition ou décomposition des nombres.

20. *Calculer* ou *opérer*, c'est composer ou décomposer les nombres, c'est-à-dire, les rendre plus grands ou plus petits.

Ainsi, joindre le nombre *deux* au nombre *quatre*, pour en former le nombre *six*, c'est calculer. Il en est de même si l'on ôte *un* du nombre *neuf* pour le réduire à *huit.*

21. L'arithmétique, considérée comme *art*, trace des méthodes expéditives et sûres pour représenter tous les nombres et pour opérer sur eux.

22. Comme *science*, l'arithmétique expose et démontre les propriétés des nombres ou les propositions qui les concernent.

Elle démontre, en outre, la simplicité et la justesse des procédés du calcul, c'est-à-dire, que la méthode prescrite conduit aisément et nécessairement au but qu'elle doit atteindre.

Enfin, elle raisonne les questions relatives aux nombres, c'est-à-dire, qu'elle indique l'opération ou la suite d'opérations à effectuer pour les résoudre.

23. L'objet de l'arithmétique ce sont les nombres. Son but est d'arriver à des moyens faciles de résoudre avec certitude les questions qu'on peut proposer sur eux.

DES NOMBRES ENTIERS ET ABSTRAITS.

24. Les nombres sont considérés naturellement comme concrets, puisqu'on les rapporte à des objets déterminés ; mais quoique cette qualité, aussi-bien que celle de fractionnaires, fasse modifier, à l'égard des uns et des autres, les méthodes relatives au calcul des

nombres entiers et abstraits, cependant chaque opération partielle ne portant que sur des nombres entiers, et s'effectuant d'une manière indépendante de leur espèce, il est tout simple d'exposer d'abord les principes de la formation, de la numération et du calcul des nombres entiers et abstraits, puisque, dans leur généralité, ils s'appliqueront à tous les nombres, quelle que soit l'espèce de leurs unités.

25. Il est d'ailleurs évident que *le nombre est, quant à sa grandeur, essentiellement abstrait*, c'est-à-dire, indépendant de l'espèce de ses unités.

Ainsi, seize francs, seize toises, seize jours, n'offrent constamment au calculateur que le même nombre *seize.*

26. Lorsqu'il s'agit des nombres entiers et abstraits, l'usage est de ne les désigner que par le mot de *nombre.* Mais s'ils sont concrets ou fractionnaires, il faut l'exprimer explicitement.

DE LA FORMATION DES NOMBRES.

27. La suite des nombres se forme en partant de l'unité et en l'ajoutant à elle-même, puis au nombre formé de la sorte, et de même pour les autres.

Par exemple, l'unité jointe à elle-même, forme le nombre *deux ;* celui-ci, augmenté de l'unité, donne le nombre *trois*, et ainsi de suite.

28. On appelle nombres *consécutifs*, deux nombres entiers qui ne diffèrent que de l'unité.

Tels sont cinq et six.

29. Donc, *entre deux nombres consécutifs il ne peut tomber de nombre entier.*

30. *La suite des nombres est illimitée.*

Car, quelque grand que soit un nombre, il le devient davantage encore si l'on y joint une unité.

31. Puisque la suite des nombres est infinie, il est clair que, dans la pensée ni dans l'expression, on ne pourrait les distinguer entr'eux, si l'on voulait les désigner chacun par une figure et un nom particuliers. Cette impossibilité a conduit à inventer la numération.

DE LA NUMÉRATION.

32. La numération est, en général, l'art à l'aide duquel on parvient à fixer tous les nombres imaginables dans l'esprit et par l'écriture.

33. Cet art suppose donc l'emploi d'un nombre fort limité de signes et de mots.

DES SIGNES OU CARACTÈRES EMPLOYÉS DANS LA NUMÉRATION DES ARABES, OU NUMÉRATION AC-TUELLE.

34. Dans le système actuel de numération, qu'on appelle *dé-cimale*, parce que *dix* en est la base, on représente tous les nombres possibles par dix caractères ou chiffres.

35. Voici ces dix chiffres :

Un   deux   trois   quatre   cinq   six   sept   huit   neuf   zéro

1   2   3   4   5   6   7   8   9   0

Le premier représente une unité ; le second, deux unités, etc., etc. ; le neuvième, neuf unités.

Les neuf premiers chiffres s'appellent significatifs.

36. Le dernier chiffre se nomme *zéro* ; il ne signifie rien par lui-même ; mais, à l'égard de sa combinaison avec les chiffres si-gnificatifs, il est d'un usage indispensable.

37. Par le moyen de l'adoption de ces caractères, on peut re-présenter les nombres depuis une unité simple, jusqu'à neuf unités simples inclusivement.

DE L'EMPLOI DE CES DIX CARACTÈRES POUR REPRÉ-SENTER TOUS LES NOMBRES POSSIBLES.

38. Pour représenter les nombres plus grands que neuf unités sim-ples, on est convenu que de dix unités simples on ne ferait qu'une seule unité appelée *dixaine*; que l'on compterait par dixaines comme on compte par unités simples, c'est-à-dire, depuis une dixaine jusqu'à neuf dixaines ; que l'on ferait usage des mêmes chiffres, pour n'en pas introduire de nouveaux ; et qu'enfin on placerait le chiffre des dixaines à la gauche de celui des unités simples, pour ne pas con-fondre les unes avec les autres.

Ainsi, le nombre cinq dixaines et deux unités simples (ou *cin-quante-deux*) s'écrira 52. De même, une dixaine (ou *dix*), deux dixaines (ou *vingt*), etc., etc., s'écriront respectivement 10, 20, etc., etc., en suppléant par un zéro les unités simples que ces nombres ne contiennent pas, afin de conserver aux dixaines le second rang, le seul qui leur convienne et qui en soit la marque distinc-tive. (Voy. le n° 36.)

39. Jusqu'à présent on peut représenter tous les nombres depuis une unité simple, jusqu'à un nombre composé de 9 dixaines et de 9 unités simples (ou *quatre-vingt-dix-neuf*), ou depuis 1 jus-qu'à 99 inclusivement.

40. Pour exprimer des nombres plus considérables, on a fait usage de la même convention, en renfermant dix dixaines dans une seule unité, sous le nom de *centaine*, en comptant par centaines

comme on le fait par unités simples et par dixaines, c'est-à-dire, depuis une centaine jusqu'à neuf centaines, en employant toujours les mêmes caractères, et en mettant le chiffre des centaines à la gauche de celui des dixaines.

Par exemple, le nombre sept centaines, quatre dixaines et huit unités simples (ou *sept cent quarante-huit*), figuré en chiffres, sera 748. Pareillement une centaine (ou *cent*), deux centaines (ou *deux cents*), etc., etc., s'écriront 100, 200, puisque les centaines doivent occuper exclusivement la troisième place, ce qui ne peut avoir lieu qu'en remplissant par des *zéro* les rangs que laisse vides le défaut de dixaines et d'unités. (Voy. le n° 36.)

41. On peut donc exprimer actuellement tous les nombres depuis une unité simple, jusqu'à un nombre formé de 9 centaines, 9 dixaines et 9 unités simples, (ou *neuf cent quatre-vingt-dix-neuf*,) ou depuis 1, jusqu'à 999 inclusivement.

42. De dix centaines, on forme une unité d'une seconde classe qu'on nomme *mille*; et de même que l'on compte par unités, dixaines et centaines, dans la classe des unités simples, on compte par unités, dixaines et centaines de mille, dans la classe des mille, en se servant des mêmes figures, et en les disposant d'une manière analogue, c'est-à-dire, en plaçant à la gauche d'un autre un chiffre correspondant à un nombre d'unités de l'ordre immédiatement supérieur à celui des unités du nombre correspondant à cet autre chiffre.

43. De dix centaines de mille ou de mille mille, on compose une unité d'une troisième classe qu'on nomme *million*, et dans laquelle on compte, à l'aide des mêmes chiffres et de la même manière, par unités, dixaines et centaines de millions.

44. La collection de mille millions s'appelle *billion* ou *milliard*. Celle de mille billions donne le *trillion*; et en continuant, d'après ce système, on nomme *quatrillion*, *quintillion*, *sextillion*, etc., etc., l'assemblage de mille unités de la classe immédiatement inférieure.

RÉSUMÉ.

45. Le système actuel de numération se réduit donc à ce qui suit :

1° De dix unités d'un certain ordre on forme une unité de l'ordre immédiatement supérieur.

2° De mille unités d'une classe, on compose une unité de la classe suivante.

3° Chaque classe d'unités renferme des unités de trois ordres, c'est-à-dire, des unités, des dixaines et des centaines de cette classe.

4° On ne peut compter que jusqu'à 9, dans chaque ordre d'unités, puisqu'il n'y a pas de chiffre supérieur à 9.

5° On ne peut compter, dans chaque classe d'unités, que jusqu'à 999.

6° Dans tous les ordres d'unités on compte de la même manière et à l'aide des mêmes caractères.

7° Il en est de même dans toutes les classes d'unités.

8° Le zéro sert à conserver aux autres chiffres leurs rangs et par conséquent la valeur qui y est attachée.

46. Ce résumé est présenté dans le tableau suivant, où, pour distinguer les diverses classes d'unités, on les a séparées par des points.

29. 074. 603. 942. 000. 360. 017. 895.

sextillions. dixaines de sextillions. centaines de sextillions.	quintillions. dixaines de quintillions. centaines de quintillions.	quatrillions. dixaines de quatrillions. centaines de quatrillions.	trillions. dixaines de trillions. centaines de trillions.	billions ou milliards. dixaines de billions. centaines de billions.	millions. dixaines de millions. centaines de millions.	mille. dixaines de mille. centaines de mille.	unités simples ou unités. dixaines. centaines.

47. L'usage est, en général, de supprimer le mot *simples* et de désigner les unités du premier ordre par le seul nom d'unités. Dans tous les autres ordres, on supprime le mot *unités*, et au lieu de dire : unités de dixaines, unités de centaines, unités de mille, unités de dixaines de mille, etc., etc., on dit seulement : dixaines, centaines, mille, dixaines de mille, etc., etc.

DES MOTS EMPLOYÉS DANS NOTRE SYSTÈME DE NUMÉRATION.

48. Les mots employés dans notre système de numération sont, outre les noms des neuf premiers nombres (n° 35.),

Premièrement, les noms depuis neuf jusqu'à seize, savoir :

Dix........................... qui s'écrit 10.
Onze........... ou (dix-un)........... 11.
Douze.......... ou (dix-deux)........... 12.
Treize.......... ou (dix-trois).......... 13.
Quatorze........ ou (dix-quatre).......... 14.
Quinze........... ou (dix-cinq)........... 15.
Seize........... ou (dix-six).......... 16.

Secondement, les noms des assemblages de dixaines, depuis deux dixaines jusqu'à dix dixaines inclusivement, savoir :

2 dixaines qui s'appellent *vingt*   et s'écrivent 20.
3 .... *trente*............................ 30.
4 .... *quarante*........,............... 40.
5 .... *cinquante*.................... 50.
6 .... *soixante*.................... 60.
7 .... *soixante et dix*......... ou (septante) 70.
8 .... *quatre-vingts*..... ou (octante) 80.
9 .... *quatre-vingt-dix*....... ou (nonante) 90.
10 .... *cent*.................... 100.

Troisièmement, les noms des différentes classes d'unités.

On a fait connaître, dans le tableau de l'article 46, les noms des huit premières classes. Rien n'empêche d'en continuer indéfiniment la série, et, pour désigner les classes suivantes, on se servira des mots *septillions*, *octillions*, *nonillions*, *décillions*, *undécillions*, *duodécillions*, etc.

49. Les noms de tous les nombres possibles ne sont que des composés des noms des seize premiers nombres, et de ceux des assemblages de 2 dixaines jusqu'à 10 dixaines inclusivement.

C'est ce qu'on va concevoir sans difficulté.

50. Les noms des nombres compris entre seize et vingt exclusivement, sont :

$$\begin{array}{lll}
\textit{Dix-sept}\ldots\ldots\ldots, & \text{qui s'écrit},\ldots\ldots\ldots\ldots, & 17 \\
\textit{Dix-huit.},\ldots\ldots\ldots\ldots\ldots\ldots\ldots\ldots\ldots, & & 18 \\
\textit{Dix-neuf.},\ldots\ldots\ldots,\ldots\ldots\ldots\ldots,\ldots\ldots\ldots & & 19
\end{array}$$

51. Les noms des nombres compris entre deux nombres ou assemblages consécutifs de dixaines se forment en ajoutant les noms des neuf premiers nombres à ceux des assemblages de dixaines.

Ainsi, les nombres compris entre 2 dixaines et 3 dixaines, ou entre vingt et trente, seront désignés par :

Vingt et un, *vingt-deux*, *vingt-trois*, etc., etc... *vingt-neuf*, qui s'écriront respectivement 21, 22, 23, etc., etc.....29.

Les nombres compris entre 3 dixaines et 4 dixaines, ou entre trente et quarante, seront :

Trente et un, *trente-deux*, *trente-trois*, etc., etc... *trente-neuf*, qu'on écrira 31, 32, 33, etc., etc... 39.

Et ainsi des autres.

52. Il y a une exception à l'égard des noms des nombres de soixante et dix à quatre-vingts, et de quatre-vingt-dix à cent ; on les obtient en joignant à soixante et à quatre-vingts les noms des nombres de dix à vingt exclusivement.

Ces noms seront donc : *soixante et onze*, *soixante et douze*, etc., etc...... *soixante et dix-neuf*, qu'on écrit 71, 72, etc... 79.

Quatre-vingt-onze, *quatre-vingt-douze*, etc., etc.... *quatre-vingt-dix-neuf*, qu'on écrit 91, 92, etc., etc....99.

53. Les noms des assemblages de centaines se forment en plaçant les noms des nombres de 2 à 9 inclusivement devant le mot cent.

Deux cents, *trois cents*, etc., etc.... *neuf cents*, qui s'écrivent 200, 300, etc., etc.... 900.

54. Pour avoir les noms des nombres de 100 à 200, de 200 à 300, etc., etc., on ajoute aux noms de ces derniers ceux des nombres depuis 1 jusqu'à 99.

Cent un, *cent deux*, etc., etc.; *cent onze*, *cent douze*, etc.,

etc. ; *cent quatre-vingt-onze*, *cent quatre-vingt-douze*, etc. , etc. , jusqu'à *cent quatre-vingt-dix-neuf*, qu'on écrit 101, 102, etc, etc; 111, 112, etc., etc; 191, 192, etc. , etc.... ; 199.

Deux cent un, *deux cent deux*, etc. , etc. ; *neuf cent un*, *neuf cent deux*, etc. , etc. ; *neuf cent quatre-vingt-dix-neuf*, qu'on écrit 201, 202, etc. , etc...... 901, 902, etc. , etc. ; 999.

55. La nomenclature des nombres s'arrête à *neuf cent quatre-vingt-dix-neuf*, car on ne compte, dans chaque classe, que jusqu'à ce nombre, et l'on compte de la même manière dans chaque classe. (n° 45.)

56. Donc, *les noms des nombres sont tous compris entre un et neuf cent quatre-vingt-dix-neuf*.

57. D'après ce qui précède on sait écrire en chiffres, et réciproquement traduire en langage ordinaire,

1° Les neuf premiers nombres, qu'on appelle *simples*, parce qu'ils sont exprimés par un seul chiffre.

2° Ceux des nombres *composés* qui ne contiennent pas au-delà de trois ordres d'unités, ou qui sont exprimés par trois chiffres au plus.

58. A l'égard des autres nombres, on fera usage des procédés suivans.

MANIÈRE D'ÉCRIRE LES NOMBRES EN CHIFFRES.

59. MÉTHODE. Pour écrire les nombres en chiffres, il faut *écrire chaque classe d'unités*, *comme si elle était seule*, *en commençant par la plus élevée; avoir l'attention de suppléer par des zéro, soit les classes*, *soit dans chacune d'elles*, *les ordres d'unités qui manquent*, *et*, *pour éviter les erreurs*, *mettre un point après chaque classe*.

EXEMPLE. Le nombre cinquante billions six cent mille sept unités, s'écrira : 50. 000. 600. 007, c'est-à-dire, qu'on observe qu'il n'y a pas d'unités de billions; que la classe des millions manque entièrement; que celle des mille ne renferme ni dixaines, ni unités, et qu'il n'y a ni centaines, ni dixaines dans la classe des unités simples. En conséquence on remplace chacun des huit ordres manquans par un zéro.

DÉMONSTRATION. Il faut remplacer tous les ordres qui manquent par autant de zéro , afin de conserver à chaque chiffre son rang, et, par conséquent, au nombre sa valeur. Sans cette précaution le nombre proposé se réduirait à 567, qui est beaucoup plus petit que le nombre 50. 000. 600. 007, et dans lequel le chiffre 5, par exemple, au lieu de représenter 5 dixaines de billions, ne représente que 5 centaines.

60. AUTRES EXEMPLES. Quatre cent huit mille un , 408.001 ;

neuf millions dix mille quatre-vingts ; 9.010.080 ; .... deux cent millions trois cent mille , 200.300.000 ; .... trente sept milliards quatre millions huit cent cinquante mille cent un , 37.004.850.101 ; .... un quatrillion cent onze mille , 1.000.000.000.111.000.

MANIÈRE DE LIRE LES NOMBRES.

61. MÉTHODE. Pour lire aisément les nombres , il faut , *en allant de droite à gauche , les séparer par des points en tranches de trois chiffres chacune , excepté la première tranche à gauche qui peut en avoir moins ; puis , en partant de la gauche , lire chaque tranche , comme si elle était seule ; et lui donner le nom des unités qu'elle contient.*

EXEMPLE. Pour lire le nombre 1660030150 , on le partage ainsi que la méthode le prescrit , et alors , 1.060.030.150 se lit aisément : un milliard soixante millions trente mille cent cinquante.

DÉMONSTRATION. Il est clair que , par ce procédé , on forme des tranches précisément correspondantes aux diverses classes d'unités dont les noms sont connus , et qu'on n'a d'ailleurs jamais à la fois à lire qu'un nombre composé de trois chiffres , au plus , c'est-à-dire , un nombre dont le nom est également connu , puisqu'il est compris entre 1 et 999.

(Voyez les nᵒˢ 56 et 57.)

62. AUTRES EXEMPLES. Les nombres suivans , partagés selon la méthode , se liront , savoir : 908.000.043 , neuf cent huit millions quarante-trois ; .... 2.900.110.008.011 , deux trillions neuf cent billions cent dix millions huit mille onze ; .... 700.000.000.000.004 ; sept cent trillions quatre ; ..... 58.000.020.000.400.009 , cinquante-huit quatrillions vingt billions quatre cent mille neuf ; .... 100.307.049.580.003.600.050 , cent quintillions trois cent sept quatrillions quarante-neuf trillions cinq cent quatre-vingts billions trois millions six cent mille cinquante.

63. MODIFICATION A CETTE MÉTHODE. Lorsque dans un nombre la tranche la plus élevée ne contient qu'une unité du premier ordre de cette tranche , et qu'il y a des centaines dans la tranche immédiatement suivante , il faut *comprendre ces deux ordres dans une seule énonciation.*

EXEMPLES. Ainsi le nombre 1.162.400 , se lira : onze cent soixante-deux mille quatre cents , au lieu de un million cent soixante-deux mille quatre cents. De même , 1.906.000.000 , dix-neuf cent six millions , au lieu de lire : un billion neuf cent six millions.

64. REMARQUE. En général on peut partager un nombre en portions composées d'autant de chiffres qu'on voudra , et lire chacune de ces portions comme si elle formait un nombre séparé , pourvu qu'on ajoute à la fin de celui-ci le nom des unités de l'ordre le moins élevé qu'il renferme.

1er Exemple. Le nombre 5649 peut se décomposer en 56 centaines et 49 unités.

Démonstration. Car chaque mille valant 10 centaines, les cinq mille vaudront 50 centaines, qui, réunies aux 6 centaines, feront 56 centaines.

IIe Exemple. Le nombre 2754683 pourra se partager en 2754 mille 68 dixaines et 3 unités.

Démonstration. En effet (n° 43), les 2 millions valent 2 mille mille ; d'ailleurs les chiffres 7,5,4 représentent respectivement 700 mille, 50 mille et 4 mille ; donc la portion 2754 vaut deux mille sept cent cinquante-quatre mille. Quant à la seconde portion, formée de 6 centaines et de 8 dixaines, elle vaut évidemment 68 dixaines (n° 40) ; donc, etc., etc.

65. On démontrerait de même que 293006874153 pourrait se lire : 29300 dixaines de millions 68 centaines de mille 741 centaines 53 unités.

DES PARTIES DÉCIMALES.

66. La nécessité d'évaluer des quantités plus petites que l'unité, a conduit à introduire des parties qui composent au-dessous d'elle une suite décroissant d'une manière analogue à celle dont les dixaines, les centaines, et en général les unités des différens ordres forment au-dessus de l'unité une suite croissante décuple. On a représenté ces parties à l'aide des mêmes chiffres que ceux avec lesquels on exprime les nombres entiers.

67. Ces parties ou fractions se nomment *décimales*. Ainsi, les fractions décimales sont des parties 10 fois, 100 fois, 1000 fois, etc., etc., plus petites que l'unité.

68. Pour se former une idée exacte des fractions décimales, il faut concevoir que l'unité a été partagée en 10 parties égales. Chacune de ces parties étant dix fois plus petite que l'unité, se nomme par cette raison, *dixième*, et le chiffre qui représente les dixièmes doit, par le même motif, être placé à la droite de celui des unités, en l'en séparant par une virgule, pour ne pas confondre les dixièmes avec les unités. Ainsi, pour représenter 4 unités 7 dixièmes, on écrira 4, 7 ; et pour exprimer 9 dixièmes, on écrira 0, 9, en remplaçant par un zéro les unités qui manquent, afin de ne pas confondre les dixièmes avec les unités. (Nos 36 et 45.)

69. Il faut concevoir de même que chaque dixième a été divisé en dix parties égales. Chacune de ces parties étant 10 fois plus petite qu'un dixième, et par conséquent 100 fois plus petite que l'unité, s'appelle *centième*, et le chiffre qui exprime les centièmes doit être mis à la droite de celui des dixièmes.

Par exemple, 5 unités, 2 dixièmes et 8 centièmes, s'écriront ; 5, 28. De même, six centièmes seront représentés par 0,06, en remplaçant par des zéro les unités simples et les dixièmes qui manquent, précaution sans laquelle 6 centièmes se confondraient avec 6 unités.

70. On concevra de même la formation des *millièmes*, *dimillièmes*, *centmillièmes*, *millionièmes*, etc., etc, dont les chiffres seront placés à la droite les uns des autres, c'est-à-dire, dans des rangs de plus en plus vers la droite, à mesure que les parties décimales qu'ils exprimeront seront de 10 en 10 fois plus petites, et dont les noms se formeront de ceux des divers ordres d'unités, en y ajoutant la terminaison *ième*.

71. Le tableau suivant donnera une idée complète du système de numération des fractions décimales.

1,	4	7	5	2	0	8	9	1	3	6	5	4	8	0	7	3	9	2
unités simples.	dixièmes.	centièmes.	millièmes.	dimillièmes.	centmillièmes.	millionièmes.	dimillionièmes.	centmillionièmes.	billionièmes.	dibillionièmes.	centbillionièmes.	trillionièmes.	ditrillionièmes.	centrillionièmes.	quatrillionièmes.	diquatrillionièmes.	centquatrillionièmes.	quintillionièmes.

72. Les chiffres à la droite de la virgule s'appellent indifféremment *chiffres décimaux* ou *décimales*. Les fractions *décimales*, jointes à des unités entières, et formant par là des *nombres décimaux*, prennent cependant encore le nom de *fractions décimales* ; et réciproquement, des fractions décimales, seules, se désignent aussi sous le nom de *nombres décimaux*.

Ainsi, 0, 5 prendra tout aussi-bien le nom de *nombre décimal* que celui de *fraction décimale*; et 4,79 s'appellera indifféremment *fraction décimale* ou *nombre décimal*.

73. Le rang d'un chiffre est la place qu'il occupe à l'égard de celui des unités, ou bien encore, s'il s'agit des nombres décimaux, de la distance de chaque chiffre à la virgule.

Ainsi, les unités, étant considérées comme occupant la première place, les dixaines sont à la seconde à gauche, les dixièmes à la seconde à droite; les centaines à la troisième à gauche, les centièmes à la troisième à droite, etc., etc. Et, par rapport à la virgule, les unités sont à la première place à gauche, les dixièmes à la première à droite; les dixaines à la seconde place à gauche, les centièmes à la seconde à droite, etc., etc.

74. Il ne faut pas perdre de vue que tous les nombres se rapportent à l'unité simple ou à l'unité proprement dite.

Ainsi, par 4 billions, par exemple, on entend 4 billions de fois 1, et l'expression 9 dimillionièmes signifie 9 fois la dimillionième partie de 1.

MANIÈRE DE LIRE LES FRACTIONS DÉCIMALES.

75. MÉTHODE. Pour lire aisément les nombres décimaux, il faut d'abord *lire, comme à l'ordinaire, le nombre entier qui peut accompagner les décimales ; ensuite les parties décimales de la même manière, et ajouter à la fin le nom de celles de la moindre grandeur.*

Iᵉʳ EXEMPLE. Ainsi, 15,67, se liront : 15 unités 67 *centièmes.*

DÉMONSTRATION. Car, chaque *dixième* valant 10 *centièmes*, les 6 *dixièmes* vaudront 60 *centièmes*, qui, étant joints aux 7 *centièmes*, qu'on avait déjà, donneront 67 *centièmes.*

IIᵉ EXEMPLE. La fraction décimale 0,005829, se lira : cinq mille huit cent vingt-neuf *millionièmes*, en observant que les décimales de l'ordre le moins élevé que renferme le nombre proposé, sont des *millionièmes.*

DÉMONSTRATION. En effet, chaque *millième* valant 10 *dimillièmes*, les 5 *millièmes* vaudront 50 *dimillièmes*, qui, étant réunis aux 8 *dimillièmes*, qu'on avait déjà, formeront 58 *dimillièmes.*

De même, chaque *dimillième* valant 10 *centmillièmes*, les 58 *dimillièmes* vaudront 580 *centmillièmes*, qui, étant joints aux 2 *centmillièmes*, qu'on avait déjà, donneront 582 *centmillièmes.*

Enfin, chaque *centmillième* valant 10 *millionièmes*, les 582 *centmillièmes* vaudront 5820 *millionièmes*, qui, étant réunis aux 9 *millionièmes*, qu'on avait déjà, donneront 5829 *millionièmes*, ainsi que la méthode l'a enseigné.

76. AUTRES EX. En appliquant cette méthode aux fractions décimales 0,00101 ;... 0,04000506 ;... 0,700011 ;... 0,0101010208, elles se liront respectivement : cent un *centmillièmes* ;.... quatre millions cinq cent six *centmillionièmes* ; .... sept cent mille onze *millionièmes* ;.... cent un millions dix mille deux cent huit *dibillionièmes.*

77. REMARQUE. On peut encore lire les nombres décimaux *en considérant la totalité des chiffres comme ne formant qu'un seul nombre, abstraction faite de la virgule, et en ajoutant à la fin le nom des parties décimales de la moindre grandeur que renferme le nombre proposé.*

EXEMPLE. Le nombre décimal 79,4182 se lira : sept cent nonante-quatre mille cent quatre-vingt-deux *dimillièmes.*

DÉMONSTRATION. Car une dixaine vaut cent mille *dimillièmes* ; donc les sept dixaines vaudront sept cent mille *dimillièmes*. De même, une unité simple vaut dix mille *dimillièmes* ; les 9 unités simples vaudront donc nonante mille *dimillièmes*. Ainsi, les 79 unités valent **sept cent** nonante mille *dimillièmes*, lesquels, réunis aux 4182 *dimillièmes*, qu'on avait déjà, feront en tout 794182 *dimillièmes*.

78. Autres Ex. Cette seconde manière de lire les nombres décimaux, appliquée aux nombres 5,0060782;.... 314,98;.... 6380,002;... 17209,00008, donnera lieu aux énonciations suivantes : 50 millions 60 mille 782 *dimillionièmes*;.... 31 mille 498 *centièmes*;.., 6 millions 380 mille 2 *millièmes*;... 1 billion 720 millions 900 mille 8 *centmillièmes*;.... au lieu des énonciations respectives : 5 unités 60782 *dimillionièmes*;.... 314 unités 98 *centièmes*;.... 6380 unités 2 *millièmes*;.... 17209 unités 8 *centmillièmes*,.... qui résultent de la première méthode.

MANIÈRE D'ÉCRIRE EN CHIFFRES LES DÉCIMALES.

79. Méthode. Pour exprimer en chiffres les nombres décimaux, il faut *les écrire comme des nombres entiers*, *et séparer ensuite*, *sur leur droite*, *autant de chiffres qu'il est nécessaire pour exprimer les décimales de l'ordre le moins élevé que renferme le nombre proposé*, *ayant soin*, *lorsqu'il n'y a pas d'unités entières*, *de les remplacer par un zéro.*

Ier Exemple. Pour exprimer en chiffres trente-huit unités, deux mille sept cent quarante-cinq *dimillièmes*, on écrira 38,2745.

Démonstration. En effet, les décimales de l'ordre inférieur sont des *dimillièmes*; or, les *dimillièmes* occupent la quatrième place à la droite de la virgule; il faut donc séparer quatre chiffres, ce qui donne conséquemment 38,2745.

IIe Exemple. Quatre-vingt-six *centmillièmes* s'écriront 0,00086.

Démonstration. Car les décimales de la moindre grandeur sont des *centmillièmes*; or, les *centmillièmes* tiennent la cinquième place; il faut donc séparer cinq chiffres; et comme il n'y en a que deux, il faut y suppléer d'abord par trois zéro; et puisque, d'un autre côté, il n'y a point d'unités entières, on doit les remplacer par un zéro; donc il faut écrire 0,00086.

80. Autres Ex. Ainsi : 4009 *centmillionièmes*, s'écriront 0,00004009; de même, 900001 *millionièmes* seront exprimés en chiffres par 0,900001; de même encore 1020304 *dibillionièmes* par 0,0001020304, et 40 unités 8 *centièmes* par 40,08.

CONSÉQUENCES DE LA NUMÉRATION.

81. Parmi les conséquences de la numération, les unes sont générales, c'est-à-dire, communes aux nombres entiers et aux fractions décimales. Les autres, au contraire, ne s'appliquent qu'à celles-ci ou à ceux-là exclusivement.

CONSÉQUENCES GÉNÉRALES.

82. *A mesure qu'on avance de droite à gauche, les unités ou les parties décimales, représentées par les chiffres, deviennent de 10 en 10 fois plus grandes.*

83. COROLLAIRE. Donc réciproquement, si des chiffres expriment des unités ou des parties décimales de 10 en 10 fois plus grandes, il faut *les écrire dans des rangs de plus en plus avancés vers la gauche.*

84. Au contraire, *à mesure qu'on rétrograde vers la droite, les unités ou les parties décimales, exprimées par les chiffres, deviennent de 10 en 10 fois plus petites.*

85. COROLLAIRE. Donc, réciproquement, lorsque des chiffres représentent des unités ou des fractions décimales de 10 en 10 fois plus petites, il faut *les écrire dans des rangs de plus en plus reculés vers la droite.*

86. *Dix unités ou dix parties décimales, d'un ordre quelconque, ne font qu'une unité ou une partie décimale de l'ordre précédent à gauche.*

87. Réciproquement, *une unité ou une partie décimale d'un ordre quelconque, vaut 10 unités ou 10 parties décimales de l'ordre suivant à droite.*

88. *Les chiffres ont deux valeurs : la valeur propre ou absolue, et la valeur locale ou relative.*

La valeur *absolue* est celle qui dépend de la configuration même du chiffre.

Par exemple, la figure 7 signifiera toujours *sept*, quel que soit l'ordre des unités ou des parties auxquelles se rapporte le chiffre 7.

La valeur *relative* d'un chiffre est celle qui dépend du rang qu'il occupe.

Ainsi, dans le nombre 77,77 le même chiffre 7 a pour valeurs locales successives, 7 centièmes, 7 dixièmes, 7 unités, et 7 dixaines.

89. COROLLAIRE. Donc, *la valeur absolue d'un chiffre est constante, tandis que sa valeur relative peut varier sans cesse.*

90. *De deux nombres entiers, de deux fractions décimales et de deux nombres décimaux, composés d'autant de chiffres l'un que l'autre, le plus grand est celui dont le premier chiffre à gauche est plus grand que le premier chiffre à gauche de l'autre; ou, si ce premier chiffre est le même dans les deux nombres, le plus grand est celui dont le second chiffre à gauche est plus grand que le second chiffre à gauche de l'autre nombre; et ainsi de suite.*

Tels sont : 2000 et 1999;.... 4200 et 4199 ;.... 4720 et 4719. 0,2111 et 0,1999;.... 0,5211 et 0,5199.

20,01 et 19,99 ;.... 72,01 et 71,99 ;.... 76,11 et 76,09.

91. *Dans un nombre le premier chiffre à gauche forme lui seul un nombre plus grand que celui qui résulte des autres chiffres à droite.*

On voit, par exemple, que dans 199, le chiffre 1, qui représente une centaine, correspond à un nombre plus grand que 99.

De même, dans le nombre décimal 1,999, l'unité vaut plus que 999 millièmes d'unité.

Enfin, dans la fraction décimale, 0,19999 le chiffre 1, qui exprime un dixième d'unité, a une valeur supérieure à celle de 0,09999 ou de 9999 centmillièmes de l'unité.

CONSÉQUENCES PARTICULIÈRES AUX NOMBRES ENTIERS.

92. *En écrivant, à la droite d'un nombre entier, un, deux, trois,* etc., *zéro, on rend ce nombre* 10 *fois,* 100 *fois,* 1000 *fois,* etc., *plus grand.*

EXEMPLE. Si à la droite du nombre 576, on écrit deux zéro, le nombre 57600, qui en résulte, est 100 fois plus grand que 576.

DÉMONSTRATION. En effet, les chiffres 6, 7 et 5, qui représentaient respectivement 6 unités, 7 dixaines et 5 centaines, représentent actuellement 6 centaines, 7 mille et 5 dixaines de mille ; toutes les parties du nombre 576 ont donc été rendues 100 fois plus grandes ; donc ce nombre lui-même est devenu 100 fois plus grand. Cette démonstration est fondée sur l'axiome II.

93. *En supprimant, sur la droite d'un nombre entier, un, deux, trois,* etc., *zéro, on rend ce nombre* 10 *fois,* 100 *fois,* 1000 *fois,* etc., *plus petit.*

EXEMPLE. Si, sur la droite du nombre 2980000, on supprime trois zéro, le nouveau nombre 2980 est 1000 fois plus petit que 2980000.

DÉMONSTRATION. Car les chiffres 8, 9, et 2, dont les valeurs respectives étaient 8 dixaines de mille, 9 centaines de mille et 2 millions, ne représentent plus que 8 dixaines, 9 centaines et 2 mille ; donc toutes les parties du nombre 2980000 ont été rendues 1000 fois plus petites ; ce nombre lui-même est donc devenu 1000 fois plus petit. Ax. II.

94. *Les zéro, à la gauche d'un nombre entier, n'ont aucune influence sur sa valeur.*

DÉMONSTRATION. Car la valeur relative de chaque chiffre dépend de son rang, ou de sa place à l'égard du chiffre des unités ; et les zéro à la gauche d'un nombre entier ne peuvent évidemment rien changer à cette place ; donc ils ne peuvent pas non plus changer la valeur relative de chaque chiffre, ni par conséquent celle du nombre lui-même. (Voyez les nos 73, 88 et 89).

95. *Un nombre entier qui contient un chiffre de plus qu'un autre, est nécessairement plus grand que cet autre nombre.*

En effet, 10000, par exemple, qui est le plus petit nombre entier, composé de cinq chiffres, surpasse 9999, qui est le plus grand nombre entier formé de quatre chiffres.

CONSÉQUENCES PARTICULIÈRES AUX FRACTIONS DÉCIMALES.

96. *En avançant la virgule d'une, de deux, de trois, etc., places vers la gauche, on rend le nombre décimal 10 fois, 100 fois, 1000 fois, etc., plus petit.*

EXEMPLE. Si dans le nombre décimal 2789,35, on avance la virgule de deux places vers la gauche, on formera le nombre 27,8935, qui est 100 fois plus petit que le nombre proposé 2789,35.

DÉMONSTRATION. En effet, le chiffre 5, qui représentait 5 *centièmes*, représente actuellement 5 *dimillièmes*; le chiffre 3, qui exprimait 3 *dixièmes*, exprime 3 *millièmes*; le chiffre 9, qui désignait 9 unités simples, désigne 9 *centièmes*; le chiffre 8 qui occupait le rang des *dixaines*, occupe celui des *dixièmes*; ainsi de suite. Toutes les parties du nombre proposé ont donc été rendues 100 fois plus petites; donc le nombre lui-même a été rendu 100 fois plus petit. (Ax. II).

97. En *reculant la virgule d'une, de deux, de trois, etc., places vers la droite, on rend le nombre décimal 10 fois, 100 fois, 1000 fois, etc., plus grand.*

EXEMPLE. Si dans le nombre décimal 17,4632, on recule la virgule de trois places vers la droite, on obtiendra le nombre 17463,2, qui est 1000 fois plus grand que le nombre proposé 17,4632.

DÉMONSTRATION. En effet, le chiffre 2, qui ne représentait d'abord que 2 *dimillièmes*, représente actuellement 2 *dixièmes*; le chiffre 3, qui exprimait 3 *millièmes*, exprime 3 unités simples; le chiffre 6, qui occupait le rang des *centièmes*, occupe celui des *dixaines*; le chiffre 4, qui valait 4 *dixièmes*, vaut à présent 4 *centaines*; ainsi de suite. Toutes les parties du nombre proposé ont donc été rendues 1000 fois plus grandes; le nombre lui-même a donc été aussi rendu 1000 fois plus grand. (Ax. II.)

98. *En séparant par la virgule, un, deux, trois, etc., chiffres sur la droite d'un nombre entier, on rend ce nombre 10 fois, 100 fois, 1000 fois, etc., plus petit.*

EXEMPLE. Si, sur la droite du nombre 879, on sépare un chiffre, le nombre décimal 87,9 sera 10 fois plus petit que le nombre entier 879.

DÉMONSTRATION. Car les chiffres 9, 7 et 8, qui représentaient respectivement 9 unités, 7 dixaines et 8 centaines, n'expriment plus que 9 dixièmes, 7 unités et 8 dixaines ; ainsi toutes les parties du nombre proposé sont devenues 10 fois plus petites ; donc, etc.

99. *En supprimant la virgule, on rend un nombre décimal 10 fois, 100 fois, 1000 fois*, etc. *plus grand, selon qu'il renferme un, deux, trois*, etc., *chiffres décimaux.*

EXEMPLE. La suppression de la virgule dans le nombre décimal 0,4253, le change en 4253, qui est 10000 fois plus grand que 0,4253.

DÉMONSTRATION. Car les dimillièmes sont devenus des unités simples, les millièmes des dixaines, et ainsi de suite ; donc toutes les parties ont été rendues 10000 fois plus grandes ; donc, etc.

100. *En écrivant un, deux, trois*, etc., *zéro à la gauche des parties décimales, elles deviennent* 10 *fois*, 100 *fois*, 1000 *fois*, etc., *plus petites.*

EXEMPLE. Soit la fraction décimale 0,76, si l'on met trois zéro entre la virgule et les parties décimales, la nouvelle fraction 0,00076 sera 1000 fois plus petite que 0,76.

DÉMONSTRATION. Car les 6 centièmes et les 7 dixièmes sont changés respectivement en 6 centmillièmes et 7 dimillièmes, c'est-à-dire, en parties 1000 fois plus petites ; donc, etc.

101. En général, avancer ou reculer la virgule ; séparer par son moyen des chiffres sur la droite d'un nombre entier, ou supprimer au contraire celle d'un nombre décimal ; enfin, écrire des zéro à la gauche des parties décimales, c'est changer le rang des chiffres par rapport à la virgule, et par conséquent leur valeur relative ; c'est donc changer aussi la valeur du nombre entier ou du nombre décimal. (Voyez les n°ˢ 68, 73, 88 et 89).

102. *En écrivant autant de zéro qu'on voudra à la droite des chiffres décimaux, on ne change pas la valeur du nombre décimal.*

EXEMPLE. 0,349 et 0,34900 ont la même valeur.

DÉMONSTRATION. Car chaque *millième* vaut 10 *dimillièmes* ; donc les 349 *millièmes* valent 3490 *dimillièmes*. De même, chaque *dimillième* valant 10 *centmillièmes*, les 3490 *dimillièmes* vaudront 34900 *centmillièmes*, ou 0,34900. Donc, etc.

103. Réciproquement, *on peut, sans changer la valeur des nombres décimaux, supprimer les zéro qui sont à la droite des parties décimales.*

EXEMPLE. Au lieu de 25,300 on peut écrire 25,3.

DÉMONSTRATION. Car si, d'un côté, en écrivant 3 au lieu de 3000, on prend 1000 fois moins de parties qu'on n'en prenait d'abord, il est clair, d'un autre côté, que les *dixièmes* étant 1000 fois plus grands que les *dimillièmes*, il s'ensuit que 3 *dixièmes* valent autant que 3000 *dimillièmes*, c'est-à-dire, qu'au lieu de 25,3000, on peut prendre 25,3.

104. En général, en écrivant ou en supprimant des zéro sur la droite des parties décimales, on ne change pas le rang de leurs chiffres ou leur place à l'égard de la virgule; donc les chiffres décimaux conservent leur valeur relative; donc le nombre décimal lui-même ne change pas de valeur.

DES ANCIENNES MESURES DE LA FRANCE.

105. Les anciennes mesures en usage en France n'étaient fondées sur aucune base. Leur nomenclature présentait près de huit cents mots différens. Leurs valeurs n'étaient pas moins variées, et souvent les mesures d'un village n'étaient pas les mêmes que celles du village voisin. Enfin, leurs subdivisions, bien loin de correspondre à notre système de numération, présentaient les plus grandes irrégularités.

106. Les principales mesures anciennes étaient :
Pour les longueurs ou mesures linéaires, la *perche*, la *toise*, le *pied*, le *pouce*, la *ligne*, le *point*.
Pour l'aunage, l'*aune* de Paris.
Pour les mesures itinéraires, la *lieue*.
Pour les superficies, la *toise carrée*, la *perche carrée*, l'*arpent*.
Pour les solidités ou volumes, la *toise cube*.
Pour les bois de charpente, la *solive* et le *cent de solives*.
Pour les bois de chauffage, la *corde*, (eaux et forêts), la *voie* ou *demi-corde*.
Pour les mesures de capacité des liquides, le *muid de vin* de Paris, la *velte*, la *pinte*, la *chopine*.
Pour les mesures de capacité des substances sèches, le *muid de blé* de Paris, le *setier*, le *boisseau*, le *litron*.
Pour les poids, le *millier*, le *quintal*, le *demi-quintal*, la *livre*, le *marc*, l'*once*, le *gros*, le *denier*, le *grain*, la *prime*.
Pour les monnaies, la *livre tournois*, le *sou*, le *denier*.
Pour le temps, le *siècle*, l'*année*, le *mois*, le *jour*, l'*heure*, la *minute*, la *seconde*.
Les mesures du temps sont les seules qu'on ait conservées.

SUBDIVISIONS DES ANCIENNES MESURES.

107. La toise se divisait en 6 pieds; le pied, en 12 pouces; le pouce, en 12 lignes; la ligne, en 12 points.

La perche des eaux et forêts était, par toute la France, de 22 pieds de long. La perche de Paris contenait 18 pieds.

Les autres perches variaient depuis 9 pieds jusqu'à 25 pieds de longueur.

108. L'aune de Paris, Lyon, Rouen, valait 3 pieds 7 pouces 10 lignes 10 points.

L'aune se divisait en demi-aune, tiers, demi-tiers ou sixièmes, quarts, demi-quarts ou huitièmes, douzièmes, seizièmes, vingt-quatrièmes et trente-deuxièmes. Mais le plus communément on ne la divisait qu'en seizièmes ou *seizes*, et l'on disait 1 seize, 2 seizes, etc., etc.

109. Le mot de *lieue* avait une acception très-vague; la distance exprimée par ce mot variait selon les localités. Il n'y avait de bien déterminées 1° que la lieue marine de 20 au degré, qui contenait 2850 toises 2 pieds 6 pouces. 2° La lieue terrestre de 25 au degré, qui comprenait 2280 toises 2 pieds. 3° La lieue de poste de 2000 toises. 4° Enfin on faisait usage d'une lieue moyenne de 2565 toises 2 pieds.

110. La toise carrée, c'est à dire une surface carrée dont chaque côté était d'une toise ou de 6 pieds, valait par conséquent 36 pieds carrés.

Le pied carré se divisait en 144 pouces carrés.

Le pouce carré, en 144 lignes carrées.

La perche carrée des eaux et forêts, par toute la France, était une surface carrée dont le côté avait 22 pieds de longueur; cette perche contenait donc 484 pieds carrés.

La perche carrée de Paris, ayant 18 pieds de côté, valait 324 pieds carrés.

Il y avait des perches carrées dont le côté variait depuis 9 jusqu'à 25 pieds de longueur, et dont la surface variait conséquemment depuis 81 jusqu'à 625 pieds carrés.

L'arpent des eaux et forêts contenait 100 perches carrées de 484 pieds carrés chacune; cet arpent valait donc 48400 pieds carrés.

L'arpent de Paris comprenait 100 perches carrées de Paris ou de 324 pieds carrés chacune; cet arpent valait donc 32400 pieds carrés.

Du reste, l'arpent variait sous un double rapport :

1° Parce qu'il se composait de 100, de 120 ou de 128 perches carrées. 2° Parce que la perche carrée variait elle-même depuis 81 jusqu'à 625 pieds carrés.

111. La toise cube, c'est-à-dire, un cube (1) dont le côté est égal à une toise ou à 6 pieds, contenait par conséquent 216 pieds cubes.

Le pied cube 1728 pouces cubes.

_____

(1) Un cube est un corps compris sous six carrés égaux, tel qu'un dé à jouer.

Le pouce cube 1728 lignes cubes.

112. La solive valait 3 pieds cubes ; donc le cent de solives valait 300 pieds cubes.

113. La corde (eaux et forêts) comprenait 112 pieds cubes.

La voie de bois à brûler, ou demi-corde, était de 4 pieds de haut sur 4 de large ; les bûches étaient présumées avoir 3 pieds 6 pouces de long, ce qui produisait 56 pieds cubes.

114. Le muid de vin de Paris se divisait en 36 veltes ; la velte en 8 pintes, la pinte, en 2 chopines.

La pinte valait environ 48 pouces cubes.

115. Le muid de blé de Paris se divisait en 12 setiers ; le setier, en 12 boisseaux ; le boisseau, en 16 litrons.

Le boisseau contenait 655 pouces cubes 8 dixièmes.

Le muid d'avoine, celui de sel, de charbon de bois, de chaux, de plâtre, avaient pour la plupart des valeurs et des subdivisions différentes.

Le muid n'était qu'un mode d'évaluation, et non un instrument de mesure, parce qu'il eût été trop grand et trop lourd à manier.

116. Le millier contenait dix quintaux ; le quintal, 100 livres ; le demi-quintal ou demi-cent, 50 livres ; la livre, 2 marcs, le marc, 8 onces ; l'once, 8 gros ; le gros, 3 deniers ; le denier 24 grains ; le grain, 24 primes.

117. La livre tournois se divisait en 20 sous, et le sou en 12 deniers.

118. Le siècle comprend 100 années ; l'année, 365 jours 5 heures 48 minutes 45 secondes 30 tierces.

L'année se divise en 12 mois, composés de 31, 30, 29 ou 28 jours.

Le jour se divise en 24 heures ; l'heure, en 60 minutes ; la minute, en 60 secondes ; la seconde, en 60 tierces.

119. Les noms de quelques mesures anciennes s'indiquent par des signes particuliers.

La livre poids de marc, par ℔ ; l'once, par $\mathfrak{Z}$; le gros, par $\mathfrak{Z}$.

La livre tournois, par ₶.

La minute, par $'$; la seconde, par $''$; la tierce, par $'''$.

120. On entend par nombre *complexe*, un nombre composé d'unités de même espèce, mais de grandeur différente.

Tel est 15₶ 17^s 8^d ; car le sou et le denier sont des valeurs monétaires aussi-bien que la livre tournois, mais ne sont pas des quantités aussi considérables que celle-ci.

Tels sont encore 9^{toises} 2^{pieds} 7^{pouces} 5^{lignes}, et 8℔ 1^{marc} 5^{onces} 3^{gros} 2^{deniers}.

121. Le nombre *incomplexe* est celui qui renferme des unités toutes de la même grandeur.

Tels sont 3o boisseaux ; 6 heures ; 8 quintaux.

122. Dans un genre de mesures on nomme *unité principale*, l'unité la plus grande qui soit établie dans ce genre.

Ainsi, l'unité principale des mesures de poids est le millier ; celle des mesures de temps est le siècle.

123. Dans un nombre complexe, *l'unité principale* est l'unité la plus considérable que ce nombre renferme.

Ainsi, dans 1 ^{marc} 5 ^{onces} 3 ^{gros} 2 ^{deniers}, c'est le marc ; dans 5 ^{onces} 3 ^{gros} 2 ^{deniers}, c'est l'once.

DES NOUVELLES MESURES.

124. Le but de l'institution des nouvelles mesures a été de parer aux graves inconvéniens que présentaient les anciennes. Il fallait donc remplir plusieurs conditions essentielles. 1° Rendre ces mesures uniformes dans toute la France. 2° Les rapporter à une base unique, invariable, puisée dans la nature, afin qu'en cas de perte ou d'altération des étalons ou modèles, on pût les refaire tels qu'ils étaient, et que, d'un autre côté, on pût espérer l'adoption de ces nouvelles mesures par les nations civilisées. 3° Faire correspondre toutes leurs subdivisions au système de numération décimale, afin que leur calcul n'exigeât l'usage d'aucun procédé particulier. 4° Que le nombre de leurs unités fût très-limité et leur nomenclature réduite à peu de mots.

125. S'il ne se fût agi que d'établir l'uniformité des mesures en France, on pouvait se contenter de fixer arbitrairement une certaine longueur pour unité linéaire, un certain poids pour mesure de la pesanteur des corps, une certaine pièce de monnaie pour y rapporter les valeurs monétaires, etc., etc, et ordonner qu'à l'avenir ces mesures nouvelles seraient seules usitées dans toute l'étendue du territoire français.

Mais les nations ayant nécessairement entr'elles des relations commerciales, l'établissement de mesures uniformes chez l'une d'elles n'y produira qu'une partie des avantages qu'on devrait en retirer, si les autres nations continuent à se servir de mesures nombreuses, irrégulièrement subdivisées, et dont les rapports avec les mesures nouvelles de cette nation, restent inconnus aux négocians de celle-ci, ou du moins exigent des calculs embarrassés des mêmes difficultés et présentant tous les inconvéniens que le nouveau système était destiné à faire disparaître.

Or, comment espérer que les gouvernemens étrangers adoptent jamais des mesures qui n'auraient d'autre principe fondamental que le caprice du peuple qui les aurait choisies ?

Pour arriver à ce but précieux, il fallait faire reposer tout le nouveau système sur une base unique prise dans la nature elle-même : c'est ce qu'on a fait.

126. La physique et la géométrie fournissent les moyens de mesurer la distance du pôle à l'équateur, ou le quart d'un méridien terrestre (1). On a procédé avec un soin extrême à cette opération, èt elle a donné pour résultat 5.130.740 toises. On s'est aperçu ensuite que la dimillionième partie de cette quantité, c'est-à-dire, 3 pieds 11 lignes et 296 millièmes de ligne, formait une longueur commode dans la pratique, et propre à remplacer la toise; en conséquence on l'a adoptée pour unité linéaire, et on lui a donné le nom de *mètre*. C'est en outre l'unité fondamentale des nouvelles mesures, puisque celles-ci en dérivent toutes.

127. L'aunage n'exigeant qu'une mesure de longueur, il est très-naturel de substituer également le mètre à l'aune, dont l'ancien système avait mal à propos fait une mesure particulière.

128. L'unité agraire ou des mesures de superficie, se déduit immédiatement de l'unité linéaire. C'est un carré dont on a fait le côté égal à 10 mètres, et qui contient par conséquent 100 mètres carrés. On l'a nommé *are*. Sa valeur est de 26 toises carrées 324 millièmes, ou 26$^{\text{T. ca.}}$, 324.

129. Les mesures de solidité appliquées au bois de chauffage et de charpente, à la mesure des pierres et en général des corps massifs, n'ont toujours pour objet que l'évaluation des volumes; la même unité leur convient donc; c'est le *stère* qui est égal à un mètre cube, c'est-à-dire, à un cube qui a 1 mètre de côté, ou dont chacune des six faces est 1 mètre carré. Le stère correspond à 29 pieds cubes 173 millièmes, ou 29$^{\text{pi. cu.}}$, 173.

130. Le *litre* est l'unité des mesures de capacité. Il s'applique à toutes les matières liquides ou sèches susceptibles de ce mode d'appréciation. Sa contenance est égale à celle d'un décimètre cube, ou d'un cube ayant pour côté la dixième partie du mètre; mais au lieu de lui laisser la forme cubique qui, dans l'usage, présente des inconvéniens, on adopte un cylindre de la même capacité. Il contient 50 pouces cubes 412 millimètres, ou 50$^{\text{po. cu.}}$, 412.

131. L'unité de poids est le *gramme*; c'est la millième partie de ce que pèse un litre d'eau distillée et prise à son maximum de densité ou dans sa plus grande condensation. On a exigé le concours de ces deux conditions, parce que dans cet état le poids et le volume de l'eau sont constans, et que s'il fallait jamais déterminer de nouveau la valeur du gramme, il suffirait de ramener l'eau au même

---

(1) Tout grand cercle passant par les deux pôles de la terre, s'appelle *méridien terrestre*. Tous les méridiens sont égaux.

degré de pureté et de température, ce qui serait facile, quelle que fût l'eau dont on fit usage, ou le climat et la saison dans lesquels on opérât.

On a plongé dans l'eau, ainsi préparée, un décimètre cube, ou un cylindre dont le volume était exactement le même, et qui avait été préalablement pesé dans l'air; on a observé la quantité qu'il perdait de son poids dans l'eau; cette quantité a donné le poids d'un volume d'eau égal à celui du cylindre, et afin d'avoir le poids d'un litre d'eau pesée dans le vide, on y a ajouté celui d'un volume d'air égal (1). Le poids total s'est trouvé de 2 livres 5 gros 35 grains et 15 centièmes de grain; on en a pris la millième partie, de sorte que le gramme pèse 18 ^{grains}, 827.

132. L'unité monétaire est le *franc*, c'est une pièce de monnaie du poids de 5 grammes, dont neuf dixièmes d'argent pur et un dixième d'alliage.

Le franc se divise en 10 décimes, et le décime en 10 centimes. Sa valeur est de 1^{tt} 3^{s} tournois. Puisque le gramme se rapporte au mètre, et que le franc se rapporte au gramme, il s'ensuit que l'unité monétaire dérive aussi de l'unité de longueur.

RÉSUMÉ.

133. Les six unités principales du nouveau système des mesures, sont :

Le *mètre*, unité linéaire; dimillionième partie du quart du méridien; c'est une longueur de 3 ^{pieds} 11 ^{lignes}, 296.

L'*are*, unité de superficie; c'est un décamètre carré.

Le *stère*, unité de volume; c'est un mètre cube.

Le *litre*, unité de capacité; c'est un décimètre cube.

Le *gramme*, unité de poids; millième partie d'un litre d'eau distillée, au maximum de densité et pesée dans le vide; il pèse 18 ^{grains}, 827.

Le *franc*, unité monétaire; pièce du poids de 5 grammes, dont 0,9 d'argent pur et 0,1 d'alliage, et valant 20 sous 3 deniers tournois.

DES MULTIPLES ET DES SOUS-MULTIPLES DES UNITÉS DES NOUVELLES MESURES.

134. A l'exception du franc, les multiples des nouvelles unités s'expriment par les mots *déca*, *hecto*, *kilo*, *myria*, qui signifient respectivement 10, 100, 1000, 10000.

_____

(1) Ce procédé est fondé sur ce qu'*un corps solide, plongé dans un liquide ou un fluide, y perd de son poids autant que pèse un pareil vo-*

Devant le mot *are* on syncope.

Ainsi les noms suivans :

Décamètre,	Décare,	Décalitre,	Décagramme.
Hectomètre.	Hectare,	Hectolitre,	Hectogramme,
Kilomètre,	Kilare,	Kilolitre,	Kilogramme,
Myriamètre,	Myriare,	Myrialitre,	Myriagramme,

désignent 10 mètres, 100 mètres, 1000 mètres, etc. ; 10 ares, 100 ares, etc., etc.

135. Les sous-multiples de ces mêmes unités s'indiquent par les mots *déci*, *centi*, *milli*, *dimilli*, qui répondent aux dixièmes, aux centièmes, aux millièmes, aux dimillièmes.

Par conséquent les expressions suivantes :

Décimètre,	Déciare,	Décistère,	Décilitre,	Décigramme,
Centimètre,	Centiare,	Centistère,	Centilitre,	Centigramme,
Millimètre,	Milliare,	Millistère,	Millilitre,	Milligramme,
Dimillimètre,	Dimilliare,	Dimillistère,	Dimillilitre,	Dimilligramme,

signifient la dixième, la centième, etc., partie d'un mètre, d'un are, etc., etc.

136. REMARQUE. A l'égard des mesures agraires et de solidité, il y a une observation importante à faire ; c'est, dans les premières, qu'il ne faut pas confondre le déciare avec un décimètre carré, le centiare avec un centimètre carré, etc., etc. ; et, dans les mesures de volume, le décistère avec le décimètre cube, le centistère avec le centimètre cube, etc., etc.

L'are contient 100 mètres carrés ; le mètre carré 100 décimètres carrés ; le décimètre carré 100 centimètres carrés ; et en général, une mesure carrée vaut 100 mesures carrées de l'unité immédiatement inférieure.

Ainsi le déciare vaut 10 mètres carrés, ou 1000 décimètres carrés. Le centiare est égal à un mètre carré, ou à 100 décimètres carrés. Le milliare vaut 10 décimètres carrés ou 1000 centimètres carrés, ou 100,000 millimètres carrés, etc.

Le stère est égal à 1000 décimètres cubes ; le décimètre cube à 1000 centimètres cubes ; etc. En général une mesure cubique contient 1000 mesures cubiques de l'unité immédiatement inférieure.

---

lume du liquide ou du fluide. Par exemple, on sait que le pied cube de fer, forgé en barre, pèse 545 livres 2 onces 4 gros 35 grains, et que le pied cube d'eau de pluie pèse 72 livres. Si l'on plonge dans de l'eau de pluie un pied cube de fer, forgé en barre, il perdra 72 livres de son poids, ou ne pèsera plus dans cette eau que 473 livres 2 onces 4 gros 35 grains ; et comme le pied cube d'air commun pèse 1 once 3 gros 3 grains, il s'ensuit que le poids d'un pied cube de fer en barre, non pesé dans le vide, est de 545 livres 1 once 1 gros 32 grains.

Il suit de là que le décistère correspond à 100 décimètres cubes ; le centistère à 10 décimètres cubes ; le millistère précisément au décimètre cube. Donc le centistère vaut 10.000 centimètres cubes, et le millistère 1.000.000 de millimètres cubes.

DES NOUVELLES MESURES EMPLOYÉES DANS LA PRATIQUE, ET DES NOMS ANCIENS QU'ON EST AUTORISÉ A LEUR DONNER.

137. Tous les multiples et sous-multiples des nouvelles mesures ne sont pas usités ; on ne se sert que de ceux qui ont paru utiles dans la pratique ; et pour en faciliter l'usage, on a permis de donner à la plupart les noms que portaient les mesures anciennes du même genre.

On a donc adopté :

138. Pour les mesures itinéraires,

Le *myriamètre*, qu'on appelle *lieue*, et qui vaut 2 lieues terrestres et un quart ; ou 2 $^{\text{lieues ter.}}$, 25.

Le *kilomètre*, sous le nom de *mille*, lequel est égal à 0,225 de la lieue terrestre, ou à 513 ^{toises}, 074.

139. Pour les mesures de longueur, outre le *mètre* qui remplace la toise et l'aune,

Le *décamètre*, auquel on a donné le nom de *perche* et qui vaut 5 ^{toises} 9 ^{pouces} 5 ^{lignes}.

Le décimètre $\rbrace$		le palme $\rbrace$		3 ^{pouces} 8 ^{lignes}, 3296.
Le centimètre $\rbrace$	*ou*	le doigt $\rbrace$	qui valent respectiv^{t}	4 , 4329.
Le millimètre $\rbrace$		le trait $\rbrace$		0 , 4432.

140. Pour les mesures agraires,

L'*hectare*, ou *arpent*, qui vaut 10.000 mètres carrés, ou 100 *perches carrées* nouvelles, et correspond à 1 ^{arpent} 95 $^{\text{perches car.}}$, 802. (Eaux et forêts.)

L'*are*, ou *perche carrée*, qui contient 100 mètres carrés et vaut 1 $^{\text{perche car.}}$, 958. (*Idem.*)

Le *centiare*, ou *mètre carré*, qui est égal à 0,01958 de la perche carrée. (*Idem.*)

141. Pour les mesures de solidité, outre le *stère* qui vaut 0,26 de la corde de bois (Eaux et forêts.),

Le *décistère*, ou *solive*, qui est égal à 0,97246 de la solive ancienne de 3 pieds cubes.

142. Pour les mesures de capacité des liquides,

Le *décalitre*, ou la *velte*, qui contient 10 décimètres cubes et correspond à 1 ^{velte}, 3422. (Ancienne mesure de Paris.)

Le *litre*, ou la *pinte*, valant un décimètre cube, et dont la contenance est de 1 ^{pinte}, 0737 (*Id.*)

Le *décilitre*, ou le *verre*, qui vaut 0,10737 de la pinte. (*Id.*)

143. Pour les mesures de capacité des matières sèches,

Le *kilolitre*, sous le nom de *muid*, qui renferme 1000 décimètres cubes, et qui par conséquent est égal au mètre cube. Il vaut 6 ^{setiers} 4 ^{boisseaux} 14 ^{litrons} de Paris.

L'*hectolitre*, ou le *setier*, qui contient 100 décimètres cubes, et correspond à 7 ^{boisseaux} 11 ^{litrons}. (*Id.*)

Le *décalitre*, ou le *boisseau*, renfermant 10 décimètres cubes et valant 12 ^{litrons}, 3. (*Id.*)

Le *litre*, ou la *pinte*, égal au décimètre cube et dont la contenance est 1 ^{litron}, 23. (*Id.*)

144. Pour les poids,

Le *kilogramme*, ou *livre*, qui répond à 2 ^{livres} 5 ^{gros} 35 ^{grains}, 15 de l'ancien poids de marc.

Le *quintal nouveau*, qui contient 100 kilogrammes, ou 100 livres nouvelles, et correspond à 204 ^{livres} 4 ^{onces} 4 ^{gros} 59 ^{grains}. (*Id.*)

Le *millier nouveau*, composé de 1000 kilogrammes, ou 1000 livres nouvelles, et valant 2042 ^{livres} 14 ^{onces} 14 ^{grains}. (*Id.*)

L'hectogramme	l'once		3 $^{onc.}$ 2 ^{gros} 10 $^{gra.}$, 715
Le décagramme	le gros	nouveaux,	2 44 , 2715
Le gramme	le den.	valent	18 , 82715
Le décigramme	le grain		1 , 882715

(L'hectogramme, Le décagramme, Le gramme, Le décigramme) { ou } (l'once, le gros, le den., le grain) { nouveaux, valent }

de l'ancien poids de marc.

DES OPÉRATIONS FONDAMENTALES DE L'ARITHMÉTIQUE.

145. Les opérations fondamentales de l'arithmétique sont l'*addition*, la *soustraction*, la *multiplication*, et la *division*.

146. On les nomme *fondamentales*, parce qu'elles forment la base de toutes les autres qui n'en sont que des combinaisons.

147. On verra par la suite qu'elles peuvent à la rigueur se réduire même aux deux premières, parce que la multiplication n'est qu'une addition abrégée, et que la division s'effectue à l'aide de la soustraction et de la multiplication.

DE L'ADDITION.

148. DÉFINITIONS. L'addition est une opération par laquelle on réunit plusieurs nombres en un seul, qu'on appelle *somme* ou *total*.

Ainsi la *somme* est le résultat de l'addition.

149. Pour ajouter un nombre simple ou composé à un nombre simple, ou pour additionner tant de nombres simples qu'on voudra, *il suffit des seuls principes de la numération*.

Ainsi le nombre 9, augmenté successivement des unités du nombre 7, donne 16 pour somme.

De même, en ajoutant le nombre composé 128 aux unités successives du nombre 6, on forme le total 134.

Enfin pour faire la somme de tous les nombres simples, par exemple, on dira : 1 et 2 font 3, et 3 font 6, et 4 font 10, et 5 font 15, et 6 font 21, et 7 font 28, et 8 font 36, et 9 font 45.

150. MÉTHODE. Pour additionner les nombres composés, il faut *les écrire les uns sous les autres, de manière que les unités du même ordre soient dans une même colonne; souligner le dernier nombre; puis, à partir de la droite, faire la somme des collections d'unités contenues dans chaque colonne; si cette somme est exprimée par un nombre simple, l'écrire au-dessous; mais si elle l'est par un nombre composé, n'écrire au-dessous que le premier chiffre à droite de cette somme partielle, et joindre la partie à gauche à la colonne suivante.*

Ex. Soit proposé d'ajouter les nombres suivans :

$$
\begin{array}{r}
941 \\
8750 \\
4016592 \\
70603 9861 \\
600028923 \\
\hline
\end{array}
$$

Somme ou total...... 1 3 1 0 0 9 5 0 6 7.

Après avoir disposé ces nombres selon la méthode prescrite et souligné le dernier, on fait la somme des nombres contenus dans la colonne des unités simples; elle est 7, qu'on écrit au-dessous. On fait ensuite la somme des nombres que renferme la colonne des dixaines; cette somme de dixaines est exprimée par 26, dont on n'écrit au-dessous que le premier chiffre à droite, 6; on retient les 20 dixaines ou 2 centaines pour les réunir à la colonne des centaines. Au moyen de cette retenue, la somme des centaines est 40, c'est-à-dire, précisément 4 mille, à joindre à la colonne des mille, en sorte qu'il faut écrire un zéro sous celle des centaines. La somme des mille, augmentée de 4 mille retenus, est 35, ou 3 dixaines de mille et 5 mille; on écrit ceux-ci sous la colonne qui leur correspond, et on reporte les 3 dixaines de mille à la leur.

En suivant le même procédé, on obtient successivement 9 pour la somme des dixaines de mille, o pour celle des centaines de mille; 10, ou 1 dixaine de millions pour celle des millions; 1 pour celle des dixaines de millions, et enfin 13 pour celle des centaines de millions, c'est-à-dire, 1 billion et 3 centaines de millions, ce qui explique suffisamment les chiffres placés au-dessous de chaque colonne, et le chiffre 1 qui les déborde à gauche.

DÉMONSTRATION. 1° Le nombre 1.310.095.067, ainsi déterminé,

est égal à la somme de tous les nombres proposés. Car on a fait la somme des unités simples, celle des dixaines, celle des centaines, etc., et en général les sommes partielles des divers ordres d'unités dont ces nombres sont composés ; et puisqu'on a réuni ces sommes partielles, il s'ensuit qu'on a nécessairement obtenu la somme totale des nombres proposés. (Voyez l'Ax. III, et le N° 22.)

2° Il faut souligner le dernier de ces nombres, pour ne pas le confondre avec la somme.

3° On a soin de placer dans une même colonne les unités du même ordre, afin de n'avoir jamais à ajouter un nombre simple ou composé, qu'à un nombre simple, ce qui est facile (N° 149), et l'art de ce procédé est fondé sur ce que des dixaines s'ajoutent à des dixaines, des centaines à des centaines, etc., et en général des unités d'un ordre quelconque à des unités du même ordre, de la même manière que des unités simples se réunissent avec des unités simples. (N°s 1, 21, 38, 40 et 45.)

4° Il faut joindre à la colonne suivante, comme unités de cette colonne, les dixaines provenant de la colonne précédente, parce que 10 unités d'un ordre ne font qu'une unité de l'ordre suivant à gauche. (N° 86.)

5° Enfin, il est beaucoup plus expéditif de faire l'addition en allant de droite à gauche, qu'il ne le serait de l'effectuer de gauche à droite ; car, selon la première méthode, les dixaines provenant d'une colonne se reportent naturellement à la colonne suivante, tandis qu'en commençant l'addition par la colonne des unités de l'ordre le plus élevé, on serait presque continuellement obligé d'effacer un chiffre déjà écrit à la somme et de lui en substituer un autre, à raison des unités de l'ordre correspondant à ce chiffre que fournirait la colonne suivante à droite. Ou bien encore, si l'on ne voulait rien effacer, il faudrait faire deux ou plusieurs opérations au lieu d'une seule.

C'est ce que les exemples suivans rendront sensible :

```
          3 6 4              8 5
      4 1 2 8 3            9 6 2
      8 2 5 9 5          5 6 7 4
          7 4 6 2        4 8 9 3
      7 1 8 2 5 1        9 . . .   Somme des mille.
      2 3 9 6 9 0        2 3 . .   Somme des centaines.
      _____        3 0 .     Somme des dixaines.
      9 6 7 2 5 5          1 4     Somme des unités.
      1 0 8 9 6 4        _____
Somme.... 1 0 8 9 6 4 5    1 1 6 1 4   Somme totale.
```

Dans le premier exemple, on trouve 9 pour la somme des centaines de mille ; mais comme celle des dixaines de mille est 16, il faut, après avoir écrit 6 au-dessous de cette colonne, joindre centaine de mille aux 9 qu'on a déjà, ce qui conduit à barrer le *chiffre* 9 et à le remplacer par 10. On voit de même qu'il faut successivement barrer les chiffres 6, 7, 2 et 3, d'abord écrits à la somme, pour y substituer 8, 9, 6 et 4, qui résultent des retenues 2 dixaines de mille, 2 mille, 4 centaines et 1 dixaine faites sur les colonnes des mille, des centaines, des dixaines et des unités.

On conçoit même que les chiffres d'abord trouvés à la somme, et les retenues des colonnes précédentes pourraient être tels qu'on fût obligé de barrer à leur tour des chiffres substitués déjà à d'autres, ce qui compliquerait et allongerait davantage encore le calcul.

Dans le second exemple, il a fallu faire une seconde addition pour réunir les sommes partielles, et si, dans cette seconde opération, les colonnes, autres que la première à gauche, eussent fourni des dixaines, il en eût fallu une troisième.

On voit donc qu'il n'est indifférent de faire l'addition de gauche à droite, qu'autant que chaque somme partielle, autre que la première à gauche, n'excède pas 9.

151. AUTRES EXEMPLES. En suivant la méthode prescrite on trouvera que

$$900.471 + 352.523 + 95.125 + 4.827 = 1.352.946...$$
$$37.425.481 + 40.885.245 + 84.949.518 + 35.515.540$$
$$+ 90.000.000 + 11.224.216 = 300.000.000.$$

DE L'ADDITION DES PARTIES DÉCIMALES.

152. MÉTHODE. Pour ajouter les nombres décimaux, il faut *aligner la virgule dans les nombres proposés, ainsi que dans la somme, que l'on fait d'ailleurs comme celle des nombres entiers.*

Ex. Quelle est la somme correspondante à 23,17 + 5129,8 + 7,352 + 0,0007 ?

On aligne la virgule et l'on fait la somme, comme à l'ordinaire, ayant soin d'aligner encore la virgule dans cette somme :

$$
\begin{array}{r}
23,17 \\
5129,8 \\
7,352 \\
0,0007 \\
\hline
\end{array}
$$

Somme...... 5100,3227.

DÉMONSTRATION. Il faut aligner la virgule dans les nombres proposés, afin que les unités, ou les parties décimales du même ordre, soient dans le même rang, parce qu'on additionne des dixièmes avec des dixièmes, des centièmes avec des centièmes, etc., comme des unités simples avec des unités simples.

En second lieu, il faut aligner la virgule dans la somme, afin que chaque chiffre de la somme renferme des unités ou des parties du même ordre que la colonne qui lui correspond.

Du reste, il est clair que toutes les parties de la démonstration relative à l'addition des nombres entiers, s'appliquent à celle des nombres décimaux, puisque leur numération est la même. C'est particulièrement la conséquence des articles 66 et 86.

153. Autres Exemples.

0,0 0 0 6	0,0 0 2	3 5 7 9, 6 4 3 2	5 9 4 3 2 6, 0 9 7
0,0 4 0 5	0,0 6	5 8 4, 0 6 2	2 8 5 3 0 4, 6 8
0,8 9 4 3	0,1 0 3 7	9 8 5, 7 0 0 8	9 0 5 4 3, 2 8 5
0,0 0 9	0,0 8	5 0 4 3, 4 5 6	1 8 2 6 5, 4 3 2
0,6 8	0,4	9 0 0, 6 2	5 9 4 3, 7 8
1,6 2 4 4	0,6 4 5 7	1 1 0 9 3, 4 8 2 0	9 9 4 3 8 3, 2 7 4

USAGES DE L'ADDITION, OU APPLICATIONS DE CETTE RÈGLE AUX NOMBRES CONCRETS.

154. La définition de l'addition indique suffisamment les usages de cette règle, au moyen de laquelle on exprime la valeur totale de plusieurs nombres de *même espèce* par un seul nombre qui en est la somme.

155. THÉORÈME *L'addition ne peut s'effectuer que sur des nombres de même espèce, c'est-à-dire, rapportés à la même unité.*

DÉMONSTRATION. Car cette opération a pour but de former un seul tout, et il est impossible de concevoir l'idée d'un seul tout dont les parties se rapporteraient à des unités d'espèce différente. (Ax. IV.)

QUESTIONS RELATIVES A L'ADDITION.

156. Les questions suivantes, quoique peu nombreuses, suffiront pour mettre en état de reconnaître toutes celles dont la solution dépend de l'addition.

I. *En l'année* 1818 *la population de l'Europe était évaluée à* 170.000.000 *d'habitans ; celle de l'Asie à* 333.000.000 *; celle de l'Afrique à* 70.000.000 *; et celle de l'Amérique à* 35.500.000 *: à combien s'élevait alors la population du Globe ?* Réponse, à 608.500.000 habitans.

Il est évident que pour répondre à la question, il faut additionner les nombres indicatifs de la population respective de chacune des quatre parties du Globe.

II. *Combien l'empire romain a-t-il duré depuis sa fondation, jusqu'en l'an* 800 *, époque où Charlemagne fut couronné à Rome, empereur d'Occident, par le pape Léon III, sachant que Rome a subsisté sous sept rois pendant* 244 *ans ; sous les consuls pendant* 446 *ans, jusqu'au règne d'Auguste ; sous cinquante-sept empereurs pendant* 519 *ans, depuis Auguste jusqu'à Augustule, dépossédé par Odoacre, roi des Hérules ; sous ce dernier et sous huit rois des Ostrogots pendant* 92 *ans ; et, enfin sous vingt-deux rois Lombards pendant* 206 *ans ?* Réponse 1507 ans.

Il suffit, pour résoudre la question, de réunir les nombres qui désignent combien d'années l'empire romain a subsisté sous chaque gouvernement.

III. *Hypparque jeta les premiers fondemens d'une astronomie méthodique 147 ans avant Jésus-Christ ; le système de Copernic fut publié à Nuremberg en 1543 : quel intervalle s'est écoulé entre la création de ces deux ouvrages ?* Réponse, 1690 ans.

Puisque le point de départ du calendrier grégorien, ou du calendrier actuel, est fixé à la naissance de Jésus—Christ, il est clair que l'intervalle cherché se compose de la réunion des deux nombres 147 et 1543.

IV. *Les contributions directes de la France ont été, en l'année 1818, de 361.097.975 francs; en 1819, de 342.000.000; en 1820, de 341.900.000, et en 1821, de 327.000.000 : à quelle somme se sont-elles élevées dans ces quatre années?* Réponse, à 1.371.997.975 francs.

V. *Un particulier a acheté des bois pour 16245 fr. 25 cent. ; des terres labourables pour 14938 fr. 40 c.; des prés pour 11307 fr. ; des vignes pour 6730 francs 75 cent.; pour 8569 fr. 80 cent., une maison de ferme, dans laquelle il a fait faire des réparations montant à 5218 fr. 63 cent.; enfin, pour 18000 fr. une maison de maître, dont les réparations lui ont coûté 7194 fr. 28 cent. : combien ce particulier a-t-il dépensé en tout?* Réponse, 88203 francs 76 centimes.

VI. *Cinq ouvriers ont fait : le premier, 1189 toises d'un certain ouvrage; le second, 947 toises du même ouvrage ; le troisième, 638 ; le quatrième, 325 ; et le cinquième, 217 : combien ont—ils fait ensemble de toises de l'ouvrage dont il s'agit ?* Réponse, 3316 toises.

DE LA SOUSTRACTION.

157. Définitions. La soustraction est une opération par laquelle on détermine la différence entre deux nombres ou l'excès de l'un sur l'autre.

Le résultat de la soustraction se nomme *reste, excès* ou *différence.*

158. Pour soustraire les nombres de 1 à 10 inclusivement, des nombres de 1 à 19, aussi inclusivement, *il suffit des principes de la numération.*

Ainsi, le nombre 18, par exemple, diminué successivement de chacune des unités du nombre 11, donne 7 pour différence.

159. Comme il faut savoir par cœur les excès des dix—neuf premiers nombres sur les dix premiers, avec cette restriction pourtant, que celui des nombres dont on soustrait un autre nombre ne surpasse celui-ci que de 9 unités au plus, on devra se rendre familière la connaissance de la table suivante.

TABLE DE SOUSTRACTION.

1 ôté de	1 reste 0	4 ôté de	4 reste 0	7 ôté de	7 reste 0
	2 1		5 1		8 1
	3 2		6 2		9 2
	4 3		7 3		10 3
	5 4		8 4		11 4
	6 5		9 5		12 5
	7 6		10 6		13 6
	8 7		11 7		14 7
	9 8		12 8		15 8
	10 9		13 9		16 9

2 ôté de	2 reste 0	5 ôté de	5 reste 0	8 ôté de	8 reste 0
	3 1		6 1		9 1
	4 2		7 2		10 2
	5 3		8 3		11 3
	6 4		9 4		12 4
	7 5		10 5		13 5
	8 6		11 6		14 6
	9 7		12 7		15 7
	10 8		13 8		16 8
	11 9		14 9		17 9

3 ôté de	3 reste 0	6 ôté de	6 reste 0	9 ôté de	9 reste 0
	4 1		7 1		10 1
	5 2		8 2		11 2
	6 3		9 3		12 3
	7 4		10 4		13 4
	8 5		11 5		14 5
	9 6		12 6		15 6
	10 7		13 7		16 7
	11 8		14 8		17 8
	12 9		15 9		18 9

10 ôté de	10 reste 0
	11 1
	12 2
	13 3
	14 4
	15 5
	16 6
	17 7
	18 8
	19 9

160. Lemme. *Si à deux nombres on ajoute un même troisième nombre, la différence qui existait entre les deux premiers ne change pas.*

Exemple. La différence entre 9 et 5 est égale à 4 ; si l'on augmente chacun de ces nombres de 100, par exemple, ils changeront de valeur, puisqu'ils deviendront 109 et 105 ; mais la différence de ces nombres nouveaux 109 et 105, sera la même que celle qui régnait entre les nombres primitifs 9 et 5.

Cette proposition n'est autre chose que l'axiome V.

161. Méthode. Pour effectuer la soustraction des nombres composés, il faut *écrire le plus petit nombre sous le plus grand, de manière que les unités du même ordre soient dans une même colonne; souligner le nombre inférieur, puis, à partir de la droite, soustraire chaque chiffre du nombre inférieur du chiffre qui lui correspond dans le nombre supérieur, et écrire le reste au-dessous. Si le chiffre du nombre inférieur est plus grand que son correspondant, il faut augmenter celui-ci de 10, et ajouter 1 au chiffre inférieur suivant; et s'il ne s'y en trouve pas, on le supposera égal à l'unité.*

Exemple. On demande quel est l'excès de 283.904.679 sur 70.914.503?

Conformément à la méthode, on écrit :

$$
\begin{array}{l}
\text{Nombre supérieur...}\quad 2\,8\,3.\,9\,0\,4.\,6\,7\,9 \\
\text{Nombre inférieur...}\quad\ \ \ 7\,0.\,9\,1\,4.\,5\,0\,3 \\
\hline
\text{Reste ....}\quad 2\,1\,2.\,9\,9\,0.\,1\,7\,6
\end{array}
$$

En commençant l'opération par la droite, on dit : 3 ôté de 9, il reste 6, ou simplement, 3 de 9, reste 6, qu'on écrit au-dessous ; o de 7, reste 7, qu'on écrit pareillement au-dessous ; 5 de 6, reste 1 ; 4 de 4, reste rien ou zéro ; 1 de zéro, cela ne se peut ; en conséquence, on ajoute 10 au chiffre o, ce qui donne 10, et l'on dit : 1 de 10 reste 9. On ajoute 1 au chiffre suivant 9 du nombre inférieur, ce qui forme 10, on dit alors 10 de 9 cela ne se peut ; c'est pourquoi on ajoute 10 au chiffre 9 du nombre supérieur, ce qui fait 19, dont on soustrait 10, et il reste 9, qu'on écrit au-dessous. On ajoute 1 au chiffre o inférieur suivant, et l'on dit : 1 de 3, reste 2 ; puis 7 de 8, reste 1 ; rien de 2, reste 2.

Démonstration. 1° Le nombre 212.990.176 est la différence des deux nombres proposés. Car on a pris la différence entre les unités simples, entre les dixaines, etc., et en général la différence entre tous les ordres d'unités dont ces nombres sont composés ; donc, puisqu'on a écrit toutes ces différences partielles les unes à côté des autres, de telle sorte qu'elles fussent réunies en un seul nombre 212.990.176, il s'ensuit que ce dernier nombre est la différence totale des deux nombres proposés. (Ax. III.)

2° Cette différence n'a pas été changée par les 10 dixaines de mille dont on a augmenté le chiffre 0 du nombre supérieur, afin de rendre la soustraction possible, parce qu'on a ajouté 1 centaine de mille au chiffre 9 du nombre inférieur, et qu'à ce moyen chacun des nombres proposés a été augmenté du même nombre 100,000, ce qui laisse leur différence telle qu'elle était, et ce qui atteint, par conséquent, le but de la soustraction, celui d'obtenir aisément la véritable différence de deux nombres. (N°s 1, 21, 22, 86, 87 et 160.)

Le même raisonnement s'applique aux 10 centaines de mille qu'on a ajoutées au chiffre 9, et dont on a par conséquent augmenté le nombre supérieur, puisqu'ensuite on a pareillement augmenté le nombre inférieur de 1 million.

3° L'addition de 10 au chiffre trop faible, suffit pour rendre la soustraction possible dans tous les cas. En effet, il n'y a pas de chiffre plus faible que zéro ; donc l'augmentation de 10 formera toujours un nombre au moins égal à 10 ; or, le chiffre à soustraire sera tout au plus 9 ; et s'il fallait y ajouter 1, à raison de ce que le chiffre qui le précède dans le nombre supérieur, aurait été déjà lui-même augmenté de 10, ce chiffre inférieur 9, ainsi augmenté de 1, donnerait 10 ; donc en ne retranchant à la fois qu'un seul chiffre d'un seul chiffre, comme la méthode le prescrit, le plus grand nombre possible à soustraire à la fois sera 10, et le plus petit nombre possible dont il faudra soustraire sera aussi 10 ; donc la soustraction pourra toujours avoir lieu.

4° La table de soustraction contient tout ce qu'il faut savoir pour effectuer cette opération sur des nombres quelconques, dès que l'art l'a réduite à ne retrancher jamais à la fois qu'un seul chiffre d'un seul chiffre. Car on vient de démontrer qu'à ce moyen le plus grand nombre possible à soustraire est 10, et comme 9 est le plus grand chiffre possible au nombre supérieur, il s'ensuit qu'en y ajoutant 10, le plus grand nombre duquel il faille en soustraire un autre est 19 ; donc tout se borne à soustraire un nombre égal à 10, au plus, d'un nombre égal à 19, au plus, c'est-à-dire, à soustraire les dix premiers nombres des nombres de 1 à 19 inclusivement, ce qui est l'objet de la table de soustraction.

5° Il suit encore de cette méthode que le plus grand reste partiel possible est 9. En effet, si le chiffre du nombre inférieur est plus petit que son correspondant au-dessus, celui-ci ne reçoit aucune augmentation ; le nombre dont on soustrait est donc alors tout au plus 9 ; donc, à plus forte raison, le reste ne peut-il pas être plus grand que 9. Si, au contraire, il y a lieu d'ajouter 10 au chiffre d'en haut, c'est parce qu'il est plus faible, d'une unité au moins, que son correspondant en bas ; donc en augmentant le premier de 10, il ne surpassera encore le chiffre au-dessous que de 9, au plus ; donc, dans tous les cas, le plus grand reste possible est 9.

6° On a soin d'écrire les unités du même ordre dans la même colonne, parce qu'un nombre de dixaines, par exemple, se retranche d'un autre nombre de dixaines, de la même manière qu'on ôte un nombre d'unités simples d'un autre nombre d'unités simples, et qu'il en est toujours ainsi de la soustraction de deux nombres formés d'unités du même ordre. (N°s 38, 4o et 45.)

7° Enfin la promptitude et la facilité du calcul exigent que la soustraction s'effectue de droite à gauche, parce qu'à ce moyen chaque reste partiel, à mesure qu'il est déterminé, appartient au résultat cherché, au lieu qu'en opérant de gauche à droite, il faudrait revenir sur le reste partiel précédent, et le diminuer d'une unité, toutes les fois que le chiffre suivant du nombre inférieur serait plus grand que son correspondant au-dessus.

C'est ce qui va s'éclaircir par un exemple :

$$
\begin{array}{r}
\text{Du nombre....} \quad 4\ 6\ 5\ 0 \\
\text{Soustraire.....} \quad 1\ 7\ 9\ 3 \\
\hline
5\ 9\ 6\ 7 \\
2\ 8\ 5 \\
\hline
\text{Reste.........} \quad 2\ 8\ 5\ 7
\end{array}
$$

En commençant par la gauche, on dira : 1 de 4 reste 3, qu'on écrit au-dessous. Puis 7 de 16, reste 9 : mais comme on a augmenté 6 de 10, il faut augmenter le chiffre 1 de 1 et soustraire 2 de 4, ce qui donne 2 pour véritable différence des mille, en sorte que le chiffre 3 doit être remplacé par le chiffre 2. En continuant de la même manière, on sera conduit à barrer successivement les chiffres 9 et 6 et à les remplacer par 8 et 5, avant de parvenir à la véritable différence cherchée, laquelle est 2857.

La diminution d'un reste partiel pourrait même entraîner la diminution de plusieurs des restes partiels qui le précèdent, comme on le voit dans l'exemple suivant :

$$
\begin{array}{r}
\text{Du nombre...} \quad 5\ 7\ .\ 2\ 8\ 4\ .\ 0\ 9\ 1 \\
\text{Retrancher...} \quad 4\ 7\ .\ 2\ 8\ 4\ .\ 3\ 5\ 6 \\
\hline
1\ 0\ 0\ 0\ 0\ 7\ 4\ 5 \\
9\ 9\ 9\ 9 \quad 3 \\
\hline
\text{Reste........} \quad 9\ 9\ 9\ 9\ 7\ 3\ 5
\end{array}
$$

Or, la substitution de chiffres nouveaux à des chiffres déjà écrits, est évidemment un circuit de calculs inutiles ; donc il est avantageux de commencer la soustraction par la droite, et il ne peut être indifférent de suivre une marche contraire, qu'autant que chaque chiffre du nombre inférieur serait plus petit, ou tout au plus égal à son correspondant au-dessus.

162. AUTRES EXEMPLES.

Iᵉʳ	IIᵉ	IIIᵉ	IVᵉ
6 2 7. 5 9 8	3 0. 0 0 6	5. 0 1 0. 2 9 0	1 0. 0 0 0. 0 0 0. 0 0 0
8. 6 9 9	1 4. 9 9 7	2. 4 7 0. 3 8 5	1 2 3. 4 5 6. 7 8 9
6 1 8. 8 9 9	1 5. 0 0 9	2. 5 3 9. 9 0 5	9. 8 7 6. 5 4 3. 2 1 1

Dans le Iᵉʳ exemple, on dira : 9 de 18, reste 9; 10 de 19, reste 9; 7 de 15, reste 8; 9 de 17, reste 8; 1 de 2, reste 1; rien de 6, reste 6.

Dans le IIᵉ, 7 de 16, reste 9; 10 de 10 reste 0; 10 de 10 reste 0; 5 de 10 reste 5; 2 de 3 reste 1.

Dans le IIIᵉ, 5 de 10, reste 5; 9 de 9 reste 0; 3 de 12, reste 9; 1 de 10, reste 9; 8 de 11, reste 3; 5 de 10, reste 5; 3 de 5, reste 2.

Dans le IVᵉ, 9 de 10, reste 1; 8 de 10, reste 2; 7 de 10, reste 3; 6 de 10, reste 4; 5 de 10, reste 5; 4 de 10, reste 6; 3 de 10, reste 7; 2 de 10, reste 8; 1 de 10, reste 9.

DE LA SOUSTRACTION DES PARTIES DÉCIMALES.

163. MÉTHODE. Pour faire la soustraction des nombres déci-maux, il faut *écrire le plus petit nombre sous le plus grand, de manière que la virgule soit alignée dans les nombres proposés; et, après avoir opéré comme sur des nombres entiers, il faut aligner aussi là virgule dans la différence.*

Iᵉʳ EXEMPLE. Retrancher 84,7321 de 925,3452 ?

On aligne la virgule dans les nombres proposés, ainsi que dans la différence,

$$9\,2\,5, 3\,4\,5\,2$$
$$8\,4, 7\,3\,2\,1$$

Différence., $8\,4\,0, 6\,1\,3\,1.$

DÉMONSTRATION. Il faut aligner la virgule dans les nombres pro-proposés, afin que les unités, ou les parties décimales du même ordre, soient dans le même rang, parce que des nombres formés de parties décimales du même ordre, se retranchent l'un de l'autre, de la même manière que des nombres d'unités simples. (Nᵒˢ 66, 86 et 87.)

Il faut aligner la virgule dans la différence, afin que chaque chif-fre de la différence renferme des unités ou des parties du même ordre que celles de la colonne qui lui correspond.

IIᵉ EXEMPLE. De 0,075 soustraire 0,00829 ?

Comme dans la fraction 0,075, il n'y a pas autant de chiffres décimaux que dans l'autre, on y supplée par deux zéro, ce qui n'en change pas la valeur (nᵒ 102), et ce qui peut d'ailleurs faciliter le calcul. (Nᵒˢ 1, et 21.)

$$0, 0\,7\,5\,0\,0$$
$$0, 0\,0\,8\,2\,9$$

Reste.... $0, 0\,6\,6\,7\,1.$

164. Autres Exemples.

0,0053	9,3641	758,006	5493,0000
0,004972	0,879	369,453287	2379,3614
0,000328	8,4851	388,552713	3113,6386.

USAGES DE LA SOUSTRACTION.

165. Théorème. *La soustraction ne peut avoir lieu qu'entre des nombres de même espèce ou qui se rapportent à la même unité.*

Exemple. Il serait absurde de demander, par exemple, quelle différence il y a entre 3o francs et 18 mètres.

Démonstration. En général, la soustraction a pour but de trouver la différence de deux nombres ; or, l'idée de différence entre deux choses quelconques, est inséparable de celle d'un terme commun de comparaison existant entre ces choses, d'ailleurs tout aussi dissemblables qu'on voudra le supposer. Donc, s'il s'agit des nombres, il faut, pour en saisir la différence, qu'il y ait aussi nécessairement entr'eux un terme commun de comparaison ou une unité commune ; il faut donc que, dans la soustraction, les nombres se rapportent à la même unité, ou qu'ils soient d'espèce semblable.

166. Théorème. *La différence de deux nombres est nécessairement de même espèce que ces nombres.*

Démonstration. Car le reste n'est qu'une partie du plus grand nombre ; il doit donc être de même espèce que ce dernier ; or, le plus petit nombre est d'espèce semblable à celle du plus grand ; donc le reste est aussi de même espèce que le plus petit nombre ; donc, etc.

Cette démonstration est fondée sur les axiomes VI et VII.

167. La soustraction a divers usages qu'on va successivement exposer, parce qu'ils sont utiles ou curieux.

Elle sert :

168. *A faire connaître ce qui reste d'une quantité quand on en a ôté ou déduit une ou plusieurs autres.*

Ier Exemple. Un tonneau contenait 675 litres 34 centilitres de vin ; on en a bu 298 litres 67 centilitres : combien en reste-t-il ? Réponse, 376 litres, 67.

IIe Exemple. Un ouvrier devait confectionner 2o3 mètres 65 centimètres d'un certain ouvrage ; il en a déjà fait 145 mètres 84 centimètres : combien en a-t-il encore à faire ? Réponse, 57 mètres, 81.

169. *A trouver de combien une quantité en surpasse une autre.*

Exemple. En l'année 1817, il est né en France 944.571 enfans, et 914.351 en 1818 : combien est-il né d'enfans de plus en 1817 qu'en 1818 ? Réponse 3o.22o.

170. *A déterminer l'augmentation ou la diminution qu'a éprouvée une quantité, sachant ce qu'elle était et ce qu'elle est devenue.*

Ier Exemple. Un particulier possédait une fortune de 198.250 francs ; elle est actuellement de 300.000 : quel accroissement a-t-elle reçu ? Réponse, de 101.750 francs.

IIe Exemple. Un marchand de bois avait dans son magasin 3972 stères, 59 centistères ; il lui en reste 1896^{stères}, 74 : combien de bois est-il sorti du magasin ? Réponse, 2075^{stères}, 85.

Il est évident qu'il suffira toujours de prendre la différence entre la quantité nouvelle et la primitive, dont la première surpassera la seconde ou en sera surpassée, selon qu'il y aura eu accroissement ou décroissement.

171. *A calculer l'augmentation ou la diminution qu'a éprouvée une quantité inconnue, quand on sait ce qui lui a été successivement ajouté et retranché.*

Ier Exemple. En 1819, il y a eu à Paris 24.344 naissances et 22.671 décès : quel accroissement de population cette ville a-t-elle reçu ? Réponse, de 1673 individus.

IIe Exemple. Un commerçant a fait divers bénéfices qui s'élèvent à 15298 francs 31 centimes, et plusieurs pertes formant un total de 37125 fr. 20 cent. : quelle diminution sa fortune a-t-elle essuyée ? Réponse, de 21826 fr. 89. cent.

La solution se réduira, dans tous les cas, à prendre la différence entre les quantités jointes à la quantité inconnue, et celles qui en ont été distraites.

172. *A fixer la durée des êtres ou des choses.*

La méthode à suivre pour y parvenir consiste, lorsque les époques sont rapportées au même calendrier, *à retrancher le nombre correspondant à l'année de l'origine de celui qui répond à l'année dans laquelle l'être ou la chose a pris fin.*

Exemple. Le célèbre Newton, auteur de l'arithmétique universelle, naquit en 1642 et mourut en 1727 : combien a-t-il vécu ? Réponse, 85 ans.

173. *A préciser l'intervalle entre deux époques indiquées par le même calendrier, ou de combien un être ou une chose en a précédé d'autres.*

Exemple. Jean Guttemberg, habitant de Mayence, inventa l'imprimerie en 1440, et Thomas Maso, orfèvre de Florence, la gravure sur le cuivre, en 1480 : de combien d'années l'une de ces découvertes a-t-elle précédé l'autre ? Réponse, de 40 ans.

174. *A trouver l'année de l'origine d'un être ou d'une chose, quand on connaît sa durée et l'année où elle a pris fin.*

Cela se réduit évidemment à *soustraire du nombre qui correspond à cette dernière année celui qui exprime la durée.*

Exemple. L'illustre mathématicien Descartes est mort en 1650 ; il a vécu 54 ans : en quelle année est-il né ? Réponse, en 1596.

175. *A déterminer une époque antérieure à une autre connue, quand on sait l'intervalle de temps qui sépare ces deux époques.*

Il est clair qu'il faut *soustraire le nombre qui désigne cet intervalle de celui qui répond à l'époque connue.*

Exemple. C'est en 1672 que le télescope de Newton a été exécuté, et il y avait alors 372 ans que les lunettes à lire étaient connues : en quelle année celles-ci ont-elles paru? Réponse, en 1300.

176. *A calculer une quantité, sachant de combien une quantité connue la surpasse.*

Exemple. En 1813, il y a eu à Paris 20.219 naissances; leur nombre a surpassé de 1543 celui des décès en la même année : quel est ce dernier nombre? Réponse, 18.676.

QUESTIONS RELATIVES A LA SOUSTRACTION.

177. Les problèmes suivans sont propres à développer de plus en plus au lecteur les applications nombreuses dont la soustraction est susceptible, et à l'accoutumer à la pratique des calculs que, par ce motif, on lui laisse le soin d'effectuer.

I. *La distance de Paris aux principales villes de l'Europe est exprimée, en lieues de poste* (n° 109), *par les nombres suivans : Londres*, 102; *la Haye*, 110; *Amsterdam*, 125; *Génes*, 163; *Milan*, 188; *Munich*, 202; *Hambourg*, 217; *Venise*, 250; *Berlin*, 254; *Vienne*, 300; *Copenhague*, 307; *Madrid*, 315; *Rome*, 325; *Naples*, 382; *Varsovie*, 400; *Lisbonne*, 440; *Stokholm*, 475; *Saint-Pétersbourg*, 640; *Constantinople*, 658; *Moscou*, 741 : *quelle différence y a-t-il entre leurs distances respectives de Paris ?*

II. *Le vent le plus violent possible, qui renverse les édifices et déracine les arbres, parcourt par heure un espace de* 162.000 *mètres; et le vent le plus doux ou à peine sensible,* 1800 *mètres, dans le même temps : quelle est la différence des espaces parcourus par ces deux vents dans une heure ?*

III. *Les distances des planètes au Soleil sont exprimées en myriamètres comme il suit : la Terre,* 15.287.873; *Mercure,* 5.917.938; *Vénus,* 11.058.215; *Mars,* 23.294.021; *Cérès,* 42.435.000; *Pallas,* 42.435.000; *Junon,* 40.897.070; *Vesta,* 36.386.000; *Jupiter,* 79.511.907 *Saturne,* 145.836.700; *Uranus,* 291.720.130: *de combien diffèrent leurs distances respectives au Soleil?*

IV. *La première race des rois de France a commencé à Pharamond, en* 420, *et a fini à Childeric III, en* 750; *la seconde à Pépin, en* 751; *et a fini à Louis V, en* 987 : *combien d'années ont-elles régné chacune?*

V. *Depuis combien d'années la troisième race régnait-elle en* 1814, *ayant commencé à Hugues Capet, en* 987?

VI. *Les îles Canaries ont été découvertes en* 1345; *le cap de*

Bonne-Espérance, en 1486; *l'Amérique* en 1492; *l'île Sainte-Hélène*, en 1502; *le Pérou*, en 1515; *la Chine*, en 1517; *le Japon*, en 1542; *la Nouvelle-Zélande*, en 1642; *la Nouvelle-Bretagne*, en 1700; *l'île d'Otaïti*, en 1767; *les îles Sandwich*, en 1778: *de combien d'années chacune de ces découvertes a-t-elle précédé celles qui l'ont suivie?*

VII. *C'est en 1528 qu'on a, pour la première fois, mesuré un arc du méridien. Les taches du soleil et les satellites de Jupiter ont été découverts en 1610; le 4e satellite de Saturne, en 1655; le 5e, en 1671; le 3e, en 1672; les deux premiers, en 1684; le 6e et le 7e, en 1789; la vitesse de la lumière, en 1675; l'applatissement du globe de la terre, en 1744; Cérès, en 1801; Pallas, en 1802; Junon, en 1803; Vesta, en 1807: de combien, etc., etc.*

VIII. *La boussole a été employée en France en 1260; les lunettes de navigation ont été connues en 1590; le thermomètre, en 1600; le microscope composé, en 1621; le baromètre, en 1643; le télescope de Grégory, en 1663; le télescope de Newton, en 1672; les lunettes achromatiques, en 1758; le cercle répétiteur astronomique de Borda, en 1786: de combien, etc., etc.*

QUESTIONS RELATIVES A L'ADDITION ET A LA SOUSTRACTION RÉUNIES.

178. Le lecteur fera bien de s'exercer à résoudre des problèmes dont la solution exige le concours de l'addition et de la soustraction. En voici quelques-uns.

I. *Un débiteur devait à son créancier 54793 fr. 18 c.; il lui a successivement payé 2198 fr. 25 c.; 5240 fr. 85 c.; 6972 fr. 60 c.; 9486 fr. 40 c.; et 10500 fr.: combien lui redoit-il encore?*

Au lieu de soustraire le premier à-compte de la dette primitive, puis le second à-compte du reste, et ainsi de suite, il est beaucoup plus simple de réunir tous les à-compte, et de soustraire leur totalité du montant de la créance 54793 fr. 18 cent.

II. *Une armée de 200.000 hommes en a perdu 42.576, tués sur le champ de bataille; 15.492, morts dans les hôpitaux; 9315, blessés et hors de service; 23.784, prisonniers: à combien est-elle réduite?*

III. *En 1820, la population de Paris était de 713.765 habitans; celle de Marseille 102.217; Lyon, 100.041; Bordeaux, 92.374; Rouen, 81.098; Nantes, 75.128; Lille, 59.724; Strasbourg, 49.902; Toulouse, 48.170; Orléans, 41.948; Metz, 41.035; Amiens, 39.344; Nismes, 38.955; Caen, 35.638; Montpellier, 32.814: de combien la population réunie de ces quatorze dernières villes excédait-elle alors celle de Paris?*

IV. *Une personne a acquis des bâtimens pour 9756 fr., une tuilerie, aussi pour 9756 fr., et pour pareille somme de 9756 fr.*

de chacune des espèces de biens ci-après : jardins, terres laboura-
bles, prés, vignes, bois et étang. Sur la totalité du prix de cette
acquisition, elle a payé à-compte 49179 *fr. : combien redoit elle?*

On voit qu'il est à désirer qu'il y ait un moyen plus rapide de
prendre 8 fois le nombre 9756, que celui de l'ajouter à lui-même
7 fois : ce moyen existe, c'est la multiplication.

DE LA MULTIPLICATION.

179. DÉFINITIONS. La multiplication est une opération par laquelle on prend un nombre appelé *multiplicande*, autant qu'il est
marqué par un nombre appelé *multiplicateur*.

Le résultat de la multiplication se nomme *produit*.

Le multiplicande et le multiplicateur sont les *facteurs* du produit.

180. Ainsi multiplier 7 par 5, c'est prendre 5 fois le multiplicande 7 ; le produit est 35, dont les facteurs sont 7 et 5.

Multiplier 90 par 0,3, c'est prendre 90 trois dixièmes de fois,
ou prendre les 0,3 de 90, ce qui donne 27 pour produit.

181. COROLLAIRE. I. De la définition de la multiplication, il suit :
que *le produit est égal à zéro quand l'un des facteurs est zéro.*

DÉMONSTRATION. Car zéro, répété autant de fois qu'on voudra,
ne donne que zéro, et si le multiplicateur est zéro, il n'y a pas de
multiplication, ni par conséquent de produit.

182. COROLLAIRE II. Que *si le multiplicande, seul, devient un
certain nombre de fois plus grand ou plus petit, le produit devient
nécessairement le même nombre de fois plus grand ou plus petit.*

EXEMPLE I. Le produit de $2 \times 3 = 6$; si le multiplicande 2 devient 5 fois plus grand, c'est-à-dire, 10, on aura $10 \times 3 = 30$, et l'on
voit que le nouveau produit 30 est en effet 5 fois plus grand que
le premier 6.

EXEMPLE II. Soit au contraire $12 \times 2 = 24$; si l'on rend le multiplicande 12 trois fois plus petit, on aura $4 \times 2 = 8$, produit 3
fois plus petit que ne l'était le premier produit 24.

DÉMONSTRATION. Car, il est clair qu'un multiplicande devenant
2, 3, 4, etc., fois plus grand ou plus petit qu'il ne l'était, si on le
prend autant qu'on le prenait d'abord, on doit obtenir un résultat ou
un produit 2, 3, 4, etc., fois plus grand ou plus petit que celui
auquel on était parvenu.

183. COROLLAIRE III. Que réciproquement *il en est de même si le
muliplicateur, seul, devient un certain nombre de fois plus grand
ou plus petit.*

DÉMONSTRATION. Il est en effet facile de concevoir que si le multiplicande ne change pas, et qu'on le prenne 2, 3, 4, etc., fois plus
ou moins qu'on ne le prenait d'abord, on formera un nouveau
produit 2, 3, 4, etc., fois plus grand ou plus petit que le produit
primitif.

184. Un produit peut être formé par la multiplication de plusieurs nombres.

Par exemple, 8 qui est le produit de 2 multiplié par 4, peut à son tour être multiplié par 3, ce qui donnera 24 pour le produit des trois nombres 2, 4 et 3.

185. DÉFINITION. On nomme *facteurs* d'un produit tous les nombres qui, multipliés entr'eux, forment ce produit.

Ainsi, dans l'exemple précédent, 2, 4 et 3 sont les facteurs du produit 24.

186. DÉFINITION. On entend par *multiple* d'un nombre, le produit de ce nombre multiplié par 1, 2, 3, 4, etc., et en général par un nombre entier.

Par exemple, 28 est un multiple de 7, parce qu'il résulte de 7 multiplié par 4.

De même, 0, 6 est un multiple de 0, 2, puisqu'il est le produit de 0, 2 multiplié par le nombre entier 3.

187. COROLLAIRE. Donc *tout nombre entier est multiple de l'unité ou de lui-même.*

188. L'addition peut être considérée comme servant de base à la multiplication par des nombres entiers.

Car, prendre un nombre 8 fois, par exemple, revient à l'ajouter à lui-même 7 fois.

189. On pourrait effectuer la multiplication par un nombre entier, au moyen de l'addition, en écrivant le multiplicande sous lui-même autant de fois, moins une, qu'il y a d'unités dans le multiplicateur; puis, en faisant la somme.

Par exemple, pour multiplier 9756 par 8, on peut écrire :

$$
\begin{array}{r}
9756 \\
9756 \\
9756 \\
9756 \\
9756 \\
9756 \\
9756 \\
9756 \\
\hline
\end{array}
$$

Somme ou produit... 78048

Et la somme 78.048 qu'on obtiendra sera aussi le produit de 9756 multiplié par 8, puisqu'elle est formée de 8 fois 9756. (Voyez n° 178, problème IV.)

190. L'art d'abréger cette opération, qui serait extrêmement longue et embarrassante, si le multiplicateur était considérable, est l'objet des méthodes de la multiplication. (N°ˢ 1, et 21.)

191. Il y a plusieurs cas dans la multiplication; il est nécessaire de les examiner chacun en particulier.

192. MÉTHODE. Pour multiplier un nombre simple ou composé par 10, 100, 1000, etc, et, en général, par l'unité suivie d'autant de zéro qu'on voudra, il suffit *d'écrire à la suite du multiplicande autant de zéro qu'il y en a à la suite de l'unité.*

EXEMPLE. Le produit de 9×10.000 sera sur-le-champ 90.000.

DÉMONSTRATION. Car en écrivant 4 zéro à la droite du multiplicande 9, on le rend 10.000 fois plus grand, ou, ce qui revient au même, on le prend 10.000 fois; le nombre 90.000, qui en résulte, est donc le produit de 9 par 10.000. (N°s 92 et 179.)

On voit de même que 57.400 est le produit de 574 par 100.

193. MÉTHODE. Pour multiplier un nombre simple par un nombre simple, il faut *ajouter le multiplicande à lui-même autant de fois, moins une, qu'il y a d'unités dans le multiplicateur.*

EXEMPLE. Pour multiplier 7 par 9, il suffit d'ajouter 7, qui est le multiplicande, 8 fois à lui-même, ce qui donnera 63 pour somme, c'est-à-dire, pour le produit de 7 par 9.

DÉMONSTRATION. Car il est évident qu'ajouter un nombre 8 fois à lui-même, c'est le prendre 9 fois, c'est-à-dire, le multiplier par 9. (n° 179.)

194. Il est nécessaire de savoir par cœur tous les produits de deux nombres simples; on les trouvera dans la table suivante qu'on attribue à Pythagore, soit que ce philosophe l'ait réellement inventée, soit qu'il en ait seulement répandu l'usage.

TABLE DE PYTHAGORE.

1	2	3	4	5	6	7	8	9
2	4	6	8	10	12	14	16	18
3	6	9	12	15	18	21	24	27
4	8	12	16	20	24	28	32	36
5	10	15	20	25	30	35	40	45
6	12	18	24	30	36	42	48	54
7	14	21	28	35	42	49	56	63
8	16	24	32	40	48	56	64	72
9	18	27	36	45	54	63	72	81

Cette table est composée, comme on le voit, de 9 bandes horizontales, et chaque bande a 9 cases déterminées par des lignes verticales qui coupent les horizontales. Les cases de la première bande contiennent la suite des nombres depuis 1 jusqu'à 9, laquelle se forme en ajoutant continuellement 1 à la première unité ; les cases de la seconde bande se remplissent en ajoutant continuellement 2 au nombre 2 qui est dans la première case de cette même bande ; les cases de la troisième bande se remplissent en ajoutant continuellement 3 au nombre 3 qui est dans la première case ; les cases des autres bandes se remplissent de même avec les nombres 4, 5, 6, 7, 8, 9.

On voit que de cette formation de la table, résultent des bandes verticales qui suivent la même loi que les bandes horizontales, et que par conséquent on peut faire indistinctement le même usage des unes et des autres.

Il est facile de continuer cette table plus loin ; mais cela est inutile, car on ne l'emploie que pour apprendre à multiplier l'un par l'autre deux nombres exprimés chacun par un seul chiffre.

Si l'on veut, par exemple, multiplier 7 par 4, au moyen de la table dont il s'agit, on cherchera le multiplicande 7 dans la première bande verticale, et le multiplicateur 4 dans la première bande horizontale ; le produit se trouve dans la case commune à la bande horizontale qui contient 7, et à la bande verticale qui contient 4 ; ce produit est donc 28 ; et il est clair, par la formation de la table, que ce produit est le véritable, puisque la case qui le contient est formée du nombre 7 ajouté 3 fois de suite à lui-même, ou pris 4 fois.

On aurait pu chercher le 7 dans la première bande horizontale et le 4 dans la première bande verticale ; on aurait trouvé également que le produit est 28.

195. La table de Pythagore étant plus curieuse qu'utile, on est dans l'usage de lui substituer la table suivante, qui paraît plus commode, et dans laquelle on a, pour plus d'utilité encore, inséré les produits des douze premiers nombres.

TABLE DE MULTIPLICATION.

1 fois	1	c'est	1	2 fois	1	font	2	3 fois	1	font	3
	2		2		2		4		2		6
	3		3		3		6		3		9
	4		4		4		8		4		12
	5		5		5		10		5		15
	6		6		6		12		6		18
	7		7		7		14		7		21
	8		8		8		16		8		24
	9		9		9		18		9		27
	10		10		10		20		10		30
	11		11		11		22		11		33
	12		12		12		24		12		36
4 fois	1	font	4	5 fois	1	font	5	6 fois	1	font	6
	2		8		2		10		2		12
	3		12		3		15		3		18
	4		16		4		20		4		24
	5		20		5		25		5		30
	6		24		6		30		6		36
	7		28		7		35		7		42
	8		32		8		40		8		48
	9		36		9		45		9		54
	10		40		10		50		10		60
	11		44		11		55		11		66
	12		48		12		60		12		72
7 fois	1	font	7	8 fois	1	font	8	9 fois	1	font	9
	2		14		2		16		2		18
	3		21		3		24		3		27
	4		28		4		32		4		36
	5		35		5		40		5		45
	6		42		6		48		6		54
	7		49		7		56		7		63
	8		56		8		64		8		72
	9		63		9		72		9		81
	10		70		10		80		10		90
	11		77		11		88		11		99
	12		84		12		96		12		108
10 fois	1	font	10	11 fois	1	font	11	12 fois	1	font	12
	2		20		2		22		2		24
	3		30		3		33		3		36
	4		40		4		44		4		48
	5		50		5		55		5		60
	6		60		6		66		6		72
	7		70		7		77		7		84
	8		80		8		88		8		96
	9		90		9		99		9		108
	10		100		10		110		10		120
	11		110		11		121		11		132
	12		120		12		132		12		144

196. MÉTHODE. Pour multiplier un nombre composé par un nombre simple, il faut *écrire le multiplicateur sous les unités simples du multiplicande; souligner le multiplicateur; puis, à partir de la droite, multiplier chaque chiffre du multiplicande par le multiplicateur; écrire le produit au-dessous, s'il n'est qu'un nombre simple, et si c'est un nombre composé, écrire seulement au-dessous le premier chiffre à droite et joindre le second au produit partiel suivant.*

EXEMPLE. Soit proposé de multiplier 9756 par 8 ?

Multiplicande.............   9 7 5 6
Multiplicateur............   8
                             ——————————
Produit..................   7 8 0 4 8

On multiplie les 6 unités simples du multiplicande par le multiplicateur 8, ce qui donne 48 unités simples, ou 4 dixaines et 8 unités simples; on écrit les 8 unités simples au-dessous, et on retient les 4 dixaines, pour les réunir au produit des dixaines.

On multiplie ensuite les 5 dixaines du multiplicande par 8, ce qui donne 40 dixaines, qui, jointes aux 4 dixaines qu'on a retenues, font 44 dixaines, ou 4 centaines et 4 dixaines; on écrit les 4 dixaines au-dessous, et on réserve les 4 centaines, pour les ajouter au produit des centaines.

On multiplie de même les 7 centaines du multiplicande par 8, ce qui donne 56 centaines, qui, réunies aux 4 centaines qu'on a réservées, font 60 centaines, ou 6 mille; en sorte qu'on écrit zéro au-dessous, et qu'on retient les 6 mille pour les joindre au produit des mille.

Enfin, on multiplie les 9 mille du multiplicande par le multiplicateur 8, ce qui donne 72 mille, auxquels ajoutant les 6 mille qu'on a retenus, on a 78 mille qu'on écrit de suite.

DÉMONSTRATION. 1° Le nombre 78.048, calculé de cette manière, est le produit de 9756 par 8. En effet, on a pris 8 fois les unités de tous les ordres du multiplicande, et comme on a réuni tous les produits partiels dans le nombre 78048, il s'ensuit que ce nombre contient le multiplicande entier lui-même pris 8 fois, c'est-à-dire, qu'il est le produit de 9756 par 8. (Ax. III et n° 179.)

2° L'art de la multiplication consiste en partie à ne multiplier jamais à la fois qu'un seul chiffre par un seul chiffre, parce qu'à ce moyen il suffit de connaître tous les produits de deux nombres simples, c'est-à-dire, la table de multiplication. (Nos 1 et 21).

3° Les dixaines d'un produit partiel se réunissent au produit partiel suivant, en vertu du principe du n° 86.

4° L'art de la multiplication consiste encore dans cette jonction des dixaines d'un produit au produit suivant, au lieu d'écrire séparément tous les produits partiels, et d'en faire ensuite la somme, ce qui serait moins expéditif.

C'est ce que prouve le calcul suivant :

$$9\ 7\ 5\ 6$$
$$8$$

1ᵉʳ produit partiel.	4 8 unités simples.
2ᵉ produit partiel.	4 0 dixaines.
3ᵉ produit partiel.	5 6 centaines.
4ᵉ produit partiel.	7 2 mille.

Somme ou produit total. . . . 7 8 0 4 8.

5° Lorsque tous les produits partiels, excepté le premier à gauche, ne sont pas exprimés par un nombre simple, on ne peut éviter cette séparation des produits partiels, et par conséquent l'opération à faire ensuite pour les réunir, qu'autant qu'on effectue la multiplication de droite à gauche.

En effet, si l'on opère de gauche à droite, on aura :

$$9\ 7\ 5\ 6$$
$$8$$

1ᵉʳ produit partiel.	7 2 mille.
2ᵉ produit partiel.	5 6 centaines.
3ᵉ produit partiel.	4 0 dixaines.
4ᵉ produit partiel.	4 8 unités simples.

Somme ou produit total. . . . 7 8 0 4 8

Et cette manière d'opérer offre précisément le même inconvénient que celui qu'on a voulu éviter en prescrivant de joindre les dixaines d'un produit partiel au produit partiel suivant.

On voit au contraire que, dans l'exemple suivant, il serait indifférent de commencer le calcul par la gauche ou par la droite.

$$8\ 2\ 1\ 3$$
$$3$$

Produit total. . . . 2 4 6 3 9

1ᵉʳ produit partiel.
2ᵉ produit partiel.
3ᵉ produit partiel.
4ᵉ produit partiel.

197. MÉTHODE. Pour multiplier un nombre simple ou composé par un nombre composé d'un seul chiffre significatif, suivi d'un ou de plusieurs zéro, il faut *multiplier sans faire attention aux zéro, et en écrire à la suite du produit autant qu'il y en a à la suite du multiplicateur.*

1ᵉʳ EXEMPLE. Pour multiplier 6 par 90, on fait le produit de 6 par 9 qui est 54, et l'on écrit un zéro à la droite de 54, en sorte qu'on a 540 pour le produit de 6 par 90.

DÉMONSTRATION. Car en multipliant 6 par 9, au lieu de le faire par 90, on multiplie 6 par un nombre 10 fois trop petit; le premier produit 54 est donc aussi 10 fois trop petit; il faut donc, pour le ramener à sa juste valeur, le rendre 10 fois plus grand, ce qui se fait en écrivant un zéro à sa droite. (Nᵒˢ 92, 183 et Ax. VIII).

IIᵉ EXEMPLE. Soit 4639 à multiplier par 700, on multipliera 4639 par 7, ce qui donnera 32.473 pour premier produit, sur la droite duquel on écrira deux zéro, et l'on obtiendra 3.247.300 pour le véritable produit de 4639 par 700.

Une démonstration analogue à celle de l'exemple précédent s'applique à celui-ci.

198. MÉTHODE. Pour multiplier l'un par l'autre deux nombres composés, il faut *écrire le multiplicateur sous le multiplicande, de manière que les unités du même ordre soient dans une même colonne; souligner le multiplicateur; puis, à partir de la droite, multiplier tout le multiplicande par chaque chiffre du multiplicateur; écrire le premier chiffre à droite de chaque produit partiel dans le rang du chiffre par lequel on multiplie, et les autres chiffres successivement dans les rangs suivans; enfin, faire la somme de tous les produits partiels.*

EXEMPLE. Soit proposé de multiplier 97.846 par 8597?

Multiplicande · · · · · · · · · · · · · · ·	9 7 8 4 6
Multiplicateur · · · · · · · · · · · · · ·	8 5 9 7
1ᵉʳ produit partiel · · · · · · · · · · · ·	6 8 4 9 2 2
2ᵉ produit partiel · · · · · · · · · · ·	8 8 0 6 1 4 .
3ᵉ produit partiel · · · · · · · · · · ·	4 8 9 2 3 0 . .
4ᵉ produit partiel · · · · · · · · · · ·	7 8 2 7 6 8 . . .
Somme ou produit total · · · · · · · · ·	8 4 1 1 8 2 0 6 2

On multiplie successivement tout le multiplicande 97.846, par les 7 unités simples, les 9 dixaines, les 5 centaines et les 8 mille du multiplicateur, et on écrit le premier chiffre 4 du second produit partiel dans le rang des dixaines; le premier chiffre 0 du troisième produit partiel dans le rang des centaines, et enfin le premier chiffre 8 du quatrième produit partiel dans le rang des mille.

DÉMONSTRATION. 1ᵒ Le nombre 841.182.062, calculé de cette manière, est le produit de 97.846 par 8597.

En effet, par la première opération, le multiplicande 97.846, a été pris 7 fois. Par la seconde, 9 fois; mais comme on a avancé le produit partiel d'un rang vers la gauche, ce qui revient au même que d'écrire un zéro à sa droite, il s'ensuit que le multiplicande a été réellement pris 90 fois. Par la troisième opération, il a été pris 5 fois ; mais puisqu'on a avancé le produit partiel de deux rangs vers la gauche, ce qui équivaut à mettre deux zéro à sa droite, il s'ensuit que le multiplicande a été pris réellement 500 fois. Il est de même évident que, par la quatrième opération, et l'avancement du produit partiel de trois rangs vers la gauche, le multiplicande a été pris 8000 fois. Donc, par les quatre opérations ensemble, il a été pris 8597 fois ; le nombre 841.182.062, qui en résulte, est donc le produit de 97.846 multiplié par 8597.

2° L'art de la méthode consiste non-seulement à n'avoir jamais à former à la fois que le produit de deux nombres simples, mais encore à prendre un multiplicande composé quelconque, un grand nombre de fois, par une seule opération facile et prompte. (N° 21).

3° Ce qu'on a démontré relativement à l'avantage qui résulte de l'art d'après lequel la multiplication d'un nombre composé par un nombre simple, s'effectue de droite à gauche, s'applique, à bien plus forte raison, à la multiplication de deux nombres composés, qu'il est si évidemment expéditif d'opérer de cette manière, tant à l'égard des chiffres du multiplicateur qu'à l'égard de ceux du multiplicande.

199. MÉTHODE. Lorsqu'il y a des zéro sur la droite d'un des facteurs ou de tous les deux, il faut *opérer sans faire attention aux zéro, et écrire ensuite, à la droite du produit, autant de zéro qu'il y en a à la suite de ce facteur ou des deux facteurs proposés.*

Iᵉʳ EXEMPLE. Si l'on avait 987.000 à multiplier par 658, on multiplierait seulement 987 par 658, ce qui donnerait 649.446 pour premier produit, à la suite duquel on écrirait les trois zéro qui accompagnent le multiplicateur, et on aurait 649.446.000 pour le produit définitif.

DÉMONSTRATION. On démontrera cet exemple d'une manière semblable à celle employée pour le Iᵉʳ exemple du n° 197, et en s'appuyant sur le principe du n° 182.

IIᵉ EXEMPLE. De même, s'il fallait multiplier 4700 par 390.000, on multiplierait 47 par 39, et on aurait 1833 pour premier produit, sur la droite duquel on écrirait les six zéro qui sont à la suite des deux facteurs, en sorte que 1.833.000.000 serait le véritable produit demandé.

DÉMONSTRATION. En effet, en multipliant, sans faire attention aux deux zéro écrits à la droite du multiplicande, on rend celui-ci 100 fois trop petit ; le premier produit 1833 est donc, par ce motif, déjà 100 fois trop petit ; il faut donc écrire deux zéro à sa droite, ce qui donnera 183.300 pour le produit de 4700 par 39 ; mais en multipliant sans faire attention aux quatre zéro qui sont à la suite

du multiplicateur, on rend ce dernier 10.000 fois trop petit ; le produit 183.300 est donc encore 10.000 fois trop petit ; il faut donc
écrire quatre zéro à sa droite ; le véritable produit cherché est donc
1.833.000.000, c'est-à-dire, qu'il faut écrire en tout 6 zéro à la
suite du premier produit 1833 pour le ramener à sa juste valeur.
(Voyez les nᵒˢ 92, 182 et 183.)

200. MÉTHODE. Pour former le produit de plusieurs nombres, il
faut *multiplier le premier nombre par le second ; multiplier ensuite le produit des deux premiers nombres par le troisième*, et
ainsi de suite, jusqu'à ce que tous les facteurs soient épuisés.

EXEMPLE. Ainsi, pour obtenir le produit des nombres 6, 9,
10 et 16, on multiplie 6 par 9, ce qui fait 54 ; puis 54 par 10, ce
qui produit 540 ; enfin 540 par 16, ce qui donne 8640 pour le
produit des nombres proposés.

Cette méthode est évidente.

PROPOSITIONS RELATIVES A LA MULTIPLICATION.

201. THÉORÈME. *Le produit de deux facteurs est toujours le
même, quel que soit l'ordre dans lequel on effectue la multiplication.*

EXEMPLE. Le produit de 7 par 4 est égal à celui de 4 par 7.

DÉMONSTRATION. Le multiplicateur 7 peut être décomposé dans
les sept unités dont il est formé, et puisque, pour le multiplier
par 4, il suffit de l'ajouter 3 fois à lui-même, il s'ensuit que l'o-
pération peut se représenter ainsi :

$$
\begin{array}{ccccccc}
1 & 1 & 1 & 1 & 1 & 1 & 1 \\
1 & 1 & 1 & 1 & 1 & 1 & 1 \\
1 & 1 & 1 & 1 & 1 & 1 & 1 \\
1 & 1 & 1 & 1 & 1 & 1 & 1
\end{array}
$$

Cette figure, prise dans un sens, représente 7 pris 4 fois, ou le
produit de 7 par 4 ; et la même figure, prise dans l'autre sens, représente 4 pris 7 fois, ou le produit de 4 par 7 ; or, le nombre
des unités qu'elle contient est toujours le même, quel que soit le
sens dans lequel on la considère ; donc, etc.

202. COROLLAIRE I. Donc *le produit contient l'un des facteurs,
autant que l'autre facteur contient l'unité.*

EXEMPLE. 28 renferme 4 fois le multiplicande 7, comme le multiplicateur 4 renferme quatre unités ; et réciproquement 28 est
composé de 7 fois le multiplicateur 4, comme le multiplicande 7
est composé de sept unités.

DÉMONSTRATION. Car, d'après la définition de la multiplication,
le produit contient le multiplicande autant que le multiplicateur
contient l'unité ; or, on peut prendre le multiplicande pour le
multiplicateur, et réciproquement ; donc le produit contient aussi

le multiplicateur autant que le multiplicande contient l'unité; donc, en général, le produit est composé d'un des facteurs comme l'autre facteur est composé de l'unité, '

203. COROLLAIRE II. *Quand les facteurs sont des nombres entiers, le produit est multiple de chacun de ses facteurs.*

EXEMPLE. 28 est multiple de 7 et de 4.

C'est la conséquence de la définition du multiple et du théorème précédent. (N⁰ˢ 186 et 201.)

204. THÉORÈME. *Le produit de plusieurs facteurs ne change pas, quelle que soit leur inversion dans la multiplication.*

Ier EXEMPLE. $5 \times 6 \times 3 = 5 \times 3 \times 6$.

DÉMONSTRATION. En effet, pour prendre trois fois 5×6 ou 6 fois 5, il suffit d'ajouter la quantité 6 fois 5 deux fois à elle-même, ce qui pourra s'exprimer par :

$$5 \quad 5 \quad 5 \quad 5 \quad 5 \quad 5$$
$$5 \quad 5 \quad 5 \quad 5 \quad 5 \quad 5$$
$$5 \quad 5 \quad 5 \quad 5 \quad 5 \quad 5$$

Cette figure, selon le sens dans lequel on la considère, représente la quantité 6 fois 5, prise 3 fois, c'est-à-dire, $5 \times 6 \times 3$, ou bien la quantité 3 fois 5, prise 6 fois, c'est-à-dire, $5 \times 3 \times 6$; donc ces deux produits sont égaux.

IIe EXEMPLE. S'il s'agit des quatre facteurs 2, 5, 7 et 8, on aura, par exemple, $7 \times 8 \times 5 \times 2 = 8 \times 7 \times 2 \times 5$.

DÉMONSTRATION. Car, en substituant aux deux facteurs 7 et 8, leur produit 56, on aura, en vertu de l'exemple précédent, les deux produits égaux suivans :

$$56 \times 5 \times 2 = 56 \times 2 \times 5;$$

or, on peut, dans ces deux produits, remplacer à son tour 56 par chacune de ses valeurs 7×8 et 8×7; on aura donc les combinaisons écrites ci-dessous :

$$7 \times 8 \times 5 \times 2 = 7 \times 8 \times 2 \times 5,$$
$$8 \times 7 \times 5 \times 2 = 8 \times 7 \times 2 \times 5,$$

qui présentent toutes le même produit, formé par les mêmes facteurs dont l'ordre seulement diffère.

205. COROLLAIRE. Donc, *pour former le produit de plusieurs facteurs, on peut multiplier le produit de quelques-uns d'entre eux par le produit des autres, ou l'un d'eux par le produit de tous les autres, ou, etc.*

EXEMPLE. Ainsi pour faire le produit des nombres 2, 3, 5, 7, 8 et 9, on peut multiplier, par exemple, 18 par 21 et le produit par 40, c'est-à-dire, 2×9 par 3×7 par 5×8,

CAS DANS LESQUELS LA MULTIPLICATION S'ABRÉGE.

206. MÉTHODE. Lorsqu'il y a des zéro interposés entre les chiffres significatifs du multiplicateur, il faut *multiplier sur-le-champ par le premier chiffre significatif suivant, et avoir seulement l'attention d'écrire le premier chiffre à droite de chaque produit partiel, dans le rang du chiffre par lequel on multiplie,*

EXEMPLES.

Ier	IIe	IIIe
325	804	716
69 003	957 000 006	8 002 004
975	5 628 004 824	2 864
3 925 ...,	4 020. . . . . .,	1 432 ...
19 50. ...	7236.	5 728 . . . . . .,
22.425.975	769.428.004.824	5.729.434.864

Dans le premier exemple, après avoir multiplié le multiplicande par les 3 unités simples du multiplicateur, on le multiplie de suite par les 9 mille du multiplicateur, ce qui donne un produit de mille, qu'on écrit dans le rang de ceux-ci.

Dans le second, en passant à la multiplication par les 7 millions du multiplicateur, on obtient un produit de millions, qu'on place dans le rang qui lui convient, en observant qu'on peut écrire ce second produit partiel, sur la même ligne que le premier 4824, puisque celui-ci ne contient pas de millions.

DÉMONSTRATION. Car, d'un côté, on ne change pas la valeur de chaque produit partiel, puisqu'on lui conserve son rang ; donc le produit total ne change pas non plus de valeur ; et, d'un autre côté, on évite d'allonger inutilement l'opération, ce qui arriverait si l'on multipliait par les zéro intercalés dans le multiplicateur, puisque cette multiplication ne produirait que des zéro, sans aucune influence sur le rang des chiffres des divers produits partiels, (N°s 21, 88, 89 et 181.)

207. MÉTHODE. Lorsqu'il n'y a de zéro interposés qu'entre les chiffres significatifs du multiplicande, il faut *prendre celui-ci pour le multiplicateur, et réciproquement,*

EXEMPLE. Pour multiplier 400.027 par 973, on multiplie 973 par 400.027, ce qui donne 389.226.271 pour produit.

DÉMONSTRATION. Cette méthode est fondée sur ce que les zéro qui se trouvent entre les chiffres significatifs du multiplicande, ne conduisent à aucune simplification de calcul, (N°s 21 et 201).

208. MÉTHODE. Lorsqu'il y a beaucoup plus de chiffres au multiplicateur qu'au multiplicande, il faut *changer l'ordre des facteurs.*

Exemple. Soit 39 à multiplier par 923.658, il est plus expéditif de multiplier 923.658 par 39 ; c'est ce qui résulte de ces deux opérations comparées.

$$
\begin{array}{r}
3\,9 \\
9\,2\,3\,6\,5\,8 \\
\hline
3\,1\,2 \\
1\,9\,5 \\
2\,3\,4 \\
1\,1\,7 \\
7\,8 \\
3\,5\,1 \\
\hline
3\,6.\,0\,2\,2.\,6\,6\,2
\end{array}
\qquad
\begin{array}{r}
9\,2\,3\,6\,5\,8 \\
3\,9 \\
\hline
8\,3\,1\,2\,9\,2\,2 \\
2\,7\,7\,0\,9\,7\,4 \\
\hline
3\,6.\,0\,2\,2.\,6\,6\,2
\end{array}
$$

DE LA MULTIPLICATION DES PARTIES DÉCIMALES.

209. Méthode. Pour multiplier un nombre décimal par 10, par 100, etc., et, en général, par l'unité suivie de zéro, il faut *reculer la virgule d'autant de places vers la droite, qu'il y a de zéro à la suite de l'unité.*

Ier Exemple. Si l'on a 43, 5872 à multiplier par 100, on recule la virgule de deux places vers la droite, et 4358,72 forme le produit demandé.

Démonstration. Car en reculant la virgule de deux rangs vers la droite, on a rendu le multiplicande 100 fois plus grand, ou on l'a pris 100 fois ; il a donc été multiplié par 100. (N°s 97 et 179.)

IIe Exemple. Pour multiplier 0,724 par 1000, il suffit de supprimer la virgule, et 724 sera le produit cherché.

Démonstration. Il est évident que la méthode prescrite revient à effacer la virgule, toutes les fois qu'il y a autant de chiffres décimaux dans le multiplicande que de zéro à la suite de l'unité.(n° 99.)

IIIe Exemple. Soit 0,0049 à multiplier par 100.000, il faut reculer la virgule de cinq places vers la droite, ce qui ne peut s'effectuer qu'en faisant en sorte qu'il y ait de décimales au multiplicande que de zéro au multiplicateur, c'est-à-dire, qu'en écrivant un zéro à la droite des chiffres décimaux. On a donc 0,00490 à multiplier par 100.000, ce qui donne 490 pour le produit demandé.

Ce procédé trouve sa démonstration dans le rapprochement des principes des n°s 99 et 102.

210. Autres Exemples. $0,0063 \times 1000 = 6,3$;.... $0,0009 \times 10.000 = 9$;...... $0,435 \times 1.000.000 = 435.000$;..... $3900,72108 \times 1000 = 3900721,08$;......... $50,01 \times 100 = 5001$;...... $12,0407 \times 10.000.000 = 120.407.000$.

211. Méthode. Pour multiplier une fraction décimale par un

nombre entier, ou un nombre entier par une fraction décimale, ou enfin deux fractions décimales l'une par l'autre, il faut *opérer comme si c'étaient des nombres entiers, c'est-à-dire, sans faire attention à la virgule, et séparer ensuite, sur la droite du produit, autant de chiffres qu'il y a de décimales. dans l'un ou l'autre des facteurs, ou dans tous les deux.*

Iᵉʳ EXEMPLE. Pour multiplier 3,72 par 68, on fait le produit de 372 par 68, lequel est 25296; et comme il y a deux décimales au multiplicande proposé 3,72, on sépare deux chiffres, sur la droite de 25296, en sorte que 252,96 est le véritable produit de 3,72 par 68.

DÉMONSTRATION. En effet, la suppression de la virgule dans le multiplicande, qui contient deux décimales, l'a rendu 100 fois trop grand; le premier produit est donc aussi 100 fois trop grand; il faut donc, pour le ramener à sa juste valeur, séparer sur sa droite deux chiffres, c'est-à-dire, autant qu'il y a de décimales dans le multiplicande.

(Voyez les nᵒˢ 98, 99 et 182.)

IIᵉ EXEMPLE. Si l'on a 49 à multiplier par 0,000293, on multiplie 49 par 293; le produit est 14357, sur la droite duquel il faut séparer six chiffres, à raison des six chiffres décimaux du multiplicateur; et comme le premier produit 14357 ne contient que cinq chiffres, on y supplée par un zéro, et l'on a 0,014357 pour le produit de 49 par 0,000293.

DÉMONSTRATION. On démontrera aisément que le multiplicateur ayant été rendu 1.000.000 de fois trop grand, par la suppression de la virgule, le premier produit 14357 est aussi devenu le même nombre de fois trop grand, et que par conséquent il a fallu le rendre 1.000.000 de fois plus petit, ou séparer six chiffres sur sa droite, ce qui a exigé l'emploi de deux zéro, pour occuper respectivement la place des dixièmes et celle des unités simples.

(Voyez les nᵒˢ 36, 45, 68, 98, 99 et 183.)

IIIᵉ EXEMPLE. Soit 6,4357 à multiplier par 5,9, on multiplie 64357 par 59; le produit est 3797063; sur la droite duquel on sépare cinq chiffres, à cause des cinq décimales qui se trouvent dans les deux facteurs proposés. On trouve à ce moyen 37,97063 pour le véritable produit de 6,4357 par 5,9.

DÉMONSTRATION. Car en effaçant la virgule, dans le multiplicande, qui contient quatre décimales, on rend le produit 10.000 fois trop grand; il faut donc séparer quatre chiffres sur sa droite; ce qui donne 379,7063; mais ce produit est encore 10 fois trop grand, puisqu'il résulte de la multiplication par un multiplicateur devenu 10 fois trop grand, par la suppression de la virgule; il faut donc que ce nouveau produit 379,7063 soit lui-même rendu 10 fois plus petit, ce qui s'opère en avançant la virgule d'un rang vers la gauche ; il faut donc séparer en tout, sur la droite du premier produit 3797063, cinq chiffres, c'est-à-dire, autant qu'il y a de décimales dans les deux facteurs.

(Voyez les n.ºs 96, 98, 99, 182 et 183.)

212. AUTRES EXEMPLES. $0,008 \times 5 = 0,040 = 0,04$; .... $0,5 \times 732 = 366$; ... $28 \times 9,07 = 253,96$; ... $576 \times 30,02 = 17291,52$; .. $4,0051 \times 6,08 = 24,351008$; .. $90,0001 \times 30,01 = 2700,903001$; .. $700,3 \times 0,605 = 423,6815$; .... $0,0002 \times 45,009 = 0,0090018$; ... $0,0029 \times 0,00078 = 0,000002262$.

213. MÉTHODE. Pour multiplier une fraction décimale par un nombre entier suivi d'un ou de plusieurs zéro, il faut *d'abord multiplier par la partie significative du multiplicateur, et reculer ensuite la virgule, dans le premier produit, d'autant de places, vers la droite, qu'il y a de zéro à la suite du multiplicateur.*

Ier EXEMPLE. Si l'on a 2,3594 à multiplier par 27.000, on multiplie d'abord 2,3594, par 27, ce qui donne 63,7038 pour premier produit ; on recule ensuite la virgule de trois places vers la droite, et l'on obtient 63703,8 pour le véritable produit de 2,3594 par 27.000.

DÉMONSTRATION. En effet, par la première opération, on a pris le multiplicande 27 fois, et par la seconde, on a pris 1000 fois le produit par 27 ; donc, en tout, on a pris 1000 fois 27 fois, ou 27.000 fois le multiplicande ; on l'a donc multiplié par 27.000.

IIe EXEMPLE. Pour multiplier 0,48 par 200.700, on fait le produit de 48 par 2007, partie significative du multiplicateur ; il est 96.336, et il n'y a rien à y changer.

DÉMONSTRATION. Il est clair, en effet, que toutes les fois qu'il y a précisément autant de décimales au multiplicande que de zéro à la suite du multiplicateur, la méthode prescrite revient à supprimer ces derniers, ainsi que la virgule, puisqu'on rend par là le produit un certain nombre de fois plus petit et le même nombre de fois plus grand, et que par conséquent il ne change pas de valeur.

(Voyez les n°s 93 et 99, et l'axiome VIII.)

IIIe EXEMPLE. Soit 0,003 à multiplier par 12.000.000, le premier produit sera 0,036, et le produit définitif 36.000, en multipliant successivement par 12 et par 1.000.000.

On peut l'obtenir immédiatement en multipliant 3 par 12000, c'est-à-dire, en supprimant la virgule et autant de zéro sur la droite du multiplicateur qu'il y a de décimales au multiplicande.

DÉMONSTRATION. Il est aisé de sentir que la méthode indiquée se réduit à cela, lorsqu'il y a moins de décimales dans le multiplicande que de zéro à la suite du multiplicateur.

214. AUTRES EXEMPLES. $0,00087 \times 320 = 0,2784$; .. $0,07 \times 3500 = 245$; .... $4001,38 \times 900 = 3.601.242$; ..... $10,09 \times 403.000 = 4.066.270$; ...... $52,3 \times 40.000 = 2.092.000$.

DE LA MANIÈRE D'ABRÉGER LA MULTIPLICATION DES PARTIES DÉCIMALES, LORSQU'ON SE CONTENTE D'UN RÉSULTAT APPROXIMATIF.

215. Les besoins ordinaires du commerce et des arts sont loin d'exiger, dans tous les cas, les résultats d'un calcul rigoureusement exact et effectué selon les méthodes précédentes. Autant il est facile à la pensée de concevoir les fractions de l'unité dans leur décroissement indéfini, autant il est impossible dans la réalité de saisir des parties tellement petites qu'elles échappent à l'action des sens. Poussée au-delà d'un certain degré, l'approximation n'aurait plus de rapport avec la nature des choses, et par conséquent n'offrirait rien que d'illusoire dans la pratique.

216. Le nombre de chiffres décimaux auxquels on se borne, dépend de la grandeur de l'unité à laquelle la quantité se rapporte ; du nombre de résultats partiels dont un résultat définitif se compose ; ou enfin de la nature de l'objet auquel s'applique tel ou tel calcul.

Ainsi le kilogramme, par exemple, étant l'unité principale des nombres soumis à des opérations, il peut être intéressant de ne pas négliger les millièmes (qui seraient des grammes), tandis qu'il paraîtrait souvent inutile d'avoir égard aux centièmes, si les nombres proposés se rapportaient au gramme.

D'un autre côté, si une somme totale devait résulter de la réunion d'une multitude de quantités partielles, on pourrait à peine négliger dans celles-ci les centmillièmes, par exemple, parce que la multiplicité de ces dernières parties pourrait correspondre à une ou plusieurs unités d'un ordre assez élevé, pour qu'il parût intéressant que le résultat final n'en fût pas privé ; tandis que, dans une quantité considérée isolément, on pourrait, sans aucun inconvénient, négliger même jusqu'aux dixièmes.

Enfin la pharmacie, l'orfèvrerie, la fabrication des monnaies, etc., etc., par exemple, exigent un degré de précision qui serait sans aucune utilité dans une foule d'autres matières.

217. Lorsque le chiffre décimal qui est à la droite de celui auquel on s'arrête, est un 5, il est naturel d'augmenter celui-ci de 1, afin d'avoir un résultat en *plus*, au lieu d'un résultat en *moins* d'une demi-partie décimale de l'ordre auquel on se borne. Si le même chiffre décimal est plus grand que 5, il faut, à plus forte raison, suivre cette méthode ; mais s'il est plus petit, il ne faut pas augmenter le chiffre de l'ordre auquel on s'arrête, car, sans cela, le résultat présenterait une erreur en *excédant*, plus forte qu'elle ne serait en *déficit*.

Ainsi, voulant se borner aux centièmes, on remplacerait 0,37512

par 0,38 plutôt que par 0,37. A plus forte raison si c'était 0,37812;
car il vaut mieux prendre environ 2 millièmes de trop qu'au-delà
de 8 millièmes de moins. Au contraire, 0,372 se réduira plutôt à 0,37
qu'à 0,38, puisqu'il est plus exact de prendre 2 millièmes de moins
que 8 millièmes de trop.

218. On dit que l'approximation est poussée *à moins d'une telle
partie près*, lorsqu'on s'est borné aux parties de cet ordre, en négligeant tous les ordres inférieurs, parce qu'en effet tous ceux-ci,
pris ensemble, ne valant pas autant qu'une partie de l'ordre auquel on s'arrête, il s'ensuit que le résultat diffère du véritable de
moins d'une partie de ce même ordre.

Ainsi 0,7, par exemple, est, *à moins d'un dixième près*, la
valeur de 0,7999, parce qu'elle ne s'en éloigne pas d'un dixième
d'unité, ce qui est évident, puisque 0,0999, qu'on néglige, ne
valent pas 0,1. (N° 91.)

219. MÉTHODE. Lorsqu'en opérant selon la règle générale, le
produit de deux fractions décimales conduirait à une opération fort
longue, et donnerait un résultat beaucoup plus exact qu'on n'en a
besoin communément, on peut simplifier le calcul au moyen de la
règle suivante: *On multiplie d'abord tous les chiffres du multiplicande par le premier chiffre à gauche du multiplicateur; on
multiplie de même tous les chiffres du multiplicande par le second
chiffre à gauche du multiplicateur; mais en écrivant ce produit,
on ne tient compte que des dixaines que la multiplication du
premier chiffre à droite du multiplicande pourra donner; et
après les avoir ajoutées au produit de son second chiffre, on
écrit la somme sous le premier chiffre du produit déjà trouvé:
on multiplie ensuite tous les chiffres du multiplicande, excepté
le dernier, par le troisième chiffre du multiplicateur, on ne
retient que les dixaines de ce produit, pour les ajouter aux
unités du suivant, et on écrit la somme sous les deux produits déjà trouvés. A mesure que l'on avancera vers la droite
du multiplicateur, on commencera la multiplication par un
chiffre plus avancé vers la gauche du multiplicande; et retenant les
dixaines de ce produit, on les ajoutera aux unités du suivant,
jusqu'à ce qu'on soit parvenu au dernier chiffre du multiplicande.
Enfin, on ajoute tous les produits, et on sépare, sur la droite de
la somme, autant de décimales qu'il y en avait dans le multiplicande, lorsqu'on l'a multiplié par les unités du multiplicateur; ou,*
ce qui est plus général, on observe de quels rangs sont, dans chaque
facteur, la décimale par laquelle on multiplie chaque fois, et celle
par laquelle on recommence la multiplication; la somme de ces
deux rangs indique toujours le nombre de décimales que doit avoir
le produit total.

EXEMPLE. Multiplier 9,34528 par 3,44776, et n'approcher du produit que jusqu'aux *centmillièmes?*

$$
\begin{array}{r}
9,34528 \\
3,44776 \\
\hline
2803584 \\
373811 \\
37381 \\
6541 \\
654 \\
56 \\
\hline
32,22027.
\end{array}
$$

On multiplie d'abord par 3, et on écrit le produit; ensuite par 4, en disant, 4 fois 8 font 32, qu'on n'écrit pas, mais on retient les 3 dixaines pour les ajouter au produit suivant : 4 fois 2 font 8, et 3 retenus font 11; on écrit 1 sous le 4, et l'on continue comme à l'ordinaire; puis on multiplie par le second 4, en commençant par le 2 du multiplicande : 4 fois 2 font 8, et on retient 1, parce que 8 approche plus de 10 que de 1 (n° 217); ensuite on dit : 4 fois 5 font 20, et 1 retenu font 21; on écrit 1 dans le même rang que les premiers chiffres des autres produits, etc. Après avoir fait toutes les multiplications, on ajoute les produits, et on sépare 5 décimales, parce qu'il y en avait 5 au multiplicande, lorsqu'on a multiplié par les 3 unités du multiplicateur; ou parce qu'en multipliant par la première décimale du multiplicateur, on a commencé par la quatrième du multiplicande; ou, etc.

En faisant tout au long cette multiplication, on trouve 32,2202825728, c'est-à-dire, que le produit trouvé par la méthode abrégée, ne diffère pas du produit exact de 0,00002.

DÉMONSTRATION. En effet, puisqu'on veut s'arrêter aux *centmillièmes*, il est clair qu'on doit prendre la totalité du produit des 8 *centmillièmes* du multiplicande, par les 3 unités simples du multiplicateur, puisque des *centmillièmes* multipliés par des unités simples, donnent des *centmillièmes* au produit.

Mais, par la même raison, on ne doit multiplier que les 2 *dimillièmes* du multiplicande, par les 4 *dixièmes* du multiplicateur, et y ajouter seulement les *centmillièmes* du produit précédent; car des *dimillièmes*, multipliés par des *dixièmes*, donnent des *centmillièmes* au produit, tandis que des *centmillièmes*, multipliés par des *dixièmes*, donneraient des *millionièmes*, qu'on veut rejeter du produit total.

De même, il ne faut multiplier que les 5 *millièmes* du multiplicande, par les 4 *centièmes* du multiplicateur, parce que des *millièmes*, multipliés par des *centièmes*, donnent des *centmillièmes*, qu'on demande ; au lieu que des *centmillièmes* ou des *dimillièmes*, multipliés par des *centièmes*, donneraient des *dimillionièmes* ou des *millionièmes*, qui sont exclus du produit cherché.

Ainsi de suite.

220. Autres Exemples. On opérera de même dans les deux exemples suivans, dont l'un présente une approximation jusqu'aux *dimillionièmes*, et l'autre jusqu'aux *billionièmes*, au lieu de *trillionièmes* que la règle générale aurait donnés dans les deux cas.

$$
\begin{array}{r}
2,3\,0\,2\,5\,8\,5 \\
0,9\,8\,4\,9\,7\,7 \\
\hline
2\,0\;7\,2\,3\,2\,6\,5 \\
1\;8\,4\,2\,0\,6\,8 \\
9\,2\,1\,0\,3 \\
2\,0\,7\,2\,3 \\
1\,6\,1\,1 \\
1\,6\,1 \\
\hline
2,2\,6\,7\,9\,9\,3\,1
\end{array}
\qquad
\begin{array}{r}
0,2\,3\,4\,5\,6\,7 \\
0,0\,0\,3\,4\,3\,1 \\
\hline
7\,0\,3\,7\,0\,1 \\
9\,3\,8\,2\,7 \\
7\,0\,3\,7 \\
2\,3\,4 \\
\hline
0,0\,0\,0\,8\,0\,4\,7\,9\,9
\end{array}
$$

On observera, dans le second de ces exemples, qu'en multipliant les 7 *millionièmes* du multiplicande, par les 4 *dimillièmes* du multiplicateur, on avait eu 28 *dibillionièmes*, qui ne valaient pas 3 *billionièmes*, dont on a néanmoins augmenté le produit suivant. On observera de même qu'en multipliant les 6 *centmillièmes* du multiplicande, par les 3 *centmillièmes* du multiplicateur, on avait obtenu 18 *dibillionièmes*, quantité inférieure à 2 *billionièmes*, qu'on a joints pourtant au produit suivant. C'est par cette raison qu'en multipliant les 4 *millièmes* du multiplicande par 1 *millionième* du multiplicateur, on a eu soin de négliger les 5 *dibillionièmes*, résultans des 5 *dimillièmes* du multiplicande, multipliés par 1 *millionième* du multiplicateur, plutôt que de prendre 5 *dibillionièmes* de trop, en écrivant, dans le dernier produit partiel, un 5 au lieu du 4 ; car le produit ayant déjà 4 *dibillionièmes* d'excédant, sera plus près de la vérité en perdant 5 *dibillionièmes*, qu'en recevant au contraire une augmentation de 5 *dibillionièmes* de trop.

221. Remarque. Il faut, en général, être au-dessus du degré de précision que l'on veut atteindre, afin de ne pas s'exposer à rester trop au-dessous. Ainsi dans les différens produits partiels, on doit avoir égard à tous ceux qui peuvent influer sensiblement sur les décimales de l'ordre qu'on se propose de conserver.

En appliquant cette observation à l'exemple du n° 218, on voit que si l'approximation ne devait y être poussée que jusqu'à moins d'un millième près, il serait néanmoins essentiel de comprendre dans le calcul jusqu'aux centmillièmes, inclusivement, parce qu'ils pourraient, par leur grand nombre, fournir des centaines de centmillièmes, c'est-à-dire, des millièmes ; et ce serait seulement dans le produit final , déterminé de cette manière, qu'on négligerait les parties inférieures aux millièmes auxquels on s'arrête. Ce produit 32,22027 se réduirait donc à 32,22 , et il est approché à moins d'un millième près , puisqu'il ne diffère pas d'un millième de celui que donnerait un calcul rigoureux. (N°s 103, 217 et 218.)

La même observation, appliquée aux deux exemples du n° 220, expliquerait le rang auquel on s'est arrêté dans le calcul de chacun d'eux , si l'on voulait se borner aux centmillièmes, dans le premier , et aux dimillionièmes , dans le second. Le premier produit se réduirait alors à 2,26799 , et le second à... 0,0008048. (N° 217.)

USAGES DE LA MULTIPLICATION.

222. Il arrive rarement que dans la multiplication les facteurs proposés soient de même espèce. En général *le multiplicande peut être d'une espèce quelconque*, parce qu'on peut prendre un nombre autant de fois qu'on le veut, quelle que soit la nature de ses unités. Mais *le multiplicateur est toujours considéré comme un nombre abstrait*, parce qu'il indique seulement combien le multiplicande doit être pris pour former le produit demandé.

Quand on propose , par exemple , la question de savoir ce que coûteraient 25 cordes de bois lorsque la corde se vend 36 francs ? il est clair que les 25 cordes devant coûter 25 fois autant que le prix d'une seule corde, il s'ensuit que la solution de la question se réduit à prendre 25 fois 36 francs , ou à multiplier 36 francs par le nombre abstrait 25.

223. *Le produit est de même espèce que le multiplicande.*
Car il n'est autre chose que le multiplicande pris un certain nombre de fois, si le multiplicateur est un nombre entier ; ou bien le produit n'est qu'une partie du multiplicande lui-même , si le multiplicateur est une partie de l'unité. (N°s 179 et 180.)

224. Donc , *il est naturel de prendre pour multiplicande celui des facteurs proposés qui est de l'espèce demandée au produit.*
Ainsi, dans la question posée ci—dessus , on prendra naturellement 36 pour multiplicande; mais cela est indifférent à l'égard de l'opération , parce qu'elle ne consiste qu'à multiplier entre eux les deux nombres 36 et 25, ce qui peut s'effectuer de deux manières ; il faut seulement considérer le produit comme renfermant des unités de l'espèce demandée par la question. (N°s 24, 25 et 201.)

225. La multiplication est d'une grande utilité dans le commerce, dans les arts et dans les sciences. Elle sert principalement :

226. *A déterminer la grandeur correspondante à plusieurs unités de même espèce, quand on connaît celle qui correspond à l'une d'elles.*

Ier EXEMPLE. Un homme consomme 30 kilogrammes de pain

5

par mois ; combien en consomme-t-il dans une année ? *Réponse*, 36o kilogrammes.

Il est évident qu'il en consomme 12 fois plus dans 12 mois que dans un seul ; le produit de 3o kilogrammes par 12, c'est-à-dire, 36o kilogrammes, répondra donc à la question proposée.

IIe Exemple. Un franc rapporte 5 centimes, ou o^f, o5^c d'intérêt par année : combien une somme de 4759 francs produirait-elle d'intérêt dans le même temps ? *Réponse*, 237^f, 95^c.

Il est clair que 4759 francs rapportent 4759 fois l'intérêt d'un franc, ou le produit de o,o5 par 4759. Pour le former, on multipliera 4759 par 5, et on séparera deux chiffres sur la droite du produit. (N°s 2o8 et 211.)

IIIe Exemple. La rame de papier se compose de 20 mains qui contiennent chacune 25 feuilles : combien entre-t-il de ces dernières dans la rame ? *Réponse*, 5oo feuilles.

Puisque la main renferme 25 feuilles, il s'ensuit que 20 mains en comprennent 20 fois 25 feuilles, ou 5oo feuilles.

227. *A réduire les unités de l'ancien ou du nouveau système des mesures, en sous-espèces de ces unités.*

Par exemple, les livres tournois en sous ou en deniers ; les toises en pieds, en pouces, en lignes, etc., etc. ; de même, les francs en décimes et centimes ; les kilogrammes, en hectogrammes, décagrammes, grammes, etc. etc.

228. Ces réductions exigent des méthodes qu'on va exposer.

229. Méthode. Pour réduire les unités du nouveau système métrique, en leurs sous-espèces, il faut *écrire un certain nombre de zéro à la droite du nombre que l'on veut réduire.*

Ier Exemple. Ainsi, pour réduire 37 *kilogrammes* en *centigrammes*, il faut écrire cinq zéro à la suite de 37, et on aura 3.700.000 *centigrammes*, pour la valeur de 37 *kilogrammes*.

Démonstration. En effet, le *kilogramme* vaut 1000 *grammes*, et le *gramme* vaut 100 *centigrammes* ; donc le *kilogramme* est égal à 100.000 *centigrammes* ; donc il faut multiplier par 100.000 un nombre de *kilogrammes*, pour le convertir en *centigrammes*.

IIe Exemple. De même, pour réduire 429 *décilitres en dimillilitres*, il faut écrire trois zéro à la suite de 429, ce qui donne 429.000 dimillilitres pour la valeur de 429 *décilitres*.

Démonstration. Car le *dimillilitre* étant 1000 fois plus petit que le *décilitre*, il est clair qu'il a fallu rendre le nombre proposé 1000 fois plus grand, puisqu'on le rapportait à une unité 1000 fois plus petite.

23o. Autres Exemples. On démontrera aisément que 68 *myriamètres* valent 68oo *hectomètres* ;...2o4 *myriares*=20.400.000.000 *dimilliares* ; ... 17 *hectogrammes*= 17000 *décigrammes* ; ....8 *décalitres* =8000 *centilitres*, et 59 *centistères* =5900 *dimillistères*.

231. REMARQUE. S'il fallait réduire des mesures carrées ou cubiques, en unités inférieures, aussi carrées ou cubiques, il faudrait se rappeler ce qui a été observé au n° 136. Ainsi, pour convertir 18 ares en mètres carrés, il faut multiplier 18 par 100, parce que l'are valant 100 mètres carrés, il s'ensuit que 18 ares valent 18 fois 100 mètres carrés ou 1800 mètres carrés. De même, s'il s'agissait de réduire 40 stères en décimètres cubiques, il faudrait multiplier par 1000, parce que le stère vaut 1000 décimètres cubiques, et conséquemment 40 stères valent 40.000 décimètres cubiques.

232. MÉTHODE. Pour réduire les unités de l'ancien système des mesures, en leurs sous-espèces, il faut *multiplier le nombre qui renferme les unités supérieures, par celui qui marque combien il faut d'unités de telle ou telle sous-espèce pour composer l'unité supérieure que l'on considère.*

Ier EXEMPLE. Ainsi pour réduire 9^{tt} en deniers, on multiplie 9 par 240, qui marque combien il faut de deniers pour composer la livre tournois, et l'on trouve 2160 deniers pour la valeur de 9^{tt}.

DÉMONSTRATION. Car la livre tournois valant 240 deniers, il est clair que 9^{tt} vaudront 9 fois 240 deniers ou 2160 deniers. (N° 117.)

IIe EXEMPLE. De même, pour réduire 13 livres pesant, ou 13 ℔ en gros, il faut multiplier 13 par 128, qui exprime combien il entre de gros dans la livre pesant, et l'on obtient 1664 gros pour la valeur de 13 ℔.

DÉMONSTRATION. Puisque la livre pesant vaut 128 gros, il est évident que 13 ℔ vaudront 13 fois 128 gros, ou 1664 gros. (N° 116.)

233. AUTRES EXEMPLES. 5^{pieds} = 720^{lignes} (n° 107)... 20$^{pieds\ carrés}$ = 2880$^{pouces\ carrés}$ (n° 110)......... 100$^{pouces\ cub.}$ = 172.800$^{lignes\ cub.}$ (n° 111)........ 24^{heures} = 86400^{secondes}. (N° 118.)

234. MÉTHODE. Pour réduire un nombre complexe en unités de sa moindre grandeur, il faut *réduire les unités principales en unités de sous-espèce immédiatement inférieure; ajouter au produit les unités de cette sous-espèce que renfermerait le nombre complexe proposé; réduire de même les unités principales du nouveau nombre complexe en unités de sous-espèce immédiatement inférieure; y joindre pareillement les unités de cette sous-espèce que pourrait contenir le nombre proposé, et continuer ainsi jusqu'aux unités de la moindre grandeur de ce nombre.*

EXEMPLE. Le pied cubique d'or fondu et absolument pur, pèse 1348^{livres} 1^{once} 41^{grains}: combien pèse-t-il de grains? *Réponse,* 12.423.785^{grains}. Les 1348^{livres} valent 21568^{onces}, auxquelles on joint 1^{once} que renferme le nombre complexe proposé. Le nouveau nombre complexe est 21569^{onces} 41^{grains}, dont l'unité principale est l'once. On réduit les 21569^{onces} en 172.552^{gros}. Le nou-

veau nombre complexe est 172.552^{gros} 41^{grains}, dont l'unité principale est le gros. On le transformera en 517.656^{deniers} 41^{grains} et
celui–ci en $12.423.785^{\text{grains}}$.

(Voyez les n°s 116, 120 et 123.)

235. Autres Exemples. 733^{livres} 3^{onces} 1^{gros} 52^{grains}, poids
d'un pied cubique d'argent fondu et parfaitement pur, est égal à
$6.757.180^{\text{grains}}$ (n° 116)...... 10^{francs} valent $10^{\#}$ 2^{s} 6^{d} tournois,
ou 2430^{deniers} (n° 117).......... La lieue marine de 20 au degré, est
égale à 2850^{toises} 2^{pieds} 6^{pouces}, ou à 205.230^{pouces} (n°s 107 et 109).
Le temps de la révolution apparente de la Lune est de 29^{jours}
12^{heures} 44^{minutes} 3^{secondes}, ou de $2.551.443^{\text{secondes}}$ (n° 118)..........
L'hectare ou arpent nouveau est égal à 1^{arpent} $95^{\text{perches carrées}}$
$388^{\text{pieds carrés}}$ $24^{\text{pouces carrés}}$ $27^{\text{lignes carrées}}$, 648 (eaux et forêts), ou
à $1.965.112.731^{\text{lignes carrées}}$, 648(n°s 110 et 140)... Le stère vaut
$29^{\text{pieds cubiques}}$ $298^{\text{pouces cub.}}$ $1631^{\text{lig. cub.}}$, 232; ou $87.109.841^{\text{l. c.}}$, 232
(n°s 111 et 129.)

236. Remarque. Il est aisé de voir que la réduction des unités
supérieures en unités de moindre grandeur, rentre absolument
dans le premier usage de la multiplication, tel qu'il a été expliqué
au n° 226.

237. La multiplication sert encore *à la mesure des surfaces et
à celle des volumes.*

Car on démontre en géométrie (1) que pour évaluer les surfaces,
il faut multiplier en totalité, ou dans une certaine proportion, leur
longueur par leur largeur ; et que, pour mesurer les volumes, il
faut de même faire le produit de la totalité ou de certaines parties
de leurs trois dimensions, longueur, largeur et hauteur ou profondeur.

1er Exemple. Quelle est la surface d'une planche de $6^{\text{mètres}}$
$4^{\text{décimètres}}$ de longueur, sur $25^{\text{centimètres}}$ de largeur? *Réponse*, $1^{\text{mètre carré}}$
$60^{\text{décimètres carrés}}$.

Une planche ayant la figure d'un rectangle, sa surface est égale
au produit de ses deux dimensions ; il faut donc multiplier $6^{\text{m}},4$
par $0^{\text{m}},25$, et le produit $1^{\text{mètre carré}}$ 600, ou simplement $1^{\text{mètre carré}},60$
ou enfin $1^{\text{mètre carré}}$ $60^{\text{décimètres carrés}}$, sera la surface de la planche dont
il s'agit. (N°s 103, 136 et 211.)

IIe Exemple. Du bois arrangé pour être cordé, occupe un espace
de 4 pieds de hauteur sur 4 de largeur, et les bûches ont d'ailleurs
3^{pieds}, 5 de long : combien y a–t–il en tout de pieds cubiques de
bois à brûler? *Réponse*, $56^{\text{pieds cubiques}}$.

Cet arrangement présentant la forme d'un parallélepipède rec-

---

(1) Science qui traite de l'*étendue*, laquelle est une longueur, une surface ou un volume.

tangle, son volume est égal au produit de ses trois dimensions, c'est-à-dire, à $4 \times 4 \times 3,5 = 56$ pieds cubiques. (n° 113.)

QUESTIONS RELATIVES A LA MULTIPLICATION.

238. Le lecteur fera bien de raisonner et de résoudre les questions suivantes (n° 22) :

I. *La feuille de papier fournissant 4 pages d'impression, format in-folio; 8 pages, format in-quarto; 16, in-octavo; 24, in-douze; et ainsi de suite pour les formats in-16, in-18, in-24, 32, 36, 48, 64, 72, 96 et 128 : combien de pages d'impression de chacun de ces formats obtiendrait-on dans une rame composée de 500 feuilles?*

II. *Le son parcourt 337 mètres dans une seconde : combien par heure?*

III. *La plus grande vitesse d'un vaisseau bon voilier est de 6 mètres par seconde* (1) : *quel espace parcourt-il en un jour?*

IV. *Dans les courses de Rome, un cheval barbe, non monté, parcourt 12 mètres par seconde : Quel chemin fait-il en un quart d'heure ou 15 minutes?*

V. *Une somme de 169.725^f a rapporté 4^f, 65^c d'intérêt par jour : combien a-t-elle produit d'intérêt dans une année composée de 365 jours?*

VI. *La livre sterling d'Angleterre vaut 25^f, 208 : combien valent 1298 livres sterling?* (1)

VII. *Le pied cubique de platine fondu et purifié, pèse 1365 livres; combien pèse-t-il de gros?*

VIII. *Cérès et Pallas font chacune leur révolution autour du Soleil en 1682 jours; Junon en 1591, et Vesta en 1335 : Quel est en minutes le temps de la révolution de ces planètes?*

IX. *Les temps des révolutions des autres planètes autour du Soleil sont exprimés par les nombres suivans : la Terre, 365^{jours} 5^{heures} 48^{minutes} 51^{secondes}; Mercure, 87^j 23^h 13' 43''; Vénus, 224^j 16^h 49' 9''; Mars, 688^j 23^h 30' 40''; Jupiter, 4332^j 14^h 18' 40''; Saturne, 10758^j 23^h 16' 40''; Uranus, 30688^j 17^h 6' 16'' : par quels nombres ces mêmes temps seront-ils exprimés en secondes?*

---

(1) Cette expression est fondée sur ce que la vitesse est l'espace parcouru par un corps dans un temps déterminé.

(2) Cette valeur, ainsi que toutes celles qu'on indiquera dans la suite de cet ouvrage, sont calculées en supposant que les monnaies étrangères soient exactes de poids et de titre, d'après les lois qui règlent leur fabrication.

X. 999^f valent 1011 # 9^s 9$^{\lambda}$ tournois : combien valent–ils de deniers ?

XI. Le pied cubique de cuivre rouge, fondu, pèse 545^{livres} 2^{onces} 4^{gros} 35^{grains} ; de fer fondu, 504$^{liv.}$ 7$^{onc.}$ 6^{gros} 27^{grains} ; d'étain pur de Cornouailles, fondu, 510$^{liv.}$ 6$^{onc.}$ 2^{gros} 68^{grains} ; de plomb fondu, 794$^{liv.}$ 10$^{onc.}$ 4^{gros} 62$^{gr.}$; de mercure coulant, 949$^{liv.}$ 12$^{onc.}$ 2$^{gros.}$ 13$^{gr.}$: quels sont ces mêmes poids exprimés en grains ?

XII. Quelle est la surface d'un terrain, en forme de triangle, dont la base est de 96^{mètres} 48^{centimètres}, et la hauteur de 102^{mètres} 74^{centimètres}? Quelle est la même surface en ares, mètres carrés, décimètres et centimètres carrés ?

La surface d'un triangle étant égale au produit de sa base par la moitié de sa hauteur, celle du terrain dont il s'agit vaudra..........
96^m, 48^{centimètres} × 51$^{m.}$, 37 = 4956$^{m.\ car}$, 1776 = ...
49^{ares} 56$^{m.\ car.}$ 17$^{décim.\ car.}$ 76$^{centim.\ car.}$ (N°s 128, 136 et 211).

XIII. Un bassin a 115$^{m.}$, 62 de longueur, 27$^{m.}$, 43 de largeur, et 10$^{m.}$, 02 de profondeur : quel est son volume?

Ce volume sera le produit des trois dimensions, c'est-à-dire, 31777$^{mèt.\ cub.}$, 995132 ; .... ou 31777$^{mèt.\ cub.}$ 995$^{décim.\ cub.}$ 132$^{centim.\ cub.}$ (N°s 136, 200 et 211).

QUESTIONS RELATIVES A L'ADDITION, LA SOUSTRAC-TION ET LA MULTIPLICATION RÉUNIES.

239. C'est en combinant entre elles les premières opérations de l'arithmétique, que le lecteur arrivera par degrés à la solution des questions les plus composées.

I. Sachant que la guinée de 21 schellings (pièce d'or d'Angle-terre), vaut 26^f, 47^c ; le souverain, depuis 1818, de 20 schellings, qui vaut la livre sterling (id. id.), 25^f, 208 ; la couronne an-cienne (pièce d'argent id.), 6^f, 18^c. Sachant aussi que le ducat de l'empereur d'Autriche (pièce d'or), vaut 11^f, 86^c ; le ducat de Hongrie (id.), 11^f, 90^c ; le souverain (id. d'Autriche), 17^f, 58^c; l'écu ou risdale (pièce d'argent, id.), 5^f, 195 ; le florin (id. id.) 2^f, 5975 ; et supposant qu'un changeur anglais a remis à un com-merçant autrichien 78 ducats de l'empereur, 60 ducats de Hon-grie, 54 souverains (d'Autriche), 300 écus (id.), et 600 florins (id.); tandis que le commerçant n'a donné en retour au changeur anglais que 50 guinées, 35 souverains (d'Angleterre) et 260 cou-ronnes anciennes (id.): on demande ce que le commerçant redoit en francs au changeur?

Sur les valeurs données jusqu'aux millièmes et aux dimillièmes du franc, voyez le n° 216.

II. *On suppose qu'un marchand est allé en Hollande, et qu'il y a acheté et payé comptant* 2000 ^{mètres} *de toile, à* 2^f*,* 40^c *le mètre ;* 5o6 $^{kilogr.}$ *de coton, à* 5^f*,* 35^c *le kilogramme ;* 1240 $^{kilogr.}$ *de sucre, à* 4^f*,* 45^c *l'un ;* 65o $^{kilogr.}$ *de café, à* 3^f*,* 85^c *l'un ; que son voyage, l'emballage et le transport des marchandises lui ont coûté* 448^f*,*5o^c *: on demande ce qu'à son retour il lui reste en francs, en supposant qu'il ait emporté avec lui* 200 *ducats* (d'or de Hollande) *dont chacun vaut* 11^f*,* 93^c *;* 280 *ryder* (id. id.)*, valant l'un* 31^f*,* 65^c *;* 75 *pièces de* 20 *florins de* 1808 (id. id.)*, valant l'une* 43^f*,* 14^c *;* 80 *pièces de* 10 *florins de* 1808 (id. id.)*, à* 21^f*,* 57^c *l'une ;* 15o *pièces de* 10 *florins de Guillaume de* 1818 (id. id.)*, à* 20^f*,* 77^c *l'une ;* 6o *florins de* 20 *sous* (d'argent de Hollande)*, valant....* 2^f*,* 1594 *;* 100 *ryder* (id. id.) *ou ducatons, à* 6^f*,*85^c *l'un ; et enfin* 120 *ducats* (id. id.) *ou risdales, à* 5^f*,* 48^c *l'un?*

III. *Un bassin contenait* 16582 *pieds cubiques d'eau ; il s'en est écoulé, pendant* 9 *jours,* 897 *pieds cubiques par jour : combien reste-t-il de pieds cubiques d'eau dans ce bassin?*

On sent ici tout l'avantage qu'il y a à multiplier d'abord 897 par 9, afin de soustraire le produit de la quantité d'eau originairement renfermée dans le bassin, plutôt que d'effectuer 9 soustractions successives. Ainsi la multiplication est d'un usage précieux, lorsque le même nombre doit être retranché plusieurs fois d'un autre nombre, Cette idée a conduit aux procédés qu'on suit dans la division.

DE LA DIVISION.

240. DÉFINITIONS. La division est une opération par laquelle on détermine combien un nombre appelé *dividende* contient un autre nombre appelé *diviseur*.

Le résultat de la division se nomme *quotient*.

241. Ainsi diviser 48 par 6, c'est chercher combien le dividende 48 contient le diviseur 6, et comme 8 est le résultat de cette re—cherche, il s'ensuit que 8 est le quotient de 48 divisé par 6.

Diviser 5 par 5o, c'est calculer de même combien 5 contient 5o; mais 5 étant 10 fois plus petit que 5o, il est clair que 5 ne contient que la dixième partie de 5o, ou qu'il ne contient 5o qu'un dixième de fois, de sorte que o,1 est le quotient de 5 divisé par 5o.

242. De la définition de la division il suit :

1° Que *le quotient est égal à zéro quand le dividende est zéro.*

2° Que *le quotient est infini, ou n'a pas de limites assignables, quand le diviseur est zéro.*

Ces deux conséquences sont évidentes.

243. *La soustraction est la base de la division.*

Car un nombre ne peut être contenu dans un autre qu'autant de fois qu'il peut en être soustrait. (Ax. IX.)

244. *On pourrait effectuer la division par une suite de sous-*
tractions continuée jusqu'à ce que le dividende serait épuisé.

Ier EXEMPLE. Pour diviser 180 par 45, on fera l'opération suivante :

$$
\begin{array}{rr}
\text{De.......} & 180 \\
\text{Oter.....} & 45 \\
\hline
1^{er} \text{ reste....} & 135 \\
\text{Oter.....} & 45 \\
\hline
2^e \text{ reste....} & 99 \\
\text{Oter.....} & 45 \\
\hline
3^e \text{ reste....} & 45 \\
\text{Oter.....} & 45 \\
\hline
4^e \text{ reste.....} & 0
\end{array}
$$

Et l'on conclura que le dividende 180 étant épuisé après qu'on en
a soustrait 4 fois le diviseur 45, il sensuit que 180 contient 4 fois
45, ou que 4 est le quotient de 180 divisé par 45.

IIe EXEMPLE. En appliquant la même méthode à la division de
91 par 10, on trouvera 9 pour quotient et 1 pour reste.

Ce reste 1 étant 10 fois plus petit que le diviseur 10, on n'en
pourrait soustraire que la dixième partie de ce même diviseur, ou,
ce qui revient au même, le diviseur 10 n'y est contenu qu'un dixième
de fois, en sorte que le quotient de 91, divisé par 10, est en tout 9,1.

245. Cette manière d'opérer serait fort longue, si le dividende
était considérable à l'égard du diviseur : l'art de l'abréger est précisément l'objet des méthodes de la division.

246. DÉFINITION. Le *reste* d'une division est l'excédant du
dividende sur le plus grand multiple du diviseur qu'il contienne,
ou ce qui reste après qu'on a soustrait le diviseur le plus grand
nombre de fois possible du dividende.

Dans le IIe exemple ci-dessus, on voit que du dividende 91 on
a soustrait 9 fois le diviseur 10, ou 90, qui est effectivement le plus
grand multiple de 10 renfermé dans 91. (N° 186).

247. Donc, 1° *le reste est une partie du dividende.*

248. Donc, 2° *le plus grand reste possible est moindre que le*
diviseur d'une unité.

Ainsi, en divisant un nombre quelconque par 8, par exemple,
le plus grand reste possible est 7. En divisant par 100, ce sera 99.

249. Donc, *dans la division de deux nombres quelconques, il*
ne peut y avoir qu'un nombre limité de restes différens, et ce
nombre de restes ne peut jamais excéder le diviseur diminué d'une
unité.

En divisant un nombre quelconque par 12, par exemple, tous

les restes possibles seront compris entre 1 et 11 inclusivement; il y aura donc tout au plus onze restes différens.

250. Une division s'effectue exactement lorsqu'elle ne laisse pas de reste.

Telle est celle de 72 par 9, dont le quotient est 8; celle de 9 par 2, qui donne 4,5 pour quotient.

251. DÉFINITION. On appelle *quotient exact* celui que donne une division faite sans reste.

252. Le quotient peut être un nombre entier ou décimal.

C'est ce qu'on vient de voir dans les deux exemples précédens.

253. DÉFINITION. On entend par *quotient en nombre entier*, celui d'une division qui laisse un reste; c'est un quotient *à moins d'une unité près*, c'est-à-dire, qui ne diffère pas d'une unité du véritable.

254. Un tel quotient renferme toutes les unités qu'il peut contenir, c'est-à-dire, autant d'unités qu'il a été possible de soustraire de fois le diviseur du dividende; mais ce quotient n'est pas complet, puisque le diviseur est en outre contenu dans le reste une certaine fraction de fois que le quotient en nombre entier n'indique pas.

Ainsi, dans l'exemple de 9 divisé par 2, le quotient en nombre entier est 4; le quotient exact 4,5; donc le véritable quotient est plus grand que 4, et moins grand que 5; donc 4 ne diffère pas du véritable quotient d'une unité, c'est-à-dire, qu'il en est approché à moins d'une unité près.

(Voyez les N°s 29 et 218.)

255. DÉFINITION. On entend par *multiple* d'un nombre entier un autre nombre entier divisible exactement par le premier et donnant pour quotient un nombre lui-même entier (1).

Par exemple, 30 est un multiple de 6, parce que le quotient 5 est exact, et qu'il est d'ailleurs un nombre entier.

256. On définit encore le multiple d'un nombre entier le produit de celui-ci par un nombre entier quelconque.

257. THÉORÈME. *Si le dividende devient un certain nombre de fois plus grand ou plus petit, sans que le diviseur change, le quotient devient aussi le même nombre de fois plus grand ou plus petit.*

(1) On pourrait appeler *multiple* d'un nombre quelconque entier, fraction ou fractionnaire, tout nombre divisible exactement par ce dernier; et cette définition du multiple serait encore plus générale que celle du n° 186.

En l'adoptant, il s'ensuivrait que 0,8 serait un multiple de 0,2, puisque le quotient exact est 4; et que 0,01 serait pareillement un multiple de 0,1, puisque le quotient de 0,01 divisé par 0,1 est exactement 0,1 (n°s 69, 240 et 241); mais l'idée qu'on attache à celle de multiple est beaucoup plus restreinte que cela-là et que celle du n° 186.

Ier Exemple. Le quotient de 6 divisé par 3 est 2, tandis que celui de 60 par le même diviseur 2, est 20, qui est 10 fois plus grand que le premier quotient 2.

IIe Exemple. De même, le quotient de 144 par 12 est 12 ; mais celui de 72, qui est 2 fois plus petit que 144, par le même diviseur 12, n'est que 6, qui est aussi 2 fois plus petit que le quotient primitif 12.

Démonstration. En général, il est clair que si le dividende devient 2, 3, 4, etc., fois plus grand, il contiendra le même diviseur 2, 3, 4, etc., fois plus qu'il ne le contenait d'abord ; le quotient deviendra donc lui-même 2, 3, 4, etc., fois plus grand.

Le théorême réciproque n'est pas moins évident.

258. Théorême. Au contraire, *si le diviseur seul devient un certain nombre de fois plus grand ou plus petit, le quotient devient le même nombre de fois plus petit ou plus grand.*

Ier Exemple. Le quotient de 80 par 10 est 8, et celui de 80 par 40 est 2, qui est 4 fois plus petit que le quotient primitif 8.

IIe Exemple. Réciproquement, le quotient de 100 par 50 est 2, tandis que celui de 100 par 25 est 4, qui est deux fois plus grand que le premier quotient 2.

Démonstration. En général, il est évident que si le diviseur devient 2, 3, 4, etc., fois plus grand, il sera contenu 2, 3, 4, etc. fois moins dans le même dividende ; le quotient deviendra donc 2, 3, 4, etc., fois plus petit.

On démontrera de la même manière le théorême réciproque.

259. Corollaire. Donc, *si l'on rend le dividende et le diviseur chacun le même nombre de fois plus grand, ou chacun le même nombre de fois plus petit, le quotient ne changera pas de valeur.*

Exemples. Ainsi le quotient de 9 par 3 est 3 ; celui de 900 par 300 est encore 3. Réciproquement, le quotient de 8000 par 2000 est 4, comme celui de 8 par 2.

Démonstration. Car, dans le premier exemple, on rend, d'un côté, le quotient 100 fois plus grand, et de l'autre 100 fois plus petit ; il ne change donc pas de valeur. Dans le second exemple, on rend le quotient 1000 fois plus petit, d'une part, et 1000 fois plus grand, d'autre part ; donc, etc.

260. Corollaire. Donc, *la grandeur du quotient ne dépend pas de la grandeur absolue du dividende, mais de sa grandeur à l'égard de celle du diviseur.*

Exemple. Ainsi 100.000 ne contient pas plus 50.000, que 100 ne contient 50 ; ou que 10 ne renferme 5 ; ou, etc.

261. Il y a trois cas principaux dans la division.

La division d'un nombre formé d'un, ou de deux chiffres au plus, par un nombre simple.

Celle d'un nombre composé par un nombre simple.

Celle d'un nombre composé par un nombre composé.

262. Pour diviser un nombre exprimé par un, ou deux chiffres au plus, par un nombre simple, *il suffit de connaître la table de multiplication.*

Cette table comprend, en effet, tous les nombres simples, ainsi que leurs produits; elle apprend donc combien ceux-là sont contenus dans ceux-ci, ou exactement, ou le plus grand nombre entier de fois possible; elle donne donc les quotiens, etc.

Qu'on ait, par exemple, 56 à diviser par 8? on sait, par la table, que 56 est formé de 7 fois 8; donc 8 est contenu 7 fois dans 56; donc 7 est le quotient cherché.

Lorsque le dividende n'est pas dans la table, ou lorsque, s'y trouvant, il n'est pas un multiple du diviseur, on prend le plus grand multiple de celui-ci qui soit renfermé dans le dividende, et on obtient ainsi le quotient en nombre entier des deux nombres proposés.

Soit 29 à diviser par 6? On observe que le plus grand multiple de 6 contenu dans 29, est 24; la table apprend que 4 est le quotient exact de 24 divisé par 6; donc 4 est seulement le quotient en nombre entier de la division de 29 par 6. (Nos 253 et 254.)

Il reste 5 à diviser par 6, et l'impossibilité d'effectuer cette division s'exprime en écrivant $\frac{5}{6}$.

Soit encore 98 à diviser par 9? La table apprend que 90 est le plus grand multiple de 9 qui soit renfermé dans 98; or, 10 est le quotient exact de la division de 90 par 9; 10 est donc le quotient en nombre entier de 98 divisé par 9.

263. Méthode. Pour diviser un nombre composé par un nombre simple, il faut *écrire le diviseur à la droite du dividende, en les séparant par un trait; souligner le diviseur, sous lequel on écrit, de gauche à droite, les chiffres du quotient à mesure qu'on les détermine; ensuite chercher combien de fois le diviseur est contenu dans le premier chiffre à gauche du dividende, ou les deux premiers chiffres au plus, si le premier ne suffisait pas pour contenir le diviseur; écrire au quotient ce nombre de fois* (qui ne peut surpasser 9); *multiplier le diviseur par le quotient partiel, et soustraire le produit du dividende partiel employé; abaisser le chiffre suivant à côté du reste, ce qui donnera un nouveau dividende partiel, à l'égard duquel on opérera comme sur le dividende précédent; continuer enfin le même procédé jusqu'à ce que le dividende total soit épuisé, avec l'attention d'écrire un zéro au quotient et d'abaisser sur-le-champ le chiffre suivant, à chaque fois qu'un dividende partiel ne contient pas le diviseur.*

Exemple. Diviser 70.650.378 par 9.

Dividende total...... $7\ 0\ 6\ 5\ 0\ 3\ 7\ 8$ | 9 **Diviseur.**
$\overline{7\ 8\ 5\ 0\ 0\ 4\ 2}$ Quotient.

1ᵉʳ dividende partiel.... $7\ 0$ millions.
$\underline{6\ 3}$

2ᵉ dividende partiel.... $7\ 6$ centaines de mille.
$\underline{7\ 2}$

3ᵉ dividende partiel.... $4\ 5$ dixaines de mille.
$\underline{4\ 5}$

4ᵉ dividende partiel.... $0\ 0\ 3\ 7$ dixaines.
$\underline{3\ 6}$

5ᵉ et dernier dividende partiel. $1\ 8$ unités simples.
$\underline{1\ 8}$

Reste............ 0

Comme le premier chiffre 7 du dividende ne contient pas le diviseur 9, on prend 70 pour premier dividende partiel, et l'on dit:
9 en 70 est contenu 7 fois, pour 63; on écrit ce premier quotient
partiel 7 sous le diviseur, et, après avoir multiplié le diviseur 9
par 7, on soustrait le produit 63 du premier dividende partiel 70,
ce qui donne 7 pour reste.

A côté de ce reste 7, on abaisse le chiffre suivant 6 du dividende
total, et l'on a 76 pour second dividende partiel; on dit: 9 en 76
est contenu 8 fois pour 72; on écrit ce second quotient partiel 8 à
la droite du premier, et, après avoir multiplié le diviseur 9 par
8, on soustrait le produit 72 du second dividende partiel 76, ce
qui donne 4 pour reste.

A côté de ce reste 4, on abaisse le chiffre suivant 5 du dividende total, et on a 45 pour troisième dividende partiel, et l'on
dit de même: 9 en 45 est contenu 5 fois exactement; on écrit ce
troisième quotient partiel 5 à la droite du précédent, et, après
avoir multiplié le diviseur 9 par 5, on soustrait le produit 45 du
troisième dividende partiel 45, et l'on obtient 0 pour reste.

A côté de ce reste 0, on abaisse le chiffre suivant 0 du dividende
total, et comme le nouveau dividende partiel 0 ne contient pas le
diviseur, on écrit 0 au quotient, et on abaisse, sur-le-champ, le
chiffre suivant 3 du dividende total. Ce nouveau dividende partiel 3 ne renfermant pas non plus le diviseur 9, on met encore un 0
au quotient, et on abaisse à l'instant le chiffre suivant 7 du dividende total; on a 37 pour quatrième dividende partiel, et l'on
dit: 9 en 37 est contenu 4 fois, pour 36; on place ce quotient
partiel 4 à la droite du dernier 0 qu'on vient d'écrire, et, après
avoir multiplié le diviseur 9 par 4, on soustrait le produit 36 du
quatrième dividende partiel 37; le reste est 1.

Enfin, à côté de ce reste 1, on abaisse le dernier chiffre 8 du dividende total, et l'on a 18 pour cinquième et dernier dividende partiel ; on dit encore : 9 en 18 est contenu deux fois exactement ; on écrit ce dernier quotient partiel 2 à la droite du précédent, et, après avoir multiplié le diviseur 9 par 2, on soustrait le produit 18 du cinquième et dernier dividende partiel 18, ce qui donne 0 pour reste de la division des deux nombres proposés.

Le quotient 7.850.042 de la division de ces deux nombres est donc exact. (N°s 250 et 251.)

DÉMONSTRATION. 1° Le diviseur 9 est contenu 7.850.042 fois dans le dividende 70.650.378, ou, ce qui revient au même, 7.850.042 est le quotient de 70.650.378 divisé par 9.

Car, en multipliant le diviseur 9 par le premier quotient partiel 7, et en avançant le produit 63 de six rangs vers la gauche, c'est-à-dire, en le plaçant sous les millions du dividende, on a pris ce diviseur 9 réellement 7 millions de fois ; donc, en retranchant ce produit 63 millions du dividende, on a, par une seule soustraction, retranché 7 millions de fois le diviseur 9 du dividende. (N° 197.)

On démontrera de la même manière que les produits successifs 72, 45, 36 et 18 du diviseur 9 par les quotiens partiels 8, 5, 4 et 2, ayant été respectivement placés dans le rang des centaines de mille, des dixaines de mille, des dixaines et des unités simples, ont représenté aussi respectivement les produits du diviseur 9 par 8 centaines de mille, 5 dixaines de mille, 4 dixaines et 2 unités simples, et qu'ainsi, en retranchant ces produits des dividendes partiels correspondans, on a réellement soustrait le diviseur du dividende total, 800 mille fois, par la seconde opération ; 50 mille fois, par la troisième ; 40 fois, par la quatrième ; et enfin 2 fois, par la cinquième. Donc, par les cinq opérations réunies, le diviseur 9 a été soustrait 7.850.042 fois du dividende 70.650.378 ; donc il y est contenu 7.850.042 fois ; donc 7.850.042 est le quotient de 70.650.378 divisé par 9. (N°s 197, 243, 244 et 245.)

Donc, puisqu'il n'y a pas de reste, 7.850.042 est en même temps le quotient exact des deux nombres proposés. (N°s 250 et 251.)

2° L'art de la division ne consiste pas seulement à ôter un très-grand nombre de fois le diviseur du dividende, par une seule soustraction, mais encore à n'avoir jamais à diviser à la fois qu'un nombre d'un, ou de deux chiffres au plus, par un nombre simple, opération qui n'exige que la connaissance de la table de multiplication. (N°s 21 et 262.)

On voit, en effet, que pour déterminer le premier quotient partiel 7, on a considéré d'abord le premier dividende partiel 70 millions comme 70 unités simples, mais qu'on a rétabli la justesse de calcul en comptant le produit 63 du diviseur 9 par le premier quotient partiel 7, pour 63 millions, ou, ce qui est la même chose, on a compté ce premier quotient partiel 7 pour 7 millions, parce que si 9 est contenu 7 fois dans 63, il est clair qu'il est contenu 7 millions de fois dans un nombre un million de fois plus grand que 63, c'est-à-dire, dans 63 millions. (N° 257.)

On voit de même que si, d'un côté, pour la détermination facile des autres quotiens partiels, l'art de la méthode a fait considérer d'abord les autres dividendes partiels respectivement comme 76, 45 et 37 unités simples, tandis qu'ils sont réellement 76 centaines de mille, 45 dixaines de mille et 37 dixaines, on a eu soin, d'un autre côté, de compter les quotiens partiels 8, 5 et 4 respectivement pour 8 centaines de mille, 5 dixaines de mille et 4 dixaines, puisqu'on a compté les produits correspondans 72, 45, et 36, comme 72 centaines de mille, 45 dixaines de mille et 36 dixaines, par la raison que le diviseur 9 étant contenu 8 fois dans 72; 5 fois dans 45, et 4 fois dans 36, il s'ensuit qu'il est nécessairement contenu 800 mille fois dans 72 centaines de mille, 50 mille fois dans 45 dixaines de mille et 40 fois dans 36 dixaines (N°ˢ 74 et 257.)

3° Il faut écrire chaque quotient partiel à la droite du précédent.

Car on commence la division par la gauche et on la continue de gauche à droite; par conséquent les unités dont chaque dividende partiel est composé, deviennent de 10 en 10 fois plus petites; or le diviseur reste constamment le même; donc les unités dont chaque quotient partiel est composé deviennent de 10 en 10 fois plus petites; il faut donc écrire leurs chiffres dans des rangs de plus en plus reculés vers la droite. (N°ˢ 84, 85 et 257.)

4° En ne formant le premier dividende partiel que d'autant de chiffres qu'il est nécessaire pour contenir le diviseur, c'est-à-dire, de deux chiffres au plus, et en prenant toujours chaque quotient partiel au plus fort, ou de telle sorte que chaque reste partiel soit plus petit que le diviseur, on ne tombera jamais sur un quotient partiel supérieur à 9 dans tout le cours de l'opération.

En effet, une division partielle laisse un reste ou n'en laisse pas. S'il n'y a pas eu de reste, on fera comme en commençant l'opération, c'est-à-dire, qu'on ne prendra, pour former un nouveau dividende partiel, qu'un seul chiffre, s'il est plus grand que le diviseur, ou si seulement il lui est égal; ou bien on prendra deux chiffres, si le premier ne suffit pas, et dès lors le diviseur ne pourra être contenu au-delà de 9 fois dans le dividende partiel ainsi formé. Si le diviseur est 9, par exemple, et que le chiffre à abaisser soit également 9, il suffira pour contenir le diviseur, et l'on n'aura à diviser 9 que par 9. Si le chiffre à abaisser est 8, alors il faudra en abaisser un second, lequel sera tout au plus 9; donc alors le nouveau dividende partiel sera tout au plus 89, qui contient 9 fois le diviseur 9, mais qui ne le contient pas au-delà de 9 fois en nombre entier.

Si la division partielle précédente avait laissé un reste, il serait tout au plus 8, et en abaissant à côté le chiffre suivant du dividende total, on aurait tout au plus 89 pour nouveau dividende partiel, ce qui rentrerait dans le cas précédent. (N° 248.)

Donc, en suivant la méthode prescrite, on ne peut même jamais être tenté de mettre plus de 9 à la fois au quotient.

5° Chaque fois qu'un dividende partiel ne contient pas le diviseur, il faut mettre un o au quotient et abaisser sur-le-champ le chiffre suivant.

Cela est effectivement nécessaire pour conserver aux quotiens partiels déjà obtenus leur valeur, et par conséquent au quotient total la sienne. Ainsi, dans l'exemple proposé, l'omission de cette partie de la méthode aurait donné pour quotient 78.542, tandis qu'il doit être 7.850.042, et les quotiens partiels 7, 8, 5, qu'on a prouvé devoir être respectivement 7 millions, 8 centaines de mille et 5 dixaines de mille, ne seraient plus que 7 dixaines de mille, 8 mille, et 5 centaines, c'est-à-dire, chacun 100 fois trop petit.

Il faut abaisser sur-le-champ le chiffre suivant du dividende, car on ne ferait qu'allonger inutilement l'opération en multipliant le diviseur par le quotient o, et en retranchant le produit o du dividende partiel, puisque le reste serait précisément ce dividende partiel qu'on a déjà sans cette opération. (N° 181.)

6° Il est de l'essence de la méthode de la division que cette opération soit commencée par la gauche et continuée de gauche à droite.

En effet, si on la commençait par la droite, les dividendes partiels deviendraient de plus en plus composés, et bientôt très-considérables, en sorte qu'on tomberait précisément dans l'excessive difficulté que la méthode a eu pour but d'écarter en ne formant chaque dividende partiel que d'un ou de deux chiffres au plus.

D'un autre côté, la multiplication du diviseur par chaque quotient partiel, qui serait un nombre de plusieurs chiffres, nécessiterait des calculs longs et effectués séparément.

Enfin, pour trouver le quotient total, il faudrait avoir recours à l'addition, puisque les quotiens partiels seraient des nombres composés, tandis que, selon la méthode prescrite, ils sont toujours exprimés par un seul chiffre, et se placent naturellement à la suite l'un de l'autre pour former le quotient définitif.

L'inspection du calcul suivant suffira pour faire sentir la justesse de ces observations.

Supposons qu'on ait à diviser 41.468 par 7, en opérant de droite à gauche.

```
Dividende total...  4 1 4 6 8  | 7 Diviseur.

1er dividende partiel.............. 8
                                    7            I   1er quotient partiel.
                                   ——            8   2e quotient partiel.
2e dividende partiel............ 6 1      5 7    3e quotient partiel.
                                 5 6      1 4 3  4e quotient partiel.
3e dividende partiel..........  4 0 5  5 7 1 5   5e quotient partiel.
                                3 9 9  5 9 2 4   somme ou quotient total.
4e dividende partiel.........  1 0 0 6    5 7    1 4 3    5 7 1 5
                               1 0 0 1     7       7        7
5e et dernier dividende partiel... 4 0 0 0 5  3 9 9  1 0 0 1  4 0 0 0 5
                                   4 0 0 0 5
               Reste........ 0
```

Il est aisé de voir quelle longue suite d'essais il faudrait successivement faire avant de parvenir à déterminer combien de fois un dividende partiel, composé de cinq chiffres seulement, tel que 40005, par exemple, contient le diviseur.

Pour éviter ces nombreux essais, il faudrait savoir trouver sur-le-champ et sans calcul, combien un nombre quelconque en contient un autre, et c'est précisément l'impossibilité de ce mode de détermination, qui a rendu nécessaire l'art de la division ; et l'on en perdrait tous les avantages si l'on était forcé d'obtenir chaque quotient partiel par une multitude d'épreuves, puisqu'elles exigeraient encore plus de temps et de calculs que la méthode des soustractions successives dont on a parlé au n° 244.

264. MÉTHODE. Pour diviser un nombre composé par un nombre composé, il faut *prendre, sur la gauche du dividende total, autant de chiffres qu'il est nécessaire pour contenir le diviseur ; chercher ensuite combien de fois le premier chiffre seulement à gauche du diviseur est contenu dans le premier, ou les deux premiers chiffres au plus, à gauche du premier dividende partiel ; écrire ce nombre de fois au quotient ; et, après avoir multiplié tout le diviseur par le premier quotient partiel, soustraire le produit du premier dividende partiel ; abaisser le chiffre suivant à côté du reste ; ce qui donnera un second dividende partiel, à l'égard duquel on opérera comme sur le premier ; et suivre la même marche jusqu'à ce qu'il n'y ait plus de chiffre à abaisser.*

EXEMPLE. Quel est le quotient de 775.492.485 divisé par 83.521 ?

Dividende total............... 775492485 | 83521 Diviseur.

_____

9285 Quotient.

1er dividende partiel............. 775492 mille.
751689

2e dividende partiel............. 238034 centaines.
167042

3e dividende partiel............. 709928 dixaines.
668168

4e et dernier dividende partiel........... 417605 unités simples.
417605

Reste................ o

Le premier chiffre 7 à gauche du dividende total étant plus petit que le premier chiffre à gauche 8 du diviseur, on prend, pour former le premier dividende partiel, un chiffre de plus que le diviseur n'en renferme ; à ce moyen, le premier dividende partiel est 775.492 mille, que, pour la facilité du calcul, on considère néanmoins comme 775.492 unités simples, c'est-à-dire, comme 775.492. (N°s 64 et 74.)

On cherche combien de fois le premier chiffre 8 du diviseur est contenu dans les deux premiers chiffres de ce premier dividende partiel 775.492, et l'on dit : 8 en 77 est contenu 9 fois ; on écrit 9 au quotient, et, après avoir multiplié tout le diviseur 83.521 par ce premier quotient partiel 9, on soustrait le produit 751.689 du premier dividende partiel, ce qui donne 23.803 pour reste.

A côté de ce reste, on abaisse le chiffre suivant 4 du dividende total, et l'on a 238.034 centaines, ou simplement 238.034 pour second dividende partiel ; on cherche de même combien de fois le premier chiffre à gauche 8 du diviseur est contenu dans les deux premiers chiffres à gauche du second dividende partiel, et l'on dit : 8 en 23 est contenu 2 fois ; on écrit 2 au quotient, et, après avoir multiplié le diviseur entier 83.521 par ce second quotient partiel 2, on soustrait le produit 167.042 du second dividende partiel, ce qui donne 70.992 pour reste.

Des opérations analogues servent à déterminer les deux quotiens partiels 8 et 5.

La réunion des quatre quotiens partiels 9 mille, 2 centaines, 8 dixaines et 5 unités simples, forme le quotient total 9285. (Ax. III.)

DÉMONSTRATION. L'art particulier à cette méthode consiste à se contenter de chercher combien de fois le premier chiffre seulement du diviseur est contenu dans le premier ou les deux premiers chiffres

6

au plus, de chaque dividende partiel, au lieu de chercher combien de fois tout le diviseur est contenu dans chaque dividende
partiel, afin de n'avoir jamais à diviser qu'un nombre d'un, ou de
deux chiffres au plus, par un nombre d'un seul chiffre; opération
pour laquelle la connaissance de la table de multiplication suffit.
(N⁰ˢ 22 et 262.)

Du reste, l'exemple qui nous occupe peut se démontrer d'une
manière semblable à celle qu'on a suivie à l'égard de l'exemple du
n° 263, et l'on conçoit même que ce qui a été dit sur la nécessité
d'effectuer la division de gauche à droite, s'applique à bien plus
forte raison à la division d'un nombre composé par un nombre
composé.

265. **Autres Exemples.** En suivant la méthode qu'on vient de
tracer, on trouvera que $78.024 : 9753 = 8$;..... $292.578 : 62$
$= 4719$;...... $699.522 : 74 = 9453$;.......... $60.566.412 : 732$
$= 82.741$;.... $325.081.666 : 62.842 = 5173$;.... $19.148.717.635$
$: 20.805 = 50.407$;...... $702.412.074 : 96.831 = 7254$.

266. **Définitions.** On appelle quotient *apparent*, le nombre de
fois que le premier chiffre à gauche du diviseur est contenu dans le
premier ou les deux premiers chiffres au plus, du dividende partiel;
et quotient *réel*, le nombre de fois que le diviseur entier est contenu dans le dividende partiel lui-même.

Par exemple, si 26.613 était un dividende partiel, et que le
diviseur fût 2957, on voit que le premier chiffre 2 du diviseur
serait contenu 13 fois dans les deux premiers chiffres 26 du dividende partiel supposé, tandis que le diviseur entier 2957 ne serait
renfermé que 9 fois dans ce même dividende; 13 serait donc le
quotient apparent, et 9 le quotient réel.

267. **Remarque.** *Le quotient apparent est presque toujours plus
grand que le quotient réel, et jamais plus petit.*

Il est d'abord aisé de concevoir que les chiffres du diviseur
(autres que le premier à gauche) peuvent être très-fréquemment,
à l'égard des chiffres du dividende partiel (autres que le premier
ou les deux premiers à gauche), tels, que le diviseur entier soit
moins contenu de fois dans ce dividende partiel, que son premier
chiffre à gauche ne l'est dans les deux premiers chiffres à gauche
de celui-ci; donc le quotient apparent sera fort souvent supérieur
au quotient réel.

En second lieu, il est évident que la partie à gauche d'un nombre
étant toujours plus grande que sa partie à droite, quels que soient
les chiffres qui composent cette dernière, il s'ensuit qu'un nombre
ne peut en renfermer un autre au-delà de ce que la partie à
gauche du premier renferme la partie à gauche du second. (N° 90.)

C'est ainsi, par exemple, que 2999 ne contient que 2 fois 1000,
c'est-à-dire, le même nombre de fois que le premier chiffre à
gauche de l'un contient le premier chiffre à gauche de l'autre.

268. Afin d'atteindre progressivement la difficulté, on a eu soin, dans tous les exemples des nᵒˢ 264 et 265, que les quotiens apparens fussent toujours les mêmes que les quotiens réels; mais comme c'est le contraire qui arrive le plus ordinairement, il est indispensable de savoir comment on peut déduire le quotient réel de la connaissance du quotient apparent.

269. MÉTHODE. Pour déterminer le quotient réel, il faut *diminuer convenablement le quotient apparent, ou de telle sorte qu'il ne reste pas trop grand et qu'il ne devienne pas trop petit, c'est-à-dire, de manière qu'on puisse soustraire du dividende partiel le produit du diviseur par ce quotient partiel, et que, d'un autre côté, le reste soit plus petit que le diviseur, en observant que, dans aucun cas, on ne peut mettre plus de 9 au quotient.*

EXEMPLES.

Iᵉʳ		IIᵉ		IIIᵉ	
93625	125	192258	198	1501632	1896
875	749	1782	971	13272	792
612		1405		17443	
500		1386		17064	
1125		198		3792	
1125		198		3792	
o		o		o	

Dans le premier exemple, trois chiffres ont suffi pour former le premier dividende partiel, et l'on a dit : 1 en 9 est contenu 9 fois; mais on a vu facilement que 9 était trop grand et que le quotient réel devait se réduire à 7, qu'on a mis en conséquence au quotient. Le second dividende partiel étant 612, on a dit : 1 en 6 est contenu 6 fois, et l'on s'est aperçu bien vite qu'il ne fallait mettre que 4 au quotient. Le troisième dividende partiel a été 1125, on a dit : 1 en 11 est contenu 11 fois; mais d'abord on savait, par la méthode, que le quotient réel ne peut jamais surpasser 9, et comme 9 n'était d'ailleurs pas trop grand, on l'a mis au quotient.

Dans le second exemple, le premier dividende partiel a été 1922, ensorte qu'on a dit : 1 en 19 est contenu 19 fois, quotient qu'on a réduit à 9, d'après la méthode, et auquel on s'est ensuite fixé. Le second dividende partiel 1405 a conduit à dire : 1 en 14 est contenu 14 fois; on a réduit ce quotient apparent d'abord à 9, et définitivement à 7.

Dans le troisième exemple, le premier dividende partiel étant 15016, on a dit : 1 en 15 est contenu 15 fois, et cependant on n'a pu écrire que 7 au quotient. Le second dividende partiel 17443 a donné 17 pour quotient apparent, et 9 pour quotient réel.

DÉMONSTRATION. 1° La méthode qui consiste à diminuer le quotient apparent pour obtenir le quotient réel ne peut jamais conduire à un quotient erroné.

En effet, si, d'un côté, on ne fait par-là qu'une estimation approchée du quotient ; il est clair, d'un autre côté, que la multiplication que l'on fait ensuite, redresse l'erreur qu'on pourrait avoir commise dans cette évaluation approximative de chaque quotient partiel. Car si le quotient était encore trop grand, le produit du diviseur par ce quotient partiel serait aussi trop grand, et la soustraction serait impossible ; on serait donc forcé de diminuer encore ce quotient. Au contraire, s'il était trop faible, le produit dont on vient de parler serait aussi trop faible, et alors la soustraction laisserait un reste plus grand que le diviseur, ce qui prouverait que celui-ci est encore contenu, au moins une fois de plus, dans le dividende partiel, et qu'ainsi il faut augmenter, d'une unité au moins, le quotient partiel. (N° 248).

La méthode rend donc impossible l'adoption définitive d'un quotient partiel au-dessus ou au-dessous du véritable.

2° En effectuant la division selon le procédé du n° 264, c'est-à-dire, 1° en ne formant le premier dividende partiel que d'autant de chiffres qu'il est nécessaire pour contenir le diviseur ; 2° en prenant toujours le quotient partiel au plus fort, ou de telle sorte que le reste soit plus petit que le diviseur; 3° enfin, en n'abaissant qu'un seul chiffre à la fois, et, dans tous les cas, seulement assez de chiffres pour que le diviseur soit contenu dans le dividende partiel, *on ne peut jamais mettre à la fois plus de 9 au quotient.*

Car le dividende partiel est composé d'autant de chiffres que le diviseur, ou bien d'un chiffre de plus seulement. (N° 95).

Dans le premier cas, le plus grand chiffre à gauche du dividende partiel est 9, et le plus petit chiffre à gauche du diviseur est 1.: or 1 en 9 n'est contenu que 9 fois; ainsi, dans la supposition la plus favorable au quotient, et en suivant la méthode, on ne sera pas même tenté de mettre plus de 9 au quotient. (N° 267).

D'ailleurs, il suit des principes de la numération qu'un nombre entier, formé d'autant de chiffres qu'un autre nombre entier, ne peut jamais être 10 fois plus grand que celui-ci. C'est ce qu'on voit, par exemple, sur les nombres 9999 et 1000.

Dans le second cas, c'est-à-dire, lorsqu'il y a un chiffre de plus au dividende partiel qu'au diviseur, comme cela est arrivé dans le II° exemple ci-dessus, on n'a formé le dividende partiel 1922 d'un chiffre de plus que le diviseur 198, que parce que la partie à gauche 192 de ce dividende partiel est plus petite que le diviseur ; mais si l'on mettait seulement 10 au quotient, et qu'on multipliât le diviseur 198 par ce quotient partiel 10, on aurait pour produit 1980, nombre composé d'autant de chiffres que le dividende partiel 1922, et comme la partie à gauche 198 de ce produit 1980 n'est autre chose que le diviseur, et se trouve conséquemment plus grande que la partie à gauche 192 du dividende partiel, il s'ensuit que le produit 1980 est nécessairement plus grand que le dividende partiel 1922, et qu'ainsi, la soustraction étant impossible, le quotient 10 est trop grand; on ne peut donc pas mettre plus de 9 au quotient. (N°ˢ 29 et 90.)

270. REMARQUE. La seule difficulté qu'on rencontre dans la pratique de la division, c'est de réduire sur-le-champ le quotient *apparent* au quotient *réel*.

On conçoit, en effet, qu'il y a deux inconvéniens à éviter. Si l'on s'aperçoit qu'un quotient est trop grand ou trop petit, et qu'on le diminue ou qu'on l'augmente de plusieurs unités à la fois, on s'expose à passer d'un quotient trop fort à un quotient trop faible, ou réciproquement, ce qui ne fera qu'allonger beaucoup l'opération.

D'un autre côté, si l'augmentation ou la diminution d'un quotient partiel ne se fait que d'une seule unité à la fois, on ne sera pas exposé, il est vrai, à passer le véritable quotient; mais si le quotient *apparent* diffère beaucoup du quotient *réel*, cette augmentation ou cette diminution du quotient, unité par unité, occasionnera un grand nombre de vérifications, et conséquemment des longueurs inséparables dans le calcul.

Cependant on ne peut, en général, affirmer qu'un quotient partiel est convenable, qu'après s'être assuré que le produit du diviseur entier par ce quotient, peut être soustrait du dividende partiel sur lequel on opère, et que d'ailleurs la soustraction laisse un reste plus petit que le diviseur.

Ainsi, à moins d'une grande habitude de la division, il est nécessaire d'essayer beaucoup de quotiens partiels avant d'avoir le véritable.

Cependant on peut diminuer le nombre de ces épreuves en faisant usage du procédé suivant.

271. MÉTHODE. Pour essayer un quotient partiel, il faut *commencer la multiplication du diviseur par les unités de l'ordre le plus élevé, et soustraire les produits partiels à mesure qu'on les trouve, ce qui s'exécute sans rien écrire. Dès qu'on aura un reste égal seulement au chiffre qu'on éprouve, on sera sûr que ce chiffre peut être écrit au quotient.*

Exemple.

Dividende........ $9\,6\,3\,9\,4\,7\,5$ | $2\,7\,8\,9$ Diviseur.

$8\,3\,6\,7$ | $\overline{3\,4\,5\,6}$ Quotient.

$\overline{1\,2\,7\,2\,4}$
$1\,1\,1\,5\,6$

$\overline{1\,5\,6\,8\,7}$
$1\,3\,9\,4\,5$

$\overline{1\,7\,4\,2\,5}$
$1\,6\,7\,3\,4$

Reste............ $6\,9\,1$

Après avoir pris 9639 pour premier dividende partiel, on dit :
2 en 9 est contenu 4 fois ; mais pour savoir si 4 doit être en effet
le premier quotient partiel, ou s'il n'en faut pas prendre un plus
petit, on multiplie le diviseur 2789 par 4 ; et au lieu de faire cette
opération comme à l'ordinaire, on dit : 4 fois 2 font 8 ; 8 ôté de 9,
reste 1, qui, joint au second chiffre 6 du dividende, fait 16 ;
4 fois 7 font 28 : 28 ôté de 16, cela ne se peut : d'où l'on conclut
que le quotient 4 est trop grand, et que c'est tout au plus 3 qu'il
faut mettre au quotient. Avant que d'écrire le chiffre 3, on le
soumet à la même épreuve, en disant 3 fois 2 font 6 ; 6 ôté de 9,
reste 3. Comme on trouve un reste aussi grand que le chiffre 3 qu'on
éprouve, on en conclut que ce chiffre peut être écrit au quotient.

Actuellement, puisqu'on est sûr que le quotient 3 n'est pas trop
grand, on multiplie le diviseur 2789 par ce quotient 3, et l'on soustrait le produit du dividende 9639 ; le reste est 1272.

A côté de ce reste, on abaisse le chiffre 4, et l'on a 12724, pour
second dividende partiel, et l'on dit : 2 en 12 est contenu 6 fois ;
mais on voit sans peine que ce chiffre 6 est trop grand, puisque la
partie 724 du dividende partiel, loin de contenir 6 fois, ne contient
pas même une fois la partie 789 du diviseur ; ainsi, il faut éprouver
tout de suite le chiffre 5, en disant : 5 fois 2 font 10 ; 10 ôté de
12, il reste 2, qui, avec le chiffre suivant 7 du dividende partiel,
font 27 ; 5 fois 7 font 35 ; 35 ôté de 27, cela ne se peut ; le chiffre
5 est donc aussi trop grand : on éprouvera donc le chiffre 4, en
disant : 4 fois 2 font 8 ; 8 ôté de 12, il reste 4 : comme ce reste
est aussi grand que le quotient 4, on en conclut que le chiffre 4 est
bon et doit être mis au quotient : cela posé, on multiplie 2789 par
4, et l'on soustrait le produit de 12724 ; on trouve 1568 pour reste.

A côté de ce reste, on abaisse le chiffre 7, et l'on a 15687 pour
troisième dividende partiel. On dit : 2 en 15 est contenu 7 fois ;
mais en essayant ce chiffre 7, on le trouvera trop grand pour être le
quotient. Le chiffre 6 est aussi trop grand ; mais le chiffre 5 est
bon, et on le mettra au quotient : faisant ensuite le produit de

2789 par 5, et le retranchant du dividende partiel 15687, on a 1742 pour reste.

Enfin, à côté de ce reste, on abaisse le chiffre 5 et on a le quatrième et dernier dividende partiel 17425 ; et l'on dit : 2 en 17 est contenu 8 fois ; mais par l'épreuve on trouve que 8 et 7 sont trop grands, et que 6 convient au quotient. Ayant retranché de 17425 le produit du diviseur 2789 par 6, on a 691 pour dernier reste, et le quotient en nombre entier est 3456. (N° 253.)

DÉMONSTRATION PARTICULIÈRE. En effet, à l'égard du premier quotient partiel 3, il est clair que le produit de la partie 789 du diviseur, par ce quotient 3, ne pourra fournir qu'une retenue de 2 mille au plus ; car si au lieu de 789, on avait au diviseur 999, qui est le plus grand nombre composé de 3 chiffres, le produit de 999 par le quotient partiel 3, serait 2997 qui ne contient que 2 mille ; donc puisqu'il reste 3 mille au dividende partiel, pour opérer la soustraction du produit de la partie 789 du diviseur par le quotient partiel 3, il s'ensuit qu'il y a même au-delà de ce qui serait nécessaire pour effectuer cette soustraction ; donc le quotient 3 n'est pas trop grand.

De même, relativement au second quotient partiel 4, on voit que le produit de la partie 789 du diviseur par ce quotient 4, ne donnera qu'une retenue de 3 mille au plus, puisque 999 étant multiplié par 4, ne produirait que 3996, c'est-à-dire, qu'une retenue de 3 mille ; donc, à plus forte raison, le produit de 789 par le quotient partiel 4, fournira, tout au plus, 3 mille de retenue ; or, ces 3 mille sont surpassés par les 4 mille, qui restent au second dividende partiel, pour effectuer la soustraction du produit de la partie 789 du diviseur par le quotient partiel 4 ; donc cette soustraction est possible, et conséquemment le quotient 4 est convenable.

La même démonstration s'applique à l'adoption des quotiens partiels 5 et 6.

DÉMONSTRATION GÉNÉRALE. En général, dès que le produit de la partie à gauche du diviseur, par le chiffre qu'on essaie au quotient, soustrait de la partie correspondante d'un dividende partiel, laissera un reste égal au chiffre qu'on éprouve, celui-ci conviendra au quotient ; car en supposant même que l'autre partie du diviseur ne renferme que des 9, le produit de tous ces 9 par 2, par 3, par 4, par 5, etc., ne donnera au plus qu'une retenue de 1, de 2, de 3, de 4, etc., unités de l'ordre du reste dont il s'agit ; la soustraction sera donc possible ; le chiffre éprouvé ne sera donc pas trop gand (1).

_____

(1) Car 9, 99, 999, etc., multipliés par 2, donnent 18, 198, 1998, etc., c'est-à-dire, une retenue finale de 1. Ces mêmes nombres multipliés par 3, produisent 27, 297, 2997, etc., ou une retenue finale de 2 ; et ainsi de suite.

272. AUTRES EXEMPLES.

7519901	1298	161448794	795	2099516984	56438
6490	5793	1590	203080	169314	37200
10299		2448		406376	
9086		2385		395066	
12130		6379		113109	
11682		6360		112876	
4481		Reste.... 194		Reste.... 23384	
3894					

Reste.. 587

273. REMARQUE Iʳᵉ. Dans tous les exemples ci-dessus la division a laissé un reste. Il est aisé de concevoir que ce cas est beaucoup plus fréquent que celui dans lequel la division s'effectue exactement.

En général, *pour un seul nombre exactement divisible par un diviseur, il y a autant de nombres indivisibles exactement par ce même diviseur, que celui-ci renferme d'unités moins une.*

Car, en divi⸱⸱⸱ ⸱un nombre quelconque par 15, par exemple, il est tout aussi possible d'avoir pour restes les nombres depuis 1 jusqu'à 14 inclusivement, que 0; donc pour un nombre divisible exactement par 15, il y en a 14 qui ne le sont pas; donc, etc. (Nᵒˢ 248, 249 et 250).

Ainsi, en prenant un nombre au hasard, et en le divisant par 59, par exemple, il y a 59 contre un à parier que la division ne se fera pas exactement, puisqu'il y a 59 restes possibles, y compris 0, et par conséquent 59 chances en tout, sur lesquelles il n'y a que la seule chance du reste égal à 0, c'est-à-dire, une seule chance pour l'effectuation exacte de la division.

274. REMARQUE IIᵉ Lorsqu'il y a un reste, le quotient en nombre entier est incomplet; pour le compléter on lui ajoute le reste, en indiquant que celui-ci devait encore être divisé par le diviseur.

Ainsi, dans le premier exemple du nᵒ 272, le quotient complet s'écrirait $5793 + \frac{587}{1298}$. (Nᵒˢ 253 et 254).

275. REMARQUE IIIᵉ Jusqu'à présent, pour retrancher de chaque dividende partiel le produit du diviseur par le quotient partiel, on a écrit ce produit sous le dividende, et l'on a fait la soustraction comme à l'ordinaire; mais il est plus expéditif de *retrancher chaque produit partiel de la partie correspondante du dividende, et d'ajouter au produit suivant autant de dixaines qu'il a fallu en employer pour rendre la soustraction possible.*

EXEMPLE. Diviser 19494 par 54 ?

```
1 9 4 9 4 | 5 4
  3 2 9   | 3 6 1
      5 4
```

Reste.......... 0

Ayant écrit le diviseur à la droite du dividende, on prend 194 pour premier dividende partiel, et l'on dit : 5 en 19 est contenu 3 fois, et multipliant le diviseur par le quotient, on fait la soustraction de la manière suivante : 3 fois 4 font 12, de 14, reste 2, qu'on écrit au-dessous, et on retient une dixaine ; ensuite 3 fois 5 font 15, et 1 de retenue font 16, de 19 reste 3, qu'on écrit à la gauche de 2. Ayant abaissé le chiffre suivant 9 du dividende, à la droite du reste, on a 329 pour second dividende partiel, on observe que 5 est contenu 6 fois dans 32, on écrit 6 au quotient, et l'on dit 6 fois 4 font 24, qui, soustrait de 29, donne 5 pour reste, et on retient 2 dixaines ; ensuite 6 fois 5 font 30 et 2 de retenue font 32, qui, ôté de 32, il ne reste rien. A côté du reste 5 on abaisse le chiffre 4, et l'on a 54 pour dernier dividende partiel, qui, étant divisé par 54, donne 1 pour dernier quotient partiel et 0 pour reste, en sorte que 361 est le quotient demandé.

DÉMONSTRATION. Il est évident qu'en suivant ce procédé, on n'a pas changé la différence qui existait entre un dividende partiel et le produit du diviseur par le quotient partiel correspondant ; car chaque fois qu'on a augmenté un dividende partiel de 1, de 2, de 3, etc., unités d'un certain ordre, afin de rendre la soustraction possible, on a fait subir la même augmentation au produit du diviseur par le quotient. (Nos 87 et 160).

276. AUTRES EXEMPLES. Les exemples suivans, dont on ne donne que les résultats, ont été traités comme celui qui précède.

```
         |2984              |34985               |45678
584587567|195907   874235859|24988    9876543210|216221
 28618            174535               74094
 17627            345958               284163
 27075            310935               100952
  21967           310559                95961
Reste 1079   Reste  30679                46050
                             Reste         372
```

PROPOSITIONS RELATIVES A LA DIVISION.

277. THÉORÊME. *Le diviseur et le quotient sont les facteurs du dividende.*

EXEMPLE. Si l'on divise 2793 par 57, on aura 49 pour quotient exact, et l'on en conclura que 57 et 49 sont les facteurs du dividende 2793.

DÉMONSTRATION. Car en multipliant le diviseur 57 par le quotient 49, on le prend autant de fois qu'il est contenu dans le dividende 2793 ; on doit donc reproduire ce même dividende ; le diviseur et le quotient en sont donc les facteurs. (N° 185 et Ax. III).

278. COROLLAIRE. Donc, *lorsque la division laisse un reste, le dividende est égal au produit du diviseur par le quotient, plus le reste.*

EXEMPLE. Le quotient de 1778 par 39 est 45, en nombre entier, avec 23 pour reste ; et l'on en conclut que $1778 = 39 \times 45 + 23$.

DÉMONSTRATION. Car, en général, le dividende est égal au produit du diviseur par le quotient ; donc puisque le reste est une partie du dividende, il s'ensuit qu'il faut réunir ce reste au produit du diviseur par le quotient pour avoir le dividende total. (N° 247 et Ax. III).

279. THÉORÈME. *Le dividende contient le diviseur ou le quotient, autant que le quotient ou le diviseur contient l'unité.*

EXEMPLE. Ainsi le dividende 63 renferme 7 fois le diviseur 9, comme le quotient 7 renferme 7 unités ; et réciproquement, 63 contient 9 fois le quotient 7, c'est-à-dire, autant de fois que le diviseur 9 contient d'unités.

DÉMONSTRATION. En effet, le dividende est considéré comme un produit dont le diviseur et le quotient sont les facteurs ; or le produit contient l'un des facteurs autant que l'autre facteur contient l'unité ; donc le dividende, etc. (N° 202).

280. COROLLAIRE I. Donc *le quotient est égal au dividende quand le diviseur est égal à l'unité.*

DÉMONSTRATION Car alors le diviseur contient une fois l'unité ; donc le dividende contient une fois le quotient, c'est-à-dire, que celui-ci est égal au dividende.

281. COROLLAIRE II. *Lorsque le diviseur est plus petit que l'unité, le quotient est plus grand que le dividende.*

EXEMPLE. Ainsi le quotient de 4 divisé par 0,1 est égal à 40.

DÉMONSTRATION. Car 1 est 10 fois plus grand que 0,1 ; donc 4 est 40 fois plus grand que 0,1, c'est-à-dire, contient 40 fois 0,1 ; donc le quotient est égal à 40.

DÉMONSTRATION GÉNÉRALE. En général, lorsque le diviseur est égal à l'unité, le quotient est égal au dividende ; donc, lorsque le diviseur est plus petit que l'unité, le quotient est nécessairement plus grand que le dividende. (N° 260).

282. COROLLAIRE III. *En divisant le dividende par le quotient, on obtient le diviseur pour résultat.*

283. COROLLAIRE IV. *En divisant un produit par l'un de ses facteurs, on trouve au quotient l'autre facteur.*

EXEMPLE. Ainsi, en divisant 132, qui est le produit de 12 par 11, par le multiplicande 12, on obtient le multiplicateur 11 au quotient; et en divisant ce même produit par le multiplicateur 11, on a pour quotient le multiplicande 12.

DÉMONSTRATION. En effet, en divisant le dividende par le diviseur ou le quotient, on obtient pour résultat le quotient ou le diviseur; or le dividende peut être considéré comme un produit, et le diviseur et le quotient comme ses facteurs; donc, en divisant un produit par l'un de ses facteurs, on trouve l'autre facteur au quotient. (N⁰ˢ 240, 277 et 282).

284. COROLLAIRE V. Donc *les facteurs d'un nombre sont ses diviseurs, et réciproquement.*

285. THÉORÈME. *Le quotient est la partie du dividende exprimée par le diviseur.*

EXEMPLE. Le quotient de 592 divisé par 16 est 37; on en conclut que 37 est la seizième partie du dividende 592.

DÉMONSTRATION. En effet, puisque le dividende 592 contient 16 fois le quotient 37, il s'ensuit qu'il est 16 fois plus grand que 37, ou que 37 est 16 fois plus petit que le dividende; donc le quotient 37 n'en est que la seizième partie; donc en général, etc.

286. COROLLAIRE I. Donc *pour prendre une partie quelconque d'un nombre, il faut le diviser par celui qui indique la partie qu'on veut en prendre.*

EXEMPLE. La douzième partie de 300, est égale au quotient de 300 divisé par 12, c'est-à-dire, égale à 25.

287. COROLLAIRE II. Réciproquement, *prendre une partie déterminée d'un nombre, revient à le diviser par celui qui indique cette partie.*

EXEMPLE. On prend la cinquième partie de 100, laquelle est 20; c'est comme si l'on eût divisé 100 par 5.

288. THÉORÈME. *En divisant un nombre par un premier diviseur, puis le quotient par un second diviseur, le dividende primitif se trouve divisé par le produit des deux diviseurs employés.*

EXEMPLE. Pour diviser 27810 par 45, qui est le produit des facteurs 5 et 9, on peut diviser 27810 d'abord par le facteur 5, ce qui donnera 5562 au quotient, et diviser ensuite ce premier quotient par l'autre facteur 9 : le quotient 618 de cette seconde division, sera le quotient de la division de 27810 par 45.

DÉMONSTRATION. En effet, en divisant par 5 au lieu de le faire par 45, on divise par un nombre 9 fois trop petit; le premier quotient 5562 est donc au contraire 9 fois trop grand; il faut donc le rendre 9 fois plus petit, c'est-à-dire, le diviser par 9, ce qui donne 618 pour le quotient définitif, ou le véritable quotient de 27810 par 45; celui-ci peut donc résulter de deux opérations successives, aussi bien que d'une seule division. (N.° 258).

289. THÉORÈME. On démontrerait, d'une manière semblable, qu'en *divisant le second quotient par un troisième diviseur, le troisième quotient par un quatrième diviseur, et ainsi de suite, le dividende proposé se trouverait divisé par le produit de tous les diviseurs employés.*

EXEMPLE. Si l'on divise 365.904 par 7, le premier quotient 52.272 par 9, et le second quotient 5808 par 11, ce qui donnera 528 pour troisième quotient, ce nombre 528 sera le quotient du dividende originaire 365.904 divisé par 693, qui est le produit des trois diviseurs successifs 7, 9, et 11.

CAS DANS LESQUELS LA DIVISION S'ABRÈGE.

290. MÉTHODE. Pour diviser un nombre quelconque par 10, 100, 1000, etc., et, en général, par l'unité suivie de zéro, il faut *séparer sur la droite du dividende autant de chiffres qu'il y a de zéro à la suite de l'unité, et ce sera le quotient.*

EXEMPLE. Ainsi le quotient de 62739 divisé par 10.000, est, sur-le-champ, 6,2739.

DÉMONSTRATION. Car, 6,2739, est 10.000 fois plus petit que 62.739; c'est donc le quotient de la division de 62.739 par 10.000, (N.ᵒˢ 98, 285, 286 et 287).

291. AUTRES EXEMPLES. On démontrera de la même manière que 0,248 est le quotient de 248 divisé par 1000; et 0,00075 celui de 75 par 100.000.

292. MÉTHODE. Pour diviser un nombre ayant à sa droite des zéro, par 10, 100, 1000, etc., et, en général, par l'unité suivie d'un ou de plusieurs zéro, il suffit d'*effacer*, sur *la droite du dividende, autant de zéro qu'il y en a à la suite de l'unité.*

Iᵉʳ EXEMPLE. Ainsi le quotient de 536.000 divisé par 100, sera 5360.

DÉMONSTRATION. Car 5360 est 100 fois plus petit que 536.000; c'est donc le quotient de ce dernier nombre divisé par 100. (N.ᵒˢ 93, 285, 286, et 287).

II.ᵉ EXEMPLE. Il est de même évident que 652 est le quotient de la division de 652.000 par 1000.

293. MÉTHODE. S'il y a plus de zéro à la suite de l'unité qu'à celle du dividende, il faut, *après avoir supprimé les zéro qui sont à la droite de ce dernier, y séparer autant de chiffres, qu'il avait moins de zéro à sa suite que le diviseur.*

EXEMPLE. Soit 2.170.000 à diviser par 1.000.000, on efface d'abord les quatre zéro du dividende, et, sur la droite du premier quotient 217, on sépare deux chiffres, ce qui donne 2,17 pour le quotient définitif des deux nombres proposés.

Démonstration. Car, on a divisé successivement par 10.000 et par 100; donc le dividende 2.170.000 a été divisé en tout par 1.000.000. (N.° 288).

294. Autres Exemples. On démontrera semblablement que 82.000 : 10.000.000 = 0,0082; .... 700 : 100.000.000 = 0,000007.

295. Méthode. Pour diviser un nombre quelconque, par un nombre suivi d'un ou de plusieurs zéro, il faut *diviser d'abord par la partie significative du diviseur, et séparer ensuite, sur la droite du premier quotient, autant de chiffres qu'il y a de zéro à la suite du diviseur.*

Exemple. Si l'on a 5382 à diviser par 390.000, on divise d'abord par 39, partie significative du diviseur, et l'on obtient 138 pour premier quotient, sur la droite duquel on sépare quatre chiffres, en sorte que 0,0138 est le véritable quotient de 5382 divisé par 390.000.

Démonstration. Car on a divisé par 39 et par 10.000; donc, par les deux opérations, on a divisé en tout par 390.000. (N.° 288).

296. Autres Exemples. 115.207 : 500.900 = 0,23; .... 12.181.624 : 600.080 = 20,3; .... 273.585 : 34.500.000 = 0,00793; ..... 34.395.224.766 : 4.000.980.000 = 8,5967.

297. Méthode. Lorsque le dividende et le diviseur sont terminés par des zéro, il faut *en effacer autant sur la droite de chacun, faire ensuite la division comme à l'ordinaire, et il n'y aura rien à changer au quotient.*

Exemple I.er Pour diviser 34.800.000 par 725.000, on peut supprimer les trois zéro du diviseur, et trois de ceux qui sont à la suite du dividende; à ce moyen on n'aura plus à diviser que 34800 par 725, ce qui donne 48 au quotient.

Démonstration. 48 est en même temps le quotient de la division de 34.800.000 par 725.000. En effet, la suppression de trois zéro sur la droite du dividende et du diviseur, les a rendus chacun 1000 fois plus petit; donc le quotient n'a pas changé de valeur. (N.os 259 et 260).

Exemple. II.e On démontrera de la même manière que le quotient de 30.491.640.000 divisé par 62.740.000 est égal à celui de 3.049.164 par 6274, c'est-à-dire, égal à 486.

298. Méthode. Si le diviseur est suivi de plus de zéro que le dividende, il faut *supprimer, sur la droite de chacun d'eux, autant de zéro qu'il y en a à la suite du dividende, et alors l'opération est ramenée à la division d'un nombre quelconque par un nombre suivi d'un ou de plusieurs zéro.* (N.° 295).

Exemple. On ramène la division de 1.755.000 par 4.500.000, à celle de 1755 par 4500; puis à celle de 1755 par 45, qui donne 39 pour quotient, et par conséquent 0,39 pour le quotient définitif de 1.755.000 par 4.500.000.

La démonstration de cette méthode n'est que la réunion des démonstrations des méthodes exposées aux n.ºs 295 et 297.

Autre Démonstration. La suppression de trois zéro sur la droite de 1.755.000, correspond à la division de ce nombre par 1000; d'un autre côté, on a divisé le premier quotient 1755 par 45; et enfin, en séparant deux chiffres sur la droite du second quotient 39, on l'a divisé par 100; donc le quotient final 0,39, est celui de la division du dividende proposé 1.755.000 par 1000 × 45 × 100, ou par 4.500.000. (N.° 289).

299. Méthode. Pour diviser un nombre par 2, par 3, par 4, etc., et en général, par tous les nombres jusqu'à 12 inclusivement, il faut *prendre la moitié, le tiers, le quart, etc., et, en général, une partie du dividende désignée par le diviseur.*

Ier Exemple. Soit 5.850.171 à diviser par 9?

$$5850171 \ldots \text{ Dividende.}$$
$$650019 \ldots \text{ Quotient.}$$

On dira: le neuvième de 58 est 6, pour 54, reste 4, qui valent 40, et 5 font 45; le neuvième de 45 est 5 exactement; le neuvième de 0 est 0; le neuvième de 1, n'est pas un nombre entier, et on écrit 0 au quotient, reste 1 qui vaut 10, et 7 font 17; le neuvième de 17 est 1 pour 9, reste 8 qui valent 80, et 1 font 81, dont le neuvième est 9 exactement; en sorte qu'on a 650.019 pour le quotient exact de 5.850.171 par 9.

II° Exemple. Soit encore 31.261.127 à diviser par 12?

$$31261127 \ldots \text{ Dividende.}$$
$$2605093 \ldots \text{ Quotient.}$$
$$11 \ldots \text{ Reste.}$$

On dira de même: le douzième de 31 est 2 pour 24, reste 7, qui valent 70, et 2 font 72; le douzième de 72 est 6 exactement; le douzième de 6 n'est pas un nombre entier, et l'on met 0 au quotient, reste 6, qui valent 60, et 1 font 61; le douzième de 61 est 5, pour 60, reste 1, qui vaut 10, et 1 font 11, dont le douzième n'est pas un nombre entier, raison pour laquelle on écrit 0 au quotient; il reste donc 11, qui valent 110, et 2 font 112; le douzième de 112 est 9 pour 108, reste 4, qui valent 40, et 7 font 47; le douzième de 47 est 3, pour 36, reste 11. On a donc 2.605.093 pour le quotient cherché, et 11 pour reste.

Il est aisé d'apercevoir qu'au fond ce procédé revient aux méthodes des n°s 263 et 264, et que seulement il est plus expéditif.

(Voyez les n°s 285, 286, et 287).

300. **Méthode.** Pour diviser par 5 un nombre terminé par un ou par plusieurs zéro, il suffit d'*effacer un o, et de multiplier le résultat par 2, ce sera le quotient demandé.*

Exemple. S'il s'agit de diviser 8700 par 5, on efface un o au dividende, et l'on double le nombre 870 qui en résulte, ce qui donne 1740 pour le quotient cherché.

Démonstration. Car, en supprimant un o au dividende, on a divisé par 10, ou par un nombre 2 fois trop grand ; le premier quotient 870 est donc au contraire 2 fois trop petit; il faut donc, pour le ramener à sa juste valeur, le rendre 2 fois plus grand. (N° 258).

301. **Méthode.** De même, pour diviser un nombre terminé par des o, par 25, 125, 625, etc., il suffit d'*effacer* 2, 3, 4, *etc., zéro sur la droite du dividende, et de multiplier le résultat par* 4, *par* 8, *par* 16, *etc., le produit sera le quotient cherché.*

Cette méthode se démontre d'une manière analogue à celle qu'on vient d'indiquer.

DE LA DIVISION DES PARTIES DÉCIMALES.

302. Il y a trois cas principaux dans la division des fractions décimales, selon que le diviseur contient autant, ou plus, ou moins de chiffres décimaux que le dividende.

303. **Méthode.** Lorsque le dividende et le diviseur renferment le même nombre de chiffres décimaux, il faut *opérer sans faire attention à la virgule, et il n'y a rien à changer au quotient.*

Exemple. Pour diviser 9046,0788 par 3,7598, on supprime la virgule, et l'opération se réduit à diviser 90.460.788 par 37598, ce qui donne 2406 pour quotient, auquel il n'y a rien à changer.

Démonstration. Car, en supprimant la virgule dans le dividende et dans le diviseur, qui contiennent chacun quatre chiffres décimaux, on les rend chacun 10.000 fois plus grand ; le quotient ne change donc pas de valeur ; il n'y a donc rien à changer à ce quotient 2406. (N°^{os} 99, 259 et 260).

304. **Autres Exemples.** On prouvera de la même manière que 0,7719 : 0,2573 = 3 ;..... 0,57981 : 0,00251 = 231 ;........ 122,36 : 0,28 = 437 ;..... 1569,132 : 9,018 = 174.

(Voyez le n° 281).

305. **Méthode.** S'il y a plus de décimales au diviseur qu'au dividende, il faut *les compléter dans celui-ci par des zéro, et alors l'opération revient à la division de deux nombres qui contiennent autant de décimales l'un que l'autre.*

Exemple. Ier Soit proposé de diviser 18,2 par 0,728, on écrit deux zéro à la droite du dividende, et alors on a 18,200 à diviser par 0,728, ou 18200 par 728, ce qui donne 25 pour le véritable quotient de 18,2 par 0,728.

DÉMONSTRATION. En effet, en écrivant deux zéro à la suite du nombre décimal, 18,2, on n'a pas changé sa valeur; ainsi, le quotient de 18,2 par 0,728 est le même que celui de 18,200 par 0,728; mais ce dernier quotient est le même que celui de 18200 par 728, puisque le dividende et le diviseur renferment autant de décimales l'un que l'autre; donc 25 est le quotient de la division de 18,2 par 0,728. (N°s 102 et 303).

EXEMPLE IIe. Pour diviser 4 par 0,0625, on écrira quatre zéro à la droite du nombre entier 4, on effacera la virgule du diviseur, et l'on aura 40.000 à diviser par 625; le quotient 64, sera également celui de 4 divisé par 0,0625.

DÉMONSTRATION. Car, en écrivant quatre zéro à la droite du dividende 4, on le rend 10.000 fois plus grand; en effaçant la virgule du diviseur 0,0625, qui contient quatre décimales, on le rend aussi 10.000 fois plus grand; le quotient n'a donc pas changé de valeur. (N°s 92, 99, 259, et 260).

306. AUTRES EXEMPLES. 0,81 : 0,0027 = 300; ....
273,39 : 0,2804 = 975; .... 29552,6 : 3,0704 = 9625; ....
47 : 0,376 = 125; .... 134 : 2,68 = 50.

Voyez le n° 281).

307. MÉTHODE. Lorsqu'il y a plus de décimales au dividende qu'au diviseur, au lieu de les compléter dans celui-ci, il est plus expéditif de *faire l'opération sans avoir égard à la virgule, et de séparer, sur la droite du quotient, autant de chiffres qu'il y a de décimales de plus au dividende qu'au diviseur.*

EXEMPLE. Ier Pour diviser 5,184 par 1,6, on efface la virgule, et l'on a 5184 à diviser par 16, ce qui donne 324 pour quotient, sur la droite duquel on sépare deux chiffres, parce qu'il y a deux décimales de plus au dividende qu'au diviseur, en sorte que 3,24 est le véritable quotient de 5,184 par 16.

DÉMONSTRATION. En effet, le diviseur multiplié par le quotient doit reproduire le dividende; il faut donc qu'il y ait deux décimales au quotient, afin que multipliant le diviseur, qui n'en contient qu'une, par le quotient, qui en renfermera deux, on reproduise le dividende qui en a trois. (N°s 211 et 277).

DÉMONSTRATION GÉNÉRALE. Puisque, d'un côté, le diviseur multiplié par le quotient doit reproduire le dividende; et que, d'un autre côté, le produit contient autant de décimales qu'il y en a dans les deux facteurs, il s'ensuit que le quotient doit renfermer autant de décimales qu'il y en a de plus au dividende qu'au diviseur.

EXEMPLE IIe Soit 16,284 à diviser par 59; on divise 16284 par

69, et, sur la droite du quotient 276, on sépare trois chiffres, puisqu'il y a trois décimales au dividende et qu'il n'y en a point au diviseur, et l'on obtient 0,276 pour le quotient de 16,284 par 59.

EXEMPLE IIIᵉ. Soit encore 0,0000595 à diviser par 0,035? Après avoir effacé la virgule, l'opération se réduit à diviser 595 par 35, ce qui donne 17 pour quotient, sur la droite duquel on sépare quatre chiffres; on a à ce moyen 0,0017 pour le quotient de 0,0000595 par 0,035. (Nᵒ 281).

Ces deux exemples se démontreront comme le premier.

308. AUTRES EXEMPLES. 0,0187266 : 0,059 = 0,3174 ;.........
1,3316485 : 0,020905 = 63,7 ;............4,2584805 : 47,65 =
0,03937 ;...................0,16512 : 34,4 = 0,0048 ;..............
0,03365008 : 43 = 0,00078256.

309. MÉTHODE. Pour diviser un nombre décimal par 10, par 100, etc., et, en général, par l'unité suivie d'un ou de plusieurs zéro, il suffit *d'avancer la virgule d'autant de places vers la gauche, qu'il y a de zéro à la suite de l'unité, et le nouveau nombre, ainsi formé, sera le quotient.*

EXEMPLE. Le quotient de 6958,02 divisé par 1000, sera 6,95802.

DÉMONSTRATION. Car, en avançant la virgule de trois rangs vers la gauche, on rend 1000 fois plus petit le dividende proposé; on obtient donc le quotient de ce nombre par 1000. (Nᵒˢ 96, 285, 286 et 287).

310. AUTRES EXEMPLES. 48,57 : 100 = 0,4857 ;...................
2138,65 : 1.000.000 = 0,002138 ;... 0,07082 : 10 = 0,007082 ;...
0,3 : 100.000 = 0,000003.

311. MÉTHODE. Pour diviser un nombre décimal par un nombre suivi d'un ou de plusieurs zéro, il faut *diviser d'abord par la partie significative du diviseur, et, dans le premier quotient, avancer la virgule d'autant de places vers la gauche qu'il y a de zéro à la droite du diviseur.*

EXEMPLE. Pour diviser 3792,6 par 602.000, on divise d'abord par 602; le quotient est 6,3. Dans ce premier quotient on avance la virgule de trois places vers la gauche, et l'on a 0,0063 pour le quotient définitif cherché.

DÉMONSTRATION. Car on a divisé 3792,6 par 602, et le premier quotient par 1000; le nombre 0,0063, ainsi calculé, est donc le quotient du dividende primitif par 602.000. (Nᵒˢ 96 et 288).

312. AUTRES EXEMPLES. 235,00423 : 500.009.000 =
0,00000047 ;.........4556585,46 : 695.800 = 6,5487 ;...........
6247,4 : 188.000 = 0,3323 ;.........0,192198578 : 21.890.000 =
0,000000008782.

7

DE L'APPROXIMATION DES QUOTIENS PAR LE
MOYENS DES PARTIES DÉCIMALES.

313. En général, la division laisse un reste, et, en opérant, selon les méthodes des n°ˢ 263 et 264, on n'obtient que le quotient en nombre entier, ou approché seulement à moins d'une unité près ; mais comme il peut être souvent nécessaire d'avoir un résultat beaucoup plus approximatif, on a introduit un procédé d'après lequel on peut calculer un quotient de telle sorte qu'il ne diffère pas du véritable d'une partie décimale d'un ordre désigné. (N°ˢ 218, 253, 254 et 273).

314. Méthode. Pour approcher du quotient à moins d'un dixième, d'un centième, etc., et, en général, à moins d'une partie décimale quelconque, il faut *écrire à la suite du reste autant de zéro qu'on veut avoir de décimales au quotient ; continuer la division comme à l'ordinaire, et séparer, sur la droite du quotient, autant de chiffres qu'on a écrit de zéro à la suite du reste.*

Exemple. Diviser 4.456.328 par 6875, et approcher du quotient à moins d'un centième près ?

$$\begin{array}{r|l} 4\,4\,5\,6\,3\,2\,8 & 6\,8\,7\,5 \\ \cline{2-2} & 6\,4\,8,1\,9 \end{array}$$

Reste de la première division........ 1 3 2 8

Reste réduit en centièmes........... 1 3 2 8 0 0 centièmes.

        6 8 7 5

        6 4 0 5 0

        6 1 8 7 5

Reste de la 2ᵉ division et qu'on néglige.   2 1 7 5 centièmes.

On divise d'abord 4.456.328 par 6875, et l'on trouve 648 pour le quotient en nombre entier, et 1328 pour reste. Afin d'obtenir des centièmes au quotient, c'est-à-dire, deux décimales, on écrit deux zéro à la droite du reste, ce qui donne pour nouveau dividende 132.800. On continue la division, et, sur la droite du quotient 64819, on sépare deux chiffres, en sorte qu'on a 648,19 pour le quotient des deux nombres proposés, approché du véritable à moins d'un centième près.

Démonstration. 1° Il faut séparer deux chiffres sur la droite du quotient ; car, en écrivant deux zéro à la suite du reste 1328 (ou, ce qui revient au même, à la droite du dividende, pour les abaisser ensuite), on rend le dividende 100 fois trop grand ; le quotient 64819 est donc aussi 100 fois trop grand ; il faut donc le rendre 100 fois plus petit, ou séparer sur sa droite deux chiffres, c'est-à-dire, autant qu'on a écrit de zéro à la suite du reste. (N°ˢ 92, 98 et 257).

2° Ce quotient 648,19 est approché du véritable à moins d'un centième près; car on ne pourrait pas y mettre 20 au lieu de 19, puisque le dernier reste 2175 (considéré comme un nombre entier) est plus petit que le diviseur 6875; donc le quotient 648,19 ne diffère pas du quotient rigoureux d'un centième; il en est donc approché à moins d'un centième. (N° 218).

315. REMARQUE Iʳᵉ. Il est évident que le reste de la seconde opération n'est que 2175 centièmes; car le reste de la première a été réduit en centièmes, lorsqu'on a mis deux zéro à sa droite; donc le nouveau dividende est réellement 132.800 centièmes; donc le reste de la nouvelle division est nécessairement aussi un nombre de centièmes. (N°ˢ 69, 247 et Ax. VI).

Si l'on veut compléter le quotient 648,19, il faudra écrire $648;19 + \frac{2175}{6875}$, et ne pas perdre de vue que l'expression $\frac{2175}{6875}$ se rapporte au centième, ou qu'elle signifie qu'il reste 2175 centièmes à diviser par 6875. (N°ˢ 253, 254 et 274).

En général, le reste représentera toujours des parties décimales de l'ordre auquel on a borné l'approximation; et ce reste devrait encore être divisé par le diviseur pour compléter le quotient.

316. REMARQUE IIᵉ. Les méthodes des n°ˢ 295, 298, 307 et 311 fournissent immédiatement un degré d'approximation presque toujours plus que suffisant dans la pratique.

Ainsi le quotient de 1.576.953 par 433.500 est 3,63, à moins d'un centième, et il reste 3348 centièmes à diviser par 4335, pour compléter le quotient. (N° 295).

Le quotient de 3.075.698.400 par 2.345.900.000 est 1,311, à moins d'un millième, avec un reste 2235 millièmes à diviser par 23459, etc. (N° 298).

Le quotient de 818974,55623 divisé par 7652 est 107,02751, à moins d'un centmillième; le reste est 4971 centmillièmes à diviser par 7652, etc. (N° 307).

Le quotient de 1293000,47 par 1.239.900 est 1,0428, à moins d'un dimillième, et il reste 3275 dimillièmes à diviser par 12399, etc. (N° 311).

317. REMARQUE IIIᵉ. Les méthodes des n°ˢ 290, 292, 293, 300, 301, et 309 donnent des quotiens exacts, lesquels sont ou des nombres entiers, ou des nombres décimaux. (N°ˢ 251 et 252).

318. REMARQUE IVᵉ. Enfin les méthodes des n°ˢ 297, 299, 303 et 305 rentrent dans la généralité de celles des n°ˢ 263 et 264; ainsi, dans les opérations qui s'y rapportent, on n'obtient un quotient approché à moins d'une partie décimale de tel ou tel ordre, qu'autant qu'on fait usage du procédé du n° 313.

USAGES DE LA DIVISION.

319. Tantôt le diviseur est de même espèce que le dividende; tantôt c'est le quotient; quelquefois enfin le dividende, le diviseur et le quotient sont tous trois de même espèce.

320. *Quand le diviseur est de même espèce que le dividende, et que le quotient est d'espèce différente, celui-ci peut être considéré comme un nombre abstrait, désignant combien de fois le diviseur est contenu dans le dividende.*

Qu'on demande, par exemple, combien on aurait de kilogrammes de sucre pour 81 francs, si le kilogramme coûtait 3 francs?

Il est clair qu'autant de fois 3 francs, prix du kilogramme, seront contenus dans 81 francs, autant on aura de kilogrammes de sucre pour cette dernière somme. Le quotient 27, qui répond à la question proposée, et qui, par conséquent, représente 27 kilogrammes de sucre, peut encore être considéré comme un nombre abstrait, indiquant que le prix d'un kilogramme de sucre est contenu 27 fois dans la somme qu'on destine à l'achat de cette marchandise.

321. *Lorsque le dividende et le quotient sont de même espèce, et que le diviseur est d'espèce différente, ce dernier peut être considéré comme un nombre abstrait qui marque en combien de parties égales il faut partager le dividende.*

· Par exemple, si l'on propose de distribuer également une somme de 450 francs entre 9 personnes, et de déterminer la part de chacune d'elles?

Il est évident que chaque personne obtiendra la neuvième partie des 450 francs destinés aux 9 personnes; il faut donc diviser 450 francs par le nombre abstrait 9, et le quotient 50 francs sera la part de chacune d'elles. (N°⁵ 285, 286 et 287).

322. *Quand le dividende, le diviseur et le quotient sont de même espèce, le quotient ou le diviseur peut être considéré comme un nombre abstrait.*

EXEMPLE Ier. Une somme inconnue a rapporté, dans un an, 297 francs de rente; et l'intérêt de chaque franc a été de 0,06 centimes: quelle est cette somme?

On conçoit aisément qu'autant de fois l'intérêt d'un franc sera contenu dans l'intérêt total, autant il y a de francs dans la somme prêtée à rente. Il faut donc chercher combien de fois 0,06 centimes sont contenus dans 297 francs; le quotient est 4950. (N° 311).

Le quotient 4950, considéré comme indiquant ce nombre de fois, est un nombre abstrait, tandis qu'à l'égard de la question proposée, ce quotient exprime un prêt de 4950 francs.

EXEMPLE IIe. Un somme de 6273 francs a produit une rente annuelle de 313^f,65^c : combien chaque franc a-t-il rapporté d'intérêt ?

Chaque franc ayant rapporté un intérêt 6273 fois plus petit que l'intérêt de 6273 fr. , il s'ensuit qu'en divisant 313^f,65^c par 6273 , considéré comme un nombre abstrait , on aura au quotient l'intérêt d'un franc. Cet intérêt sera donc 0,05 centimes. (N° 307).

323. Ce n'est que dans le cas où le dividende et le diviseur sont de même espèce , que le résultat de la division est justement appelé *quotient* , du mot latin *quoties* (combien de fois) ; mais lorsque le diviseur n'est pas de même espèce que le dividende , on ne peut pas dire qu'on cherche combien il y est contenu de fois ; le résultat de la division n'est donc pas alors un *quotient* , dans la signification rigoureuse de ce mot ; ce n'est qu'une partie du dividende indiquée par le diviseur. Du reste , cette observation ne peut s'appliquer qu'aux nombres concrets (N°s 24 et 25).

324. La division a plusieurs usages dont on va examiner les principaux.

Elle sert :

325. *A partager un nombre donné en autant de parties égales qu'on voudra.*

1er EXEMPLE. 59 ouvriers doivent travailler également , et faire entre eux 1652 toises d'un certain ouvrage : combien chaque ouvrier doit-il en faire ? *Réponse* , 28 toises.

Il est clair que chaque ouvrier doit faire la cinquante-neuvième partie de ce que doivent faire les 59 ouvriers ; il faut donc diviser 1652 toises par 59 , et le quotient 28 toises satisfera à la question proposée. (N° 321).

IIe EXEMPLE. Un impôt de 239656^f,30^c est établi sur 26 communes , entre lesquelles la répartition doit se faire également : quelle est la contribution de chacune de ces communes ? *Réponse* , 9217^f,55^c.

C'est évidemment la vingt-sixième partie de l'impôt total , ou le quotient de 239656^f,30^c par 26. (N°s 285 , 286 , 287 , 307 , et 321).

326. *A prendre une partie déterminée d'un nombre donné.*

EXEMPLE. Une maison de commerce alloue à un commis voyageur la trente-deuxième partie des recettes qu'il fera pour elle : combien revient-il à ce commis sur 17224 francs qu'il a touchés pour le compte de cette maison ? *Réponse* , 538^f,25^c.

C'est le quotient de 17224 francs par 32. (N°s 285 , 286 , 287 , 314 et 321).

327. *A déterminer la grandeur correspondante à une seule unité , quand on connaît celle qui correspond à plusieurs unités de la même espèce.*

1er EXEMPLE. Une armée a fait 234 lieues dans 18 jours : quel chemin a-t-elle parcouru chaque jour ? *Réponse* , 13 lieues.

On connaît le chemin correspondant à 18 jours de marche, et l'on obtiendra celui qui correspond à un seul jour en divisant le premier par 18. (N° 321).

II° Exemple. On sait que 50 ducats *ad legem imperii* (*monnaie d'or de Hambourg*), valent 593 francs : combien vaut un de ces ducats? *Réponse*, 11^f,86^c.

C'est le quotient de 593^f par 50. (N°^{s} 295, 300, 314 et 321);

III° Exemple. Dans 2 jours, ou 48 heures, une fontaine fournit 816 mètres cubiques d'eau : combien en fournit-elle par heure? *Réponse*, 17 mètres cubiques.

C'est la quarante-huitième partie de 816 mètres cubiques. (N° 321).

IV° Exemple. L'expérience a prouvé que, sur une surface d'une toise carrée d'eau de la mer, il se fait, dans 12 heures, une évaporation de 518 pouces cubiques 4 dixièmes, ou 518 $^{po.\ cub.}$, 4 de cette eau : quelle est, pendant le même temps, l'évaporation sur une surface d'un pied carré? *Réponse*, 14 pouces cubiques 4 dixièmes d'eau.

Puisque la toise carrée contient 36 pieds carrés, il est clair qu'il suffit de diviser 518 $^{po.\ cub.}$, 4 par 36 pour avoir la quantité d'eau absorbée par l'évaporation sur une surface d'un pied carré. (N°^{s} 110, 307 et 321).

328. *A trouver le nombre des unités, quand on connaît la grandeur correspondante à plusieurs unités de même espèce et celle qui correspond à l'une d'elles.*

Ier Exemple. Le kilogramme d'or fin vaut 3444 fr., 4444 dimillièmes de franc : combien pourrait-on s'en procurer avec une somme de trois milliards? *Réponse*, 870967 kilogrammes 7531 dimillièmes, à moins d'un dimillième près.

Il est évident qu'autant de fois 3444^f,4444, prix d'un kilogramme d'or fin, seront contenus dans 3.000.000.000^f, autant de kilogrammes d'or fin on pourrait avoir avec cette dernière somme.

Il faut donc diviser 3.000.000.000 par 3444,4444, et le quotient satisfera à la question.

On effectue cette division en effaçant la virgule du diviseur et en mettant d'abord quatre zéro à la droite du dividende ; puis quatre autres zéro, afin d'approcher du quotient à moins d'un dimillième de kilogramme, c'est-à-dire, d'un décigramme.

(Voyez les n°^{s} 44, 74, 216, 218, 305, 313, 314 et 320).

II° Exemple. Sachant que le ducat de la ville de Hambourg vaut 11^f,76^c, on demande combien il faudrait de ces pièces d'or pour former une somme de 8820^f? *Réponse*, 750.

Un raisonnement analogue à celui de l'exemple précédent, conduira à diviser 8820^f par 11^f,76^c, si l'on veut résoudre la question proposée. (N°^{s} 305, 314 et 320).

IIIe Exemple. Un menuisier a un plancher à faire, qui a 12 mètres 9 décimètres de longueur, sur 10^m,4 de largeur; il veut employer des planches de 7^m,6 de long, sur 8 décimètres de large: combien lui en faudra-t-il? *Réponse*, 22 planches et 6 centièmes.

Il faut calculer la surface du plancher et celle d'une des planches. La première est égale à 12^m,9 $\times$ 10^m,4 = 134$^{m. c.}$,16$^{décim. car.}$ La surface de la planche est égale à 7^m,6 $\times$ 0^m,8 = ... 6$^{m. car.}$,08 = 6$^{m. c.}$, 8$^{décim. car.}$ (Voyez l'exemple Ier du n° 237).

Actuellement, la question proposée se réduit à celle-ci:

Combien faut-il de planches de 6$^{mèt. car.}$,08 de surface, pour couvrir un espace de 134$^{m. c.}$,16?

Il est clair qu'autant de fois la surface à couvrir contiendra la surface d'une des planches employées, autant il faudra de ces dernières pour la confection du plancher dont il s'agit. Il faut donc diviser 134,16 par 6,08, ce qui donne, à moins d'un centième, 22,06 au quotient; en sorte qu'il faut 22 planches et 6 centièmes à l'ouvrier, pour effectuer le travail proposé. (N°s 303, 314 et 320).

IVe Exemple. On sait que communément un décalitre de blé fournit 6 kilogrammes 68 décagrammes de pain: pour faire 8350 kilogrammes de ce comestible, combien faudrait-il de décalitres de blé? *Réponse*, 1250.

Autant de fois que 6$^{kilog.}$,68, quantité de pain fournie par un décalitre de blé, seront contenus dans 8350$^{kilog.}$, quantité de pain à confectionner, autant il faudra de décalitres de blé pour faire ces 8350$^{kilog.}$ de pain. Il faut donc diviser 8350$^{kilog.}$ par 6$^{kilog.}$,68, et le quotient 1250 sera le nombre de décalitres cherché. (N°s 305 et 320).

329. *A convertir les unités de sous-espèces de l'ancien ou du nouveau système des mesures, en unités de grandeur supérieure.*

330. Il est nécessaire d'expliquer les méthodes à suivre pour ces conversions.

331. Méthode. Pour convertir les unités de sous-espèces du nouveau système métrique, en unités de grandeur supérieure, il faut *séparer un certain nombre de chiffres sur la droite du nombre proposé*.

Ier Exemple. Si l'on avait 314.789 *milliares* à convertir en *hectares*, on séparerait cinq chiffres sur la droite du nombre 314.789, et l'on aurait 3 *hectares*, 14789 *centmillièmes d'hectare* ou .... 3$^{h. a}$,14789, pour la valeur de 314.789 *milliares*.

Démonstration. En effet, le *milliare* est 1000 fois plus petit que l'*are*, et l'*are* est 100 fois plus petit que l'*hectare*; le *milliare* est donc 100.000 fois plus petit que l'*hectare*; il faut donc diviser par 100.000 un nombre de *milliares* pour le convertir en *hectares*.

IIe Exemple. Si l'on avait 658 *dimilligrammes* à convertir en *myriagrammes*, il faudrait séparer huit chiffres, ce qui donnerait $0^{m.g.}$,0000658 de *myriagramme*, pour la valeur de 658 *dimilligrammes*.

DÉMONSTRATION. Car, puisqu'on veut rapporter la quantité proposée au *myriagramme*, comme unité principale, il faut rendre cette quantité 100.000.000 de fois plus petite, puisque le *myriagramme* est 100.000.000 de fois plus grand que le *dimilligramme*.

332. AUTRES EXEMPLES. Il est facile de démontrer les conversions suivantes : 497 *décalitres* $= 4^{l.l.}$,97, c'est-à-dire, 4 *kilolitres* 97 centièmes de *kilolitre*; ... 15728 *millimètres* $= 0^{mm.}$,0015728, ou 15728 *dimillionièmes de myriamètre*; .... 34 *dimilligrammes* $= 0^{hg.}$,000034, ou 34 *millionièmes d'hectogramme*; ... 249 *milliares* $= 2^{d.a.}$,49, ou 2 *déciares* 49 centièmes de *déciare*; ....
78 *hectolitres* $= 0^{my.l.}$,78, ou 78 centièmes de *myrialitre*; .....
et 40708 *dimillistères* $= 40^{c.s.}$,708, ou 40 centistères 708 *millièmes de centistère*.

333. A l'égard des conversions des mesures carrées et cubiques en mesures carrées et cubiques d'ordres supérieurs, voyez la remarque du n° 231.

334. MÉTHODE. Pour convertir les unités de sous-espèces de l'ancien système des mesures, en unités de grandeur supérieure, il faut *diviser le nombre des unités de sous-espèces par celui qui marque combien il faut d'unités de cette sous-espèce donnée pour composer l'unité supérieure que l'on considère.*

Ier EXEMPLE. La Seine parcourt un espace de 10800 ^{mètres} dans 18000 ^{secondes} : combien cela fait-il d'heures ? *Réponse*, 5 ^{heures}.

Pour convertir 18000 secondes en heures, on divise ce nombre par 3600, qui exprime combien il faut de secondes pour composer l'heure.

DÉMONSTRATION. Car, l'heure valant 3600 secondes, il s'ensuit qu'autant de fois 3600 secondes seront contenues dans 18000 secondes, autant il y aura d'heures dans ce dernier nombre. (N°s 118, 297 et 320).

IIe EXEMPLE. On sait que le pied cubique de bois de noisetier pèse 4776 ^{gros}; combien pèse-t-il de livres ? *Réponse*, 42 ^{livres}.

On divise 4776 par 128, parce que la livre vaut 128 ^{gros}. (N^s 116 et 320).

335. AUTRES EXEMPLES.

80 ^{francs} $= 19440$ ^{deniers} $= 81$ $^{livres\ tournois}$ (N° 117).

9 ^{millimètres} $= 48$ ^{points} $= 4$ ^{lignes} (N° 107).

19 ^{centimètres} $= 84$ ^{lignes} $= 7$ ^{pouces} (N° 107).

13 ^{décimètres} $= 576$ ^{lignes} $= 4$ ^{pieds} (N° 107).

7 ^{mètres} $= 3366$ ^{lignes} $= 39$ ^{toises} (N° 107).

24 ^{hectares} $= 2.274.800$ $^{pieds\ carrés}$ $= 47$ ^{arpens} (E. et For., N° 110).

$40^{\text{hectares}} = 3.790.800^{\text{pieds carrés}} = 117^{\text{arpens}}$ (de Paris , n° 110).

$19^{\text{mètres carrés}} = 180^{\text{pieds carrés}} = 5^{\text{toises carrées}}$ (N° 110).

$82^{\text{litres}} = 176^{\text{chopines}} = 11^{\text{veltes}}$ (de Paris , N° 114).

$72^{\text{litres}} = 58^{\text{chopines}} = 29^{\text{pintes}}$ (de Paris , n° 114).

$118^{\text{kilolitres}} = 9072^{\text{boisseaux}} = 63^{\text{muids}}$ (de Paris , n° 115).

$25^{\text{hectolitres}} = 192^{\text{boisseaux}} = 16^{\text{set'ers}}$ (de Paris , n° 115).

$13^{\text{décalitres}} = 160^{\text{litrons}} = 10^{\text{boisseaux}}$ (de Paris , N° 115).

$74^{\text{stères}} = 2160^{\text{pieds cubiques}} = 10^{\text{toises cub.}}$ (N° 111).

$96^{\text{stères}} = 2800^{\text{pieds cub.}} = 25^{\text{cordes}}$ (eaux et forêts , n° 113).

$36^{\text{décistères}} = 105^{\text{pieds cub.}} = 35^{\text{solives}}$ (N° 112).

$70^{\text{kilogrammes}} = 2288^{\text{onces}} = 143^{\text{livres}}$ (N° 116).

$11^{\text{hectogrammes}} = 864^{\text{deniers}} = 36^{\text{onces}}$ (N° 116).

$13^{\text{décagrammes}} = 2448^{\text{grains}} = 34^{\text{gros}}$ (N° 116).

$14^{\text{grammes}} = 264^{\text{grains}} = 11^{\text{deniers}}$ (N° 116).

$8^{\text{décigrammes}} = 360^{\text{primes}} = 15^{\text{grains}}$ (N° 116).

336. MÉTHODE. Pour transformer un nombre d'unités de sous-espèce des anciennes mesures, en nombre complexe, il faut *convertir d'abord les unités de sous-espèce en unités de la plus forte grandeur qu'il puisse renfermer; convertir le reste en unités de la grandeur immédiatement inférieure à celle des unités principales qu'on vient d'obtenir, si ce reste en est susceptible; sinon, en unités de la grandeur inférieure suivante; et continuer le même procédé jusqu'à ce qu'il n'y ait plus de reste, ou jusqu'à ce qu'on parvienne à un reste plus petit que toute unité possible supérieure dans le même genre de mesures.*

Ier EXEMPLE. Un boulet de canon parcourt 195.936^{lgnes} dans une seconde: à quel nombre complexe cela correspond-il ? *Réponse,* à $226^{\text{toises}} \ 4^{\text{pieds}} \ 8^{\text{pouces}}$,

195936^{lgnes}	$\dfrac{864}{226^{\text{toises.}}}$
Reste de la première division...... 672^{lignes}	$\dfrac{144}{4^{\text{pieds.}}}$
Reste de la deuxième division...... 96^{lignes}	$\dfrac{12}{8^{\text{pouces,}}}$
Dernier reste........ 0	

On divise les 195.936^{lgnes} par 864, et l'on obtient 226^{toises} au quotient, et 672^{lignes} pour reste.

On divise ce premier reste par 144, et l'on a 4^{pieds} au quotient, et un reste de 96^{lignes}.

Enfin on divise ce second reste par 12, ce qui donne 8^{pouces} exactement.

En sorte que 195.936^{lignes} valent 226^{toises} 4^{pieds} 8^{pouces}.

La démonstration de ce procédé est analogue à celle de la méthode du n° 334. (Voyez les n°s 107 et 320).

IIe EXEMPLE. Le pied cubique de bois de cerisier pèse 461.261^{grains} : par quel nombre complexe ce poids est-il exprimé? *Réponse*, par 50^{livres} 6^{gros} 1^{denier} 5^{grains}.

$$
\begin{array}{c|l}
461261^{\text{grains}} & \underline{9216} \\
 & 50^{\text{livres}} \\[4pt]
\text{Reste de la première division} \ldots\ldots\ldots\ldots\ldots\ldots\ldots 461^{\text{grains}} & \underline{576} \\
 & 0^{\text{once}} \\[4pt]
\text{Reste de la deuxième division} \ldots\ldots\ldots\ldots\ldots 461^{\text{grains}} & \underline{72} \\
 & 6^{\text{gros}} \\[4pt]
\text{Reste de la troisième division} \ldots\ldots\ldots\ldots\ldots 29^{\text{grains}} & \underline{24} \\
 & 1^{\text{denier}} \\[4pt]
\text{Dernier reste} \ldots\ldots\ldots\ldots\ldots\ldots 5^{\text{grains}} &
\end{array}
$$

L'inspection du calcul suffit à son explication. On voit, d'un côté, qu'on ne saurait pousser plus loin la conversion du nombre proposé en nombre complexe, puisque, dans les mesures de poids, il n'y a pas d'unité de grandeur supérieure au grain et qui ne vaudrait que 5 de ces derniers; et, d'un autre côté, il est clair qu'on ne pourrait obtenir une unité supérieure à la livre, telle que le millier ou le quintal, puisque 461.261^{grains} ne valent pas un quintal. (N°s 116 et 320).

337. AUTRES EXEMPLES. Le temps de la révolution réelle de la Lune = 230.592^{secondes} = 27^{jours} 7^{heures} 43^{minutes} 12^{secondes} (n° 118). Le pied cubique de chêne pèse 754.790^{grains} = 81^{livres} 14^{onces} 3^{gros} 14^{grains} (n° 116).... La distance moyenne de la Lune à la Terre est de 1.156.334.230^{pieds} = 192.722.371^{toises} 4^{pieds} = encore à 84515^{lieues} (de 25 au degré, n°s 107 et 109).... L'aune de Paris valait 6322^{points} = 3^{pieds} 7^{pouces} 10^{lignes} 10^{points} (n° 108).... Le kilolitre ou muid nouveau = 1230^{litrons} = 6^{setiers} 4^{boisseaux} 14^{litrons} n°s 115 et 143).... L'hectolitre ou le setier nouveau = 123^{litrons} 7^{boisseaux} 11^{litrons} (n^{us} 115 et 143)........ Le quintal nouveau = 1.882.715^{grains} = 204^{livres} 4^{onces} 4^{gros} 2^{deniers} 11^{grains} (n°s 116 et 143)....... 99^{francs} = 24057^{deniers} = 100$^{\#}$ 4^{s} 9^{d}. (N° 117).

338. Remarque. On voit que la conversion des unités de sous-espèces en unités de grandeur supérieure, n'est autre chose que celui des usages de la division dont il est traité au n° 328.

QUESTIONS RELATIVES A LA DIVISION.

33g. On laisse au lecteur le soin de trouver les réponses aux questions suivantes.

I. *On doit distribuer également à 85 pauvres* 391.674^{grammes} *de pain : combien revient-il à chacun ?*

II. *Un homme de confiance s'est chargé de faire la vendange d'un particulier, à condition que celui-ci lui abandonnerait le huitième du produit qui s'élève à* 632.864 *litres de vin : combien de litres doit obtenir l'homme de confiance ?*

III. *La vitesse d'un bon cheval de cabriolet est de* 3600 ^{mètres} *par heure : quelle est-elle par minute ?*

IV. *La distance moyenne de la Terre au Soleil est de* 34.761.680 ^{lieues} (*de* 25 *au degré, n°* 109); *la lumière arrive de cet astre jusqu'à nous dans* 8 ^{minutes} : *combien de lieues parcourt-elle par seconde ?*

V. *Connaissant* (question IX, n° 238) *les temps des révolutions des planètes, et sachant d'ailleurs que l'étendue de leurs révolutions autour du Soleil est exprimée en lieues* (*de* 25 *au degré*) *par les nombres suivans : Mercure,* 84.582.117 ; *Vénus,* 158.049.043 ; *la Terre,* 218.501.984 ; *Mars,* 332.929.293 ; *Jupiter,* 1.130.167.039 ; *Saturne,* 2.083.898.519 ; *Herschell,* 4.169.411.242 : *on demande combien chacune de ces planètes parcourt de lieues dans une seconde ?*

VI. *Un volume* in-octavo *contient* 496 *pages d'impression ; de combien de feuilles est-il composé ?*
(Voyez la question I du n° 238).

VII. *On sait que le kilogramme d'argent fin vaut* .... 222 ^{francs},2222 ^{dimillièmes} : *combien pourrait-on avoir de kilogrammes de cet argent pour* 100.000 ^{francs} ?

VIII. *Le poids d'un pied cubique des bois ci-après détaillés, est exprimé en grains par les nombres suivans : liége* (écorce du), 154.829 ; *peuplier,* 247.081 ; *saule,* 377.395 ; *noyer* (de France), 432.876 ; *érable,* 487.066 ; *kinkina* (écorce du), 505.764 ; *hêtre,* 549.642 ; *buis* (de France), 588.349 ; *vigne,* 856.074 ; *ébénier* (d'Amérique), 858.655 ; *cèdre* (de Palestine), 395.459 ; *cèdre* (des Indes), 848.333 : *on propose de convertir ces nombres de grains en nombres complexes ?*

QUESTIONS RELATIVES A LA DIVISION COMBINÉE AVEC UNE OU PLUSIEURS DES TROIS PREMIÈRES OPÉRATIONS FONDAMENTALES DE L'ARITHMÉTIQUE.

340. Pour faciliter au lecteur la solution des questions suivantes, on les accompagnera de quelques explications.

I. *Si* 80 *francs produisent* $2^f,70^c$ *d'intérêt, pendant un certain temps, combien produiront* 112^f, *dans le même temps ?* Réponse, $3^f,78^c$.

En divisant $2^f,70$ par 80, on obtient $0^f,03375$ pour l'intérêt d'un franc, lequel étant multiplié par 112, donne évidemment l'intérêt de 112 francs.

(Voyez les n°s 103, 211, 216, 226, 298, 299, 307, 314 et 327).

II. *En supposant que* 100 *francs rapportent* $1^f,95^c$ *d'intérêt, dans* 5^{mois}, *quel sera l'intérêt de* 56921^{francs} *pendant* 19^{mois} ? Réponse, $4217^f,85^{centimes}$.

Il faut déterminer ce que 1^{franc} produit de rente dans 1^{mois}.

En divisant $1^f,95^c$ par 100, on aura l'intérêt de 1^f pendant 5^{mois}; c'est $0^f,0195$. En divisant cet intérêt par 5, on aura celui de 1^{franc} pendant 1^{mois}, lequel est $0^f,0039$.

Actuellement, en multipliant $0^f,0039$ par 19, on aura $0^f,0741$ pour l'intérêt de 1^f pendant 19^{mois}, et si l'on multiplie $0^f,0741$ par 56921, on trouvera évidemment l'intérêt de 56921^f pendant 19^{mois}.

(Voyez les n°s 211, 226, 229, 307, 309 et 327).

III. *On suppose que* 18^f *donnent* $0^f,45^c$ *d'intérêt, dans* 5^{mois}, *et l'on demande quel serait le capital qui pourrait produire, au même taux, une rente de* $321^f,42^c$ *pendant* 33^{mois} ? Réponse, 1948^f.

Il faut calculer d'abord l'intérêt de 1^f pendant 1^{mois}, et ensuite pendant 33^{mois}.

Le quotient de $0^f,45^c$ par 18, ou $0^f,025$, sera l'intérêt de 1^f pour 5^{mois}, et par conséquent $0^f,005$ celui de 1^f dans 1^{mois}, lequel, multiplié par 33, c'est-à-dire, $0^f,165$, sera l'intérêt de 1^f pendant 33^{mois}.

Autant de fois $0^f,165$, intérêt de 1^f pendant 33^{mois}, seront contenus dans $321^f,42^c$, intérêt du capital cherché, pendant le même temps, autant il y a de francs dans ce capital; il faut donc diviser $321^f,42^c$ par $0^f,165$.

(Voyez les n°s 211, 299, 305, 322, 326, 327 et 328).

IV. *Si* 47^f *produisent, dans* 2^{mois}, *une rente de* $0^f,375$, *dans combien de temps un capital de* $452^f,29^c$, *pourra-t-il rapporter* $89^f,15^c$ *d'intérêt ?* Réponse, $4^{ans} 2^{mois}$.

Il est nécessaire de trouver l'intérêt de 1^f pendant 1^{mois}, puis celui de $452^f,29^c$, dans le même temps.

Le quotient de $0^f,375$ par 47, sera l'intérêt de 1^f pendant 2^{mois}; la moitié de ce quotient $0^f,0079$, c'est-à-dire, $0^f,0039$, sera l'intérêt de 1^{mois}, lequel, étant multiplié par $452^f,29^c$, donnera $1^f,76^c$ pour celui de $452^f,29^c$ pendant 1^{mois}.

À présent il est clair qu'autant de fois $1^f,76^c$, intérêt de 1^{mois} du capital $452^f,29^c$, seront contenus dans $89^f,15^c$, intérêt total de ce capital, autant de mois il a fallu pour produire cet intérêt; il faut donc diviser $89^f,15^c$ par $1^f,76^c$. Le quotient est 50, qu'il faut considérer comme exprimant des mois.

(Voyez les n°s 211, 299, 303, 307, 314 et 328).

V. *73 aunes de drap ont coûté* $2660^f,85^c$: *combien coûteront* 29 *aunes du même drap* ? Réponse, $1057^f,05^c$.

1^{aune} coûtera la 73e partie de $2660^f,85^c$, ou $36^f,45^c$; donc 29^{aunes} coûteront 29 fois $36^f,45^c$, ou $1057^f,05^c$.

(Voyez les n°s 211, 226, 307 et 327).

VI. *Si* 31 *ouvriers font* 589^{toises} *d'un certain ouvrage*, *dans un certain temps*, *combien* 100 *ouvriers feront-ils de toises de ce même ouvrage*, *dans le même temps* (toutes circonstances égales d'ailleurs)? *Réponse*, 1900^{toises}.

Un ouvrier fera la 31e partie de l'ouvrage que font 31 ouvriers : et 100 ouvriers feront 100 fois plus d'ouvrage qu'un seul; il faut donc diviser 589^{toises} par 31, et multiplier le quotient par 100.

(Voyez les n°s 192, 226 et 327).

VII. *Il y a assez de vivres*, *dans une ville assiégée*, *pour alimenter*, *pendant* 6^{mois}, *une garnison de* 4807 *hommes* : *à combien faut-il réduire cette garnison pour qu'elle puisse subsister pendant* 11^{mois}, *que doit durer le blocus de la place*? Réponse, à 2621 hommes.

Si le blocus ne devait durer que 1^{mois} au lieu de 6, on pourrait rendre la garnison 6 fois plus forte, ou la composer de 28842 hommes; mais, puisqu'il doit se prolonger pendant 11^{mois}, il faut la rendre 11 fois plus petite qu'elle ne pourrait l'être pendant 1^{mois}; il faut donc, en tout, multiplier la garnison actuelle 4807 hommes par 6, et diviser le produit par 11.

VIII. *Une garnison de* 4752 *hommes a de quoi subsister pendant un siége de* 23^{mois}; *si cette garnison est portée jusqu'à* 12144 *hommes*, *à combien se réduira le temps pendant lequel elle pourra soutenir le blocus*? Réponse, à 9^{mois}.

Puisqu'il y a des vivres pour 4752 hommes, pendant 23^{mois}, il y en a, pour un seul homme, pendant 4752 fois 23^{mois}, c'est-à-dire, pendant 109.296^{mois}; donc, pour 12144 hommes, il n'y en a que pendant la 12144e partie de 109.296^{mois}; la solution se réduit donc à multiplier 23^{mois} par 4752 et à diviser le produit par 12144.

IX. *Un courrier a fait* 152^{lieues}, *dans un certain temps*, *sur un chemin qui présentait* $11^{degrés}$ *de difficulté* : *combien sur une route qui aurait* $19^{degrés}$ *de difficulté*, *un autre courrier ferait-il de lieues*, *dans le même temps* (toutes circonstances égales d'ailleurs)? Réponse, 88 ^{lieues}.

S'il n'y avait qu'un seul degré de difficulté, au lieu de 11, le second courrier parcourrait un espace 11 fois plus grand que 152 ^{lieues}, c'est-à-dire, 1672 ^{lieues}; mais, sur une route qui offre 19 degrés de difficulté, il ne peut parcourir que la dix-neuvième partie de ce dernier espace; il faut donc, en tout, multiplier 152 ^{lieues} par 11 et diviser le produit par 19.

X. *140 ouvriers, en travaillant* 30 ^{jours} *et* 15 ^{heures} *par jour, ont creusé, dans le roc, un fossé de* 75 ^{mètres} *de long, sur 7 de large et 10 de profondeur: combien faut-il d'ouvriers, de la même force que les premiers, pour creuser, dans du roc aussi dur, un fossé de* 52 ^{mètres} *de long, sur 5 de large et 8 de profondeur, en supposant que cette seconde troupe d'ouvriers travaille pendant* 20 ^{jours} *et* 13 ^{heures} *par jour?* Réponse, 96 ouvriers.

Si les 140 ouvriers ne devaient travailler que pendant un seul jour, il en faudrait 30 fois plus, ou 4200; et si ces 4200 ouvriers, au lieu de travailler 15 ^{heures}, ne le faisaient que pendant une heure, il en faudrait encore 15 fois plus, c'est-à-dire, 63.000 ouvriers.

Mais si ces 63.000 ouvriers n'avaient à creuser qu'un fossé d'un mètre de long, il en faudrait 75 fois moins, ou 840 ouvriers. Ceux-ci pourraient, à leur tour, se réduire à un nombre 7 fois moindre, ou à 120 ouvriers, si le fossé à construire ne devait plus avoir qu'un mètre de large. Enfin la profondeur de ce fossé étant elle-même réduite encore à un mètre, il ne faudrait plus employer que le dixième de ces 120 ouvriers, c'est-à-dire, 12 ouvriers pour cette confection.

Ainsi la première partie de la question proposée revient à 12 ouvriers qui, en travaillant pendant 1 ^{heure}, creuseraient un fossé ayant 1 ^{mètre} dans chacune de ses trois dimension, c'est-à-dire un fossé d'un mètre cubique de volume.

Cela posé, il faudrait 52 fois 12 ouvriers, ou 624 ouvriers, pour creuser un fossé de 52 ^{mètres} de long, ainsi qu'on l'exige de la seconde troupe d'ouvriers. Il en faudrait encore 5 fois plus, ou 3120 ouvriers, puisque le nouveau fossé doit avoir 5 ^{mètres} de large. Enfin, il faudrait employer 8 fois 3120 ouvriers, ou 24960 ouvriers, à creuser le fossé auquel la question proposée suppose une profondeur de 8 ^{mètres}.

Actuellement qu'on sait qu'il faut 24960 ouvriers pour creuser, dans 1 ^{heure}, un fossé de 52 ^{mètres} de long, sur 5 de large et 8 de profondeur, on sentira qu'il en faut d'abord 13 fois moins, ou 1920 ouvriers, qui doivent travailler pendant 13 ^{heures}, et qu'il en faut ensuite 20 fois moins encore, c'est-à-dire, 96 ouvriers, dès que leur travail doit durer 20 ^{jours}.

On voit donc que 96 ouvriers est le nombre qui répond à la question proposée.

XI. *Partager* 470 ^{hectares} 88 ^{ares} *ou* 470 $^{\text{H. A.}}$, 88 ^{centièmes} *de ter-rain, entre* 4 *personnes, de manière que la seconde en ait* 4 *fois plus que la première, la troisième* 5 *fois plus, et la quatrième* 6 *fois plus?*

Si l'on connaissait la part de la première, la question se résou-drait sur-le-champ par la multiplication. Mais, pour déterminer cette première part, il suffit d'observer qu'il résulte des conditions du problème que les trois dernières personnes doivent avoir entre elles 15 parts, chacune de la valeur de celle de la première per-sonne. Conséquemment la part de celle-ci sera le 6e de 470 $^{\text{H. A.}}$, 88, ou 29 $^{\text{H. A.}}$, 43. Donc la 2e personne en aura 4 fois plus, ou . . . . . . 117 $^{\text{H. A.}}$, 72 ; la troisième, 5 fois plus, ou 147 $^{\text{H. A.}}$, 15 et la qua-trième, 6 fois plus, ou 176 $^{\text{H. A.}}$, 58.

XII. *Les dettes d'un commerçant s'élèvent à* 62.375 ^{francs}, *et sa fortune seulement à* 39.920 ^{francs} : *combien ses créanciers perdent-ils sur chaque* 100 *francs de leurs créances?* Réponse, 36 ^{francs}.

Il faut d'abord déterminer ce qu'on obtiendra du failli pour 1 ^{franc} des créances dont il est débiteur.

On observera, à cet effet, que *l'actif*, ou *l'avoir* n'étant que de 39.920 ^{francs}, tandis que le *passif* monte à 62.375 ^{francs}, il s'en-suit que pour 1 ^{franc} de cette somme de 62.375 ^{francs}, qui forme le total de ce qui est dû aux créanciers, on n'aura que la 62375e partie de ce qui se trouve dans la faillite, c'est-à-dire, la 62375e partie de 39.920 ^{francs}, ou 64 ^{centimes}.

Donc chaque franc de créance n'obtiendra que 0 ^{f},64 ; donc 100 ^{francs} obtiendront 64 ^{francs}, et conséquemment perdront 36 ^{francs}.

On voit de même que chaque centime de créance obtiendra 0 ^{f},0064, ou 64 dimillièmes de franc.

XIII. *Dans la supposition précédente, on propose de faire la distribution de l'actif de la faillite entre tous les créanciers, cha-cun en raison de sa créance?*

Pour effectuer aisément cette opération, on commence par faire un tarif de ce qu'on obtient, dans la faillite, pour 1, 2, 3, 4, 5, 6, 7, 8 et 9 ^{centimes} de créance originaire ; et l'on en forme le ta-bleau suivant.

1 centime.	2	3	4	5	6	7	8	9
f 0,0064	f 0,0128	f 0,0192	f 0,0256	f 0,0320	f 0,0384	f 0,0448	f 0,0512	f 0,0576

Il est aisé d'en déduire la valeur correspondante à 1 ^{décime} jusqu'à 9 ^{décimes} inclusivement ; à 1 ^{franc} jusqu'à 9 ^{francs} aussi inclusivement ; à 10 ^{francs}, 20 ^{francs}, 30 ^{francs}, etc., jusqu'à et compris 90 ^{francs} ;

100^{francs}, 200^{francs}, etc., jusqu'à et compris 900^{francs}, et ainsi de suite. Cela se réduit à reculer la virgule d'une, de deux, de trois, de quatre, etc., places vers la droite, dans chacune des valeurs correspondantes aux mêmes nombre de centimes.

Ainsi, par exemple, sachant, par le tarif, que 7^{centimes} obtiennent o^f,o448, on en conclura que 7^{décimes} obtiennent o^f,448; que 7^{francs} obtiennent 4^f,48^c; 70^{francs}, 44^f,8o^c; 700^{frencs}, 448^{francs}; 7000^{francs}, 448o^{francs}, etc., etc. (Voyez le n° 209).

Rien de plus facile alors que de fixer *l'avenant* d'un créancier quelconque de la faillite.

Supposons qu'on demande ce qui revient au créancier d'une somme de 1258^{francs}, 69^{centimes}.

On établira le tableau suivant :

1000^{francs}........ obtiennent......	640^{francs}	
200......................	128	
50......................	32	
8......................	5	12^{centièmes}
6^{décimes}................	0	384^{millièmes}
9^{centimes}................	0	0576^{dimillièmes}
1258^{francs}69^{centimes}............	805^{francs}	5616^{dimillièmes}

D'où il résulte que le créancier d'une somme de 1258^f,69^c recevra dans la faillite 805$^{fr.}$, 56^{centimes}, en négligeant les 16^{dimillièmes}. (N° 217).

XIV. *Sachant que la pistole de Pie VI et Pie VII* (pièce d'or des États romain), *vaut* 17^f,275; *la demi-pistole* (id. id.) 8^f,6375; *le sequin de Clément XIV et de ses successeurs* (id. id.), 11^f,8o^c, *et le demi-sequin* (id. id.), 5^f,9o^c. *Sachant aussi que la pistole d'or d'Espagne, ou doublon de* 8 *écus, de* 1772 à 1786, *vaut* 83^f,93^c : *on demande combien de pièces on pourrait avoir de cette dernière espèce, avec une somme composée de* 3o *pistoles romaines,* 47 *demi-pistoles* (id.), 5o *sequins et* 75 *demi-sequins?*

XV. *Combien, avec la même somme, pourrait-on se procurer successivement de pistoles de* 4 *écus* (pièce d'or d'Espagne), *valant l'une* 41^f,965. *De pistoles de* 2 *écus* (id. id.), *valant l'une* 20^f,9825. *De demi-pistoles, ou écus* (id. id.) *valant l'une* 10^f,4912. *De pistoles ou doublons de* 8 *écus, depuis* 1786 (id. id.), *valant l'une* 81^f,51^c. *De* 4 *écus* (id. id. id. id.) *valant l'une* 40^f,755. *De* 2 *écus* (id. id. id. id.), *valant l'une* 20^f,3775. *De demi-pistoles, ou écus* (id. id. id.), *valant l'une* 10^f,1887?

XVI. *Sachant que l'écu de* 10 *pauls ou* 100 *bayoques* (pièce d'argent des États romains), *vaut* 5^f,385; *le teston de* 3o *bayoques* (id. id.), 1^f,62^c; *le papeto de* 20 *bayoques* (id. id.), 1^f,o8^c, *et le paul de* 10 *bayoques* (id. id.), o^f,54^c. *Connaissant aussi la valeur de la piastre, depuis* 1772 (pièce d'argent d'Espagne), *laquelle est de* 5^f,43^c : *on demande combien de piastres on obtiendrait avec une somme formée de* 40 *écus romains*, *de* 62 *testons*, *de* 100 *papéto et de* 165 *pauls?*

XVII. *Combien*, *avec la même somme*, *pourrait-on acheter successivement de réaux de* 2, *ou piécettes* (pièce d'argent d'Espagne), *le réal de* 2 *valant* 1^f,08^c. *De réaux de* 1, *ou demi-piécettes* (id. id.), *le réal de* 1 *valant* 0^f,54. *De réallillo*, *ou réaux de Veillon* (id. id.), *le réal de Veillon valant* 0^f,27^c ?

XVIII. *Un négociant portugais a emporté avec lui les espèces monétaires d'or de son pays dont le détail suit :* 20 *mœdadouro-lisbonnines*, *valant l'une* 33^f,96^c ; 27 *méia-mœda demi-lisbonnines*, *valant l'une* 16^f,98^c ; 36 *quartino ou quart de lisbonnines*, *à* 8^f,49^c *l'une* ; 15 *méiadobra portugaises*, *de* 45^f,27^c ; 25 *demi-portugaises*, *de* 22^f,635 ; 42 *pièces de* 16 *testons*, *de* 11^f,3175 ; 60 *pièces de* 12 *testons*, *de* 8^f,02^c ; 84 *pièces de* 8 *testons*, *de* 5^f,66^c ; 150 *cruzades de* 3^f,30^c. *Le négociant avait en outre* 280 *cruzades neuves* (pièce d'argent de Portugal) *de* 2^f,94^c. *Il a employé une partie de ce numéraire à se procurer* 50 *sequins en or de Parme*, *valant l'un* 11^f,95^c ; 38 *pistoles de* 1784 (pièce d'or de Parme), *de* 23^f,01^c *l'une* ; 16 *pistoles de* 1786 *à* 1791 (id. id.), *de* 21^f,915 ; 24 *pièces de* 40 *lire de Marie-Louise*, *depuis* 1815 (id. id.), *de* 40^f ; 38 *pièces de* 20 *lire* (id. id. id. id.), *de* 20^f ; 46 *ducats de* 1784 *et* 1796 (pièce d'argent de Parme), *de* 5^f,18^c *l'un* ; 55 *pièces de* 3 *livres* (id. id.) *valant l'une* 0^f,68^{centimes} ; 62 *d'une livre* 10 *sous* (id. id.), *à* 0^f,34^{centimes} *l'une*, *et enfin* 30 *pièces de* 5 *lire de Marie-Louise*, *depuis* 1815 (id. id.), *de* 5^f. *On demande* 1° *la valeur en francs de ce qui reste de numéraire à ce négociant portugais ;* 2° *combien*, *avec ce reste*, *il pourrait se procurer de sequins de Gênes* (pièce d'or) *dont chacun vaut* 12^f,01^c ?

OBSERVATIONS GÉNÉRALES SUR LES QUATRE OPÉRATIONS FONDAMENTALES DE L'ARITHMÉTIQUE.

341. On ne peut réunir, ou comprendre dans une seule expression, que des unités ou des parties du même ordre, c'est-à-dire, de la même grandeur. Ainsi, quoique tous les nombres abstraits soient de même espèce, puisqu'ils se rapportent à la même unité, qui est l'unité abstraite, néanmoins, à parler avec exactitude, il est impossible de faire un seul tout avec des unités ou des parties de différentes grandeurs.

Ainsi, 8 centaines + 5 dixaines + 7 unités, ne forment pas à la rigueur un tout unique, mais seulement une suite d'unités de différens ordres. Pour en composer une véritable somme, il faut en faire le *nombre huit cent cinquante-sept unités*, c'est-à-dire, convertir les 8 centaines et les 5 dixaines en unités simples. Il en est de même de 6 unités 4 dixièmes, ou 6,4, qui ne formeront un seul tout *soixante-quatre dixièmes*, qu'autant qu'on réduira les 6 unités en dixièmes; et encore de 2 dixièmes 9 centièmes 5 millièmes, ou 0,295, dont la somme est *deux cent nonante-cinq millièmes*.

342. Dans la soustraction, si de 9 dixaines, par exemple, on retranchait 6 unités simples, le reste serait 8 dixaines + 4 unités simples, qui ne sera compris dans une seule expression qu'autant qu'il deviendra *quatre—vingt-quatre unités*.

343. A l'égard de la multiplication, on ne prend jamais à la fois que les unités ou les parties d'un seul ordre du multiplicande, et il en résulte un produit partiel formé d'unités ou de parties soit de cet ordre, soit d'un ordre supérieur ou inférieur, selon la grandeur de l'ordre du multiplicateur. Il importe donc peu que des unités ou des parties du même ordre ou d'ordre différens soient multipliées entre elles; seulement on écrit les uns sous les autres les produits partiels du même ordre d'unités, parce qu'ils doivent être additionnés pour former le produit total.

344. Quant à la division, elle s'effectue à l'aide de la multiplication et de la soustraction; par conséquent, il faut appliquer à la multiplication du diviseur par chaque quotient partiel, ce qu'on vient de dire dans le n° précédent; et à la soustraction de chacun de ces produits des dividendes partiels correspondans, ce qu'on a dit sur le soin d'écrire le nombre à soustraire au—dessous de celui dont on le soustrait, de telle sorte que les unités ou les parties de même grandeur soient dans la même colonne verticale.

345. L'art des méthodes des opérations de l'arithmétique consiste à trouver successivement ce qu'on n'aurait pu déterminer par une seule opération de l'esprit. C'est ainsi que la somme totale de plusieurs nombres composés, se forme par l'addition successive de leurs unités ou de leurs parties de différens ordres. Que, dans la soustraction, on n'a jamais à soustraire que l'un des nombres depuis 1 jusqu'à 10, d'un nombre compris entre 1 et 19 inclusivement. Que, dans la multiplication, on ne forme jamais à la fois que le produit de deux nombres simples. Qu'enfin, pour effectuer la division, on décompose non-seulement le dividende total en divers dividendes partiels, mais qu'on réduit encore la difficulté à celle de trouver ce qu'un nombre simple est contenu de fois dans un nombre ou simple, ou composé de deux chiffres au plus.

En résumé, l'art des méthodes est d'obtenir avec facilité des résultats partiels dont l'ensemble forme le résultat total que chaque opération a pour but de déterminer. (N°ˢ 1 et 21).

DE LA PREUVE DES OPÉRATIONS FONDAMENTALES DE L'ARITHMÉTIQUE.

346. DÉFINITION. La *preuve* d'une opération est, en général, une seconde opération que l'on fait pour s'assurer de l'exactitude du résultat de la première.

347. La nécessité de la preuve est fondée sur la facilité qu'il y a d'écrire, par inadvertance, un chiffre au lieu d'un autre, et d'arriver ainsi à un résultat faux, quoiqu'en opérant selon des méthodes rigoureusement exactes.

348. Il y a deux genres de preuve : la preuve *directe* et la preuve *indirecte*.

349. DÉFINITION. La preuve *directe* d'une opération est celle qui s'effectue par l'opération contraire.

Ainsi, l'addition et la soustraction se servent mutuellement de preuve directe ; et il en est de même de la multiplication et de la division, l'une à l'égard de l'autre.

350. DÉFINITION. La preuve *indirecte* d'une opération est celle qui se fait par une opération semblable.

La preuve indirecte de l'addition se fait par l'addition ; et ainsi des autres.

351. Le motif de la certitude qui résulte d'une preuve quelconque, directe ou indirecte, est l'espèce d'impossibilité, ou du moins l'extrême invraisemblance qu'une seconde opération, dans laquelle la combinaison des chiffres ou des élémens du calcul n'est pas la même que dans la première, confirme cependant le résultat erroné qu'aurait donné celle-ci. Il faudrait pour cela que l'erreur qui se glisserait dans la preuve, balançât précisément celle dont la première opération serait viciée, et l'on conçoit aisément qu'un tel hasard a toutes les probabilités contre lui.

De là on tire cette conséquence importante, que si une faute a été commise dans une opération, la preuve que l'on fera ensuite, quelqu'erronée qu'on la suppose elle-même, donnera un résultat qui ne s'accordera pas avec celui de l'opération vérifiée. Ce défaut de concordance avertira donc suffisamment de douter de la justesse du résultat de la première opération, et conséquemment de ne pas l'adopter encore, mais bien de le soumettre à une nouvelle vérification, ou de recommencer le calcul qui l'avait fourni.

PREUVE DE L'ADDITION.

352. MÉTHODE. Pour essayer si l'addition a été bien faite, il faut *la recommencer par la gauche; soustraire la totalité de la pré—*

mière colonne à gauche, de la partie qui lui correspond dans la somme totale ; et, s'il y a un reste, le supposer écrit à la gauche du chiffre de la somme totale qui correspond à la colonne suivante, ce qui donnera un nombre duquel on retranchera la totalité de cette colonne suivante ; et ainsi de suite, jusqu'à la première colonne à droite, dont la totalité étant soustraite de la partie de la somme totale qui se trouve sous cette colonne, ne doit laisser aucun reste, si l'addition a été effectuée sans fautes.

EXEMPLE. Vérifier si la somme des nombres suivans :

$$
\begin{array}{r}
9\,4\,1 \\
8\,7\,5\,0 \\
4\,0\,1\,6\,5\,9\,2 \\
7\,0\,6\,0\,3\,9\,8\,6\,1 \\
6\,0\,0\,0\,2\,8\,9\,2\,3 \\
\hline
\end{array}
$$

Est réellement. . . . . 1 3 1 0 0 9 5 0 6 7 *somme on l'a dit* (n° 150)?

Preuve. 0 1 0 0 3 4 2 0 0

On fait la somme des centaines de millions ; elle est 13, que l'on soustrait des 13 centaines de millions de la somme totale ; il ne reste rien.

La somme des dixaines de millions est 0, qui, ôté de 1 dixaine de millions de la somme totale, donne 1 pour reste.

La somme des millions est 10 qu'on retranche de 10, nombre formé du reste précédent 1, supposé mis à gauche du chiffre 0, qui, dans la somme totale, répond à la colonne des millions : le reste est 0.

La somme des centaines de mille est 0, qui, ôté de 0, correspondant aux centaines de mille de la somme totale, donne aussi 0 pour reste.

La somme des dixaines de mille est 6, laquelle retranchée des 9 dixaines de mille, qui se trouvent dans la somme totale, fournit le reste 3.

La somme des mille est 31, qu'il faut soustraire de 35, nombre formé du reste précédent 3, censé écrit à gauche du chiffre 5, qui correspond aux mille de la somme totale : le reste est 4.

La somme des centaines est 38 ; on la soustrait du nombre 40 résultant du reste précédent 4, qu'on suppose placé à gauche du chiffre 0, correspondant aux centaines de la somme totale : on obtient 2 pour reste.

La somme des dixaines est 26. Cette somme, ôtée du nombre 26, composé du reste précédent 2, censé écrit à gauche du chiffre 6, qui répond aux dixaines de la somme totale, laisse 0 pour reste.

Enfin, la somme des unités simples est 7, laquelle retranchée des 7 unités simples de la somme totale, ne laisse pas de reste.

DÉMONSTRATION. 1° La dernière soustraction ne laissant pas de reste, il s'ensuit que la somme 1.310.095.067 est exempte d'erreur. En effet, si cette somme totale est juste, elle doit contenir précisément la somme des unités simples, celle des dixaines, celle des centaines, etc., et, en général, les sommes partielles de tous les ordres d'unités dont les nombres à réunir sont composés; donc si cette même somme totale est épuisée, on ne laisse aucun reste après qu'on en a ôté successivement les diverses sommes partielles dont elle doit être formée, c'est une preuve qu'elle contient précisément ce qu'elle doit renfermer pour être exacte, et que par conséquent aucune erreur ne s'est glissée dans sa détermination. (Ax. X).

Si la dernière soustraction ne pouvait s'effectuer, la somme contiendrait moins qu'elle ne doit contenir; si au contraire elle laissait un reste, la somme renfermerait plus qu'elle ne doit renfermer : dans l'un comme dans l'autre cas, la somme serait donc fausse.

2° Il faut soustraire la totalité d'une colonne du nombre formé par le reste précédent, considéré comme écrit à gauche du chiffre qui, dans la somme totale, correspond à cette colonne ; car, en général, ce reste n'est autre chose que les dixaines provenant de la somme de la colonne dont il s'agit, et qu'on avait reportées à la somme de la colonne suivante, à gauche, lorsqu'on avait effectué l'addition. Donc, 1° on doit retrouver ces dixaines pour reste, lorsqu'on retranche la totalité d'une colonne de la partie qui lui correspond dans la somme totale. 2° Ce reste doit être écrit à gauche du chiffre de la somme totale qui répond à la colonne suivante, à droite, puisqu'il faut former la somme de cette colonne.

Ainsi, dans l'exemple qui nous occupe, on voit que, lors de l'addition primitive, on avait eu 35 pour la somme des mille, et qu'on avait reporté 3 dixaines de mille à la somme de celles-ci. En conséquence lorsque, dans la preuve, on a soustrait la somme 6 des dixaines de mille des 9 dixaines de mille, qui se trouvent dans la somme totale, on a obtenu pour reste ces 3 dixaines de mille, qui n'appartenaient pas à cette dernière somme, mais bien à celle des mille; il a donc fallu les joindre, comme dixaines, au chiffre 5 de la somme totale qui répond aux mille, afin de former la somme de ceux-ci.

Un raisonnement tout-à-fait semblable s'applique à celles des autres colonnes dont les sommes ont donné des retenues à joindre aux colonnes suivantes à gauche.

3° Lorsque sous une colonne, on trouve o pour reste, cela provient de ce que la colonne suivante, à droite, n'a fourni aucune retenue. Il ne peut donc rien y avoir à joindre au chiffre de la somme totale, qui répond à cette colonne à droite, pour en former la somme.

C'est ainsi que la somme des unités simples, par exemple, ayant été inférieure à 10, on a trouvé o pour reste sous la colonne des dixaines; car 26 étant alors précisément toute la somme des dixaines, doit être épuisé quand on en soustrait la somme de ces dernières ; et d'un autre côté, il ne peut y avoir de dixaines à joindre au chiffre 7 qui, dans la somme totale, répond aux unités simples, pour former la somme de celles-ci, puisque cette somme est exprimée par un nombre simple.

353. La preuve indirecte de l'addition peut se faire soit en recommençant cette opération et en l'effectuant de gauche à droite ; soit simplement en faisant du haut en bas la somme de chaque colonne, lorsque, dans la première opération, on l'a faite de bas en haut, et réciproquement. Si la somme déterminée par la seconde opération est égale à la somme d'abord trouvée, on en conclut la justesse de celle-ci.

354. On pourrait encore soustraire de la somme totale un ou plusieurs des nombres proposés, et l'on devrait obtenir, pour reste, la somme des autres nombres, s'il ne s'était glissé aucune erreur dans la première opération. (N°ˢ 350 et 351).

PREUVE DE LA SOUSTRACTION.

355. MÉTHODE. Pour faire la preuve de la soustraction, il faut *ajouter le reste au plus petit nombre, et, si la première opération a été effectuée sans faute, on doit retrouver le plus grand nombre pour somme.*

EXEMPLE. On propose de vérifier si ces nombres

$$283904679$$
$$709145503$$

ont réellement pour différence 212990176 comme on l'a dit (N° 161)?

Preuve.... 283904679

Pour faire cette vérification, on ajoute le reste 212.990.176 au plus petit nombre 70.914.503, et comme on trouve pour somme le plus grand nombre 283.904.679, on en conclut qu'il n'y a pas eu de faute commise dans la soustraction.

DÉMONSTRATION. En effet, en ajoutant le reste au plus petit nombre, on augmente celui-ci de ce qui lui manquait pour égaler le plus grand ; on doit donc, si le reste est juste, obtenir le plus grand nombre pour somme. (Ax. XI).

356. La preuve indirecte de la soustraction peut se faire, soit en retranchant le reste du plus grand nombre, et alors on doit trouver le plus petit nombre pour reste de cette seconde opération (Ax. XI) ; soit en se contentant de recommencer la soustraction et de l'effectuer de gauche à droite, cas dans lequel on doit parvenir à la même différence que celle qu'on a d'abord trouvée, si cette dernière est exacte. (N°ˢ 350 et 351).

PREUVE DE LA MULTIPLICATION.

357. Méthode. Pour faire la preuve de la multiplication, il faut *diviser le produit par un de ses facteurs ; et , si la multiplication est exempte d'erreur , on doit trouver l'autre facteur au quotient.*

Exemple. Vérifier si, comme on l'a dit (n° 198), le nombre 841.182.062 est le produit de 97.846 × 8597 ?

Afin de s'en assurer, on divise 841.182.062 par le multiplicande 97.846, et comme on trouve au quotient 8597 , qui est précisément le multiplicateur, on en tire la conséquence que le produit dont il s'agit a été bien calculé.

Démonstration. Car, en divisant un produit par un de ses facteurs, on trouve l'autre facteur au quotient; et comme cette proposition ne s'entend que d'un véritable produit , il s'ensuit que tout produit qui satisfait à la condition de donner au quotient l'un des facteurs quand on le divise par l'autre, est un produit parfaitement exact. (N° 283).

358. Si l'on eût divisé le produit 841.182.062 par le multiplicateur 8597, on eût trouvé au quotient le multiplicande 97.846, et on en aurait également conclu la justesse de ce produit. (N° 283).

359. Pour faire la preuve indirecte de la multiplication , on peut recommencer cette opération en l'effectuant de gauche à droite ; ou bien on peut doubler , tripler , quadrupler , etc. , l'un des facteurs et le multiplier par la moitié , le tiers , le quart , etc. , de l'autre : dans tous ces cas , on doit obtenir le même produit que par la première opération, si aucune faute n'y a été commise. (N°ˢ 182, 183, 350 et 351).

PREUVE DE LA DIVISION.

360. Méthode. Pour s'assurer qu'une division a été bien faite, il faut *multiplier le diviseur par le quotient ; s'il ne s'est glissé aucune erreur dans la première opération , on doit obtenir le dividende au produit ; et si la division avait laissé un reste , il faudrait le joindre au produit du diviseur par le quotient.*

Iᵉʳ Exemple. Vérifier si 9285 est, comme on l'a dit (n° 264), le quotient de 775.492.485 divisé par 83.521 ?

On multiplie le diviseur 83.521 par le quotient 9285 , et comme on trouve au produit 775.492.485 , qui est précisément le dividende , on en tire la conséquence qu'aucune erreur ne s'est glissée dans la division.

Démonstration. Ce n'est , en effet , qu'au véritable quotient que s'applique la proposition qu'en multipliant le diviseur par le quotient, on doit reproduire le dividende ; donc , tout quotient qui satisfait à cette condition , ne peut être un quotient erroné. (N° 277).

IIe Exemple. On propose de s'assurer que 3456 est le quotient de 9.639.475 par 2789, et que 691 est le reste de cette division, ainsi qu'on l'a dit (N° 271)?

Pour y parvenir, on multiplie le diviseur 2789 par le quotient 3456, et l'on ajoute au produit 9.638.784 le reste 691 ; et comme la somme est égale au dividende 9.639.475, on en conclut tout à la fois la justesse du quotient et celle du reste, lequel pourrait, seul, être faux, si l'on n'avait commis d'erreur que dans la dernière soustraction.

C'est une conséquence du théorême n° 278, qui ne s'applique qu'à un quotient et à un reste parfaitement justes.

361. La preuve indirecte de la division peut se faire, soit en l'effectuant de droite à gauche, soit en multipliant ou en divisant le dividende et le diviseur à la fois par un même nombre, et en divisant alors le nouveau dividende par le nouveau diviseur. Dans tous ces cas, on doit parvenir au même résultat que par la première opération, si celle-ci n'a pas été fautive. (N°[s] 259, 350 et 351).

APPENDICE AU CHAPITRE DES PROPOSITIONS RELATIVES A LA DIVISION.

362. Définition. On appelle nombre *premier* celui qui n'est multiple d'aucun nombre entier, ou qui n'est divisible exactement par aucun nombre entier.

C'est un nombre qui n'a d'autre diviseur que lui-même et l'unité, ou qui, par conséquent, n'a pas de diviseur, puisqu'un nombre entier quelconque est multiple de l'unité et de lui-même.

Par exemple, 1, 2, 3, 5, 7, 11, 13, 17, 19, 23, 29, 31, 37, 41, 43, 47, 53, 59, 61, 67, 71, 73, 79, 83, 89, 97, qui sont tous les nombres premiers compris dans les nombres de 1 à 100 inclusivement.

(Voyez les n°[s] 5, 255, 256, 280 et 284).

363. Définition. Les nombres *premiers entre eux* sont ceux qui n'ont pas de facteur ou de diviseur commun.

Par exemple, 15 et 16; car les diviseurs ou facteurs de 15, sont 3 et 5 ; et ceux de 16 sont 2, 4 et 8, qui n'ont rien de commun avec 3 et 5. Tels sont encore les nombres 33 et 70, les diviseurs de l'un étant 3 et 11, et ceux de l'autre, 2, 5, 7, 10, 14, et 35.

364. Ainsi des nombres peuvent être *premiers entre eux*, sans être *premiers en eux-mêmes*, ou simplement *premiers* ; car des nombres peuvent avoir chacun plusieurs facteurs ou diviseurs, sans en avoir de commun.

365. Mais deux nombres premiers, ou bien un nombre premier et un nombre multiple, sont nécessairement premiers entre eux,

à moins que l'un ne soit précisément multiple de l'autre, comme il arrive à 35 et à 7.

Car, si ces nombres, ou l'un d'eux seulement, n'ont pas de diviseurs, à plus forte raison n'en ont-ils pas de commun.

366. Définition. Les nombres premiers entre eux s'appellent encore *incommensurables entre eux*, parce qu'ils n'ont pas de mesure commune autre que l'unité.

367. Définition. Les nombres *commensurables entre eux* sont ceux qui ont un ou plusieurs facteurs ou diviseurs communs.

Tels sont les nombres 63 et 35. Ils ont le diviseur commun 7; ainsi, en prenant 7 pour la mesure de ces deux nombres, l'un contient 9 fois, et l'autre 5 fois cette mesure commune; ils ont donc une mesure commune 7; ils sont donc commensurables entre eux.

368. Définition. On appelle nombre *pair* tout nombre multiple de 2, ou divisible exactement par 2.

Comme 12, 14, 36, 38, 50, etc.

369. Donc le double d'un nombre entier quelconque est nécessairement un nombre pair.

370. Définition. Un chiffre *pair* est celui qui représente un nombre pair.

Les chiffres pairs sont 2, 4, 6 et 8.

371. Définition. Le nombre *impair* est celui qui n'est pas multiple de 2, ou qui n'est pas divisible exactement par 2.

Comme 11, 23, 35, 37, 49, etc.

372. Définition. Un chiffre *impair* est celui qui exprime un nombre impair.

Les chiffres impairs sont donc 1, 3, 5, 7 et 9.

373. Théorème. *Un nombre multiple d'un autre nombre est aussi multiple des facteurs de celui-ci, ou divisible exactement par ces mêmes facteurs.*

Exemple. 15 est multiple de chacun de ses facteurs 3 et 5; à plus forte raison 30, ou 45, ou 60, ou, etc., tous multiples de 15, sont-ils multiples des mêmes facteurs 3 et 5. (N° 203).

374. Corollaire. Donc les *dixaines, les centaines, etc.,* et, *en général, les unités de tous les ordres supérieurs à celui des unités simples, forment des nombres divisibles exactement par 2 et par* 5.

Exemple. 3 dixaines, ou 30, sont divisibles exactement par 2 et par 5; il en est de même d'une centaine, ou 100; de 7 centaines, ou 700, etc.

Démonstration. En effet, 10 est un multiple de ses facteurs 2 et 5; donc 2 dixaines, 3 dixaines, etc., multiples de 10, sont aussi multiples des facteurs 2 et 5.

De même 1 centaine, 2 centaines, etc., étant multiples de 10, le sont nécessairement aussi de ses facteurs 2 et 5.

375. THÉORÈME. *Tout nombre terminé par 0 ou par un chiffre pair, est divisible exactement par 2.*

EXEMPLES. 350, 352, 354, 356 et 358 étant successivement divisés par 2, ne laissent pas de reste.

DÉMONSTRATION. En effet, les dixaines, les centaines, etc., sont divisibles exactement par 2; or, on suppose que la place des unités simples est occupée par 0, ou par un chiffre pair, qui sont aussi divisibles exactement par 2; donc toutes les parties d'un nombre terminé par 0, ou par un chiffre pair, sont exactement divisibles par 2; un tel nombre est donc lui-même susceptible de cette division. (Ax. XII).

376. COROLLAIRE. Il serait facile de démontrer que, *réciproquement, il n'y a qu'un nombre terminé par 0, ou par un chiffre pair, qui soit divisible exactement par 2.*

377. THÉORÈME. *Tout nombre terminé par 0, ou par 5, est divisible exactement par 5.*

La démonstration est semblable à celle du théorème (n° 375); elle est fondée sur le n° 374 et sur l'Axiome XII.

378. COROLLAIRE. *Réciproquement, il n'y a qu'un nombre terminé par 0, ou par 5, qui soit divisible exactement par 5.*

379. THÉORÈME. *Tout nombre dont la somme des chiffres, considérés comme n'exprimant que des unités simples, est 3, 6, 9, 12, et, en général, un multiple de 3, est divisible exactement par ce même nombre 3.*

EXEMPLES. Ainsi le nombre 804.501, est divisible exactement par 3, parceque la somme des chiffres est 18, qui est un multiple de 3.

Il en est de même du nombre 741, dont la somme des chiffres est 12.

DÉMONSTRATION. En effet, le nombre 741 peut subir les décompositions suivantes :

$$741 = 700 + 40 + 1 = 7 \times 100 + 4 \times 10 + 1 = \ldots\ldots$$
$$7 \times (99 + 1) + 4 \times (9 + 1) + 1 = 7 \times 99 + 7 + 4 \times 9 +$$
$$4 + 1 = 7 \times 99 + 4 \times 9 + 7 + 4 + 1 = 7 \times 99 + 4 \times$$
$9 + 12$. Or, 7×99 et 4×9, étant des multiples de 3, sont divisibles par 3; et 12 étant la somme des chiffres du nombre proposé, considérés comme n'exprimant que les unités simples, est, d'après la supposition, divisible exactement par 3; donc 741 se décompose en parties exactement divisibles par 3; donc ce nombre lui-même est divisible exactement par 3. (Ax. XII).

380. THÉORÈME. *Tout nombre dont la somme des chiffres, considérés dans leur valeur absolue seulement, est 9, 18, 27, 36,*

et, en général, un multiple de 9, *est divisible exactement par ce même nombre* 9.

La démonstration de ce théorème est absolument semblable à celle du théorème précédent. (N° 88).

381. Remarque. On pourrait facilement donner les caractères de la divisibilité d'un nombre quelconque par 7, par 11, par 13, etc., et, en général, par un nombre premier; mais comme l'application de ces principes à tel ou tel dividende, exige un examen plus long que la division même, il est préférable, dans la pratique, d'essayer cette division.

382. Théorème. *Supprimer un facteur d'un produit, c'est diviser ce produit par le facteur supprimé.*

Exemple. Soit le produit $5 \times 8 \times 13$; si l'on efface le facteur 8, le produit 5×13 est 8 fois plus petit que le produit primitif.

Démonstration. En effet, ce produit est égal à $5 \times 13 \times 8$, ou à 65×8, lequel devient évidemment 8 fois plus petit si on le réduit à 65. (N°⁵ 204 et 205).

383. Théorème. *La suppression de plusieurs facteurs d'un nombre, correspond à la division de ce nombre par le produit des facteurs supprimés.*

Exemple. Soit le nombre 10395, qui est égal à $3 \times 5 \times 7 \times 9 \times 11$, si l'on supprime les facteurs 3, 7 et 11, le nouveau produit ou le nouveau nombre qui en résulte, c'est-à-dire, 5×9, ou 45, est le quotient du nombre proposé 10395 divisé par 231, qui est le produit des facteurs 3, 7 et 11 qu'on a effacés.

Démonstration. Car $3 \times 5 \times 7 \times 9 \times 11$ est égal à $5 \times 9 \times 3 \times 7 \times 11$, ou bien égal encore à 45×231, produit que l'on rend évidemment 231 fois plus petit lorsqu'on le réduit à 45; donc 45 est 231 fois plus petit que le nombre originaire 10395; il est donc le quotient de ce dernier nombre par 231; donc, etc. (N°⁵ 204 et 205).

DES FRACTIONS.

384. Définition. Une fraction est une quantité plus petite que l'unité. (N° 8 et Ax. XIII).

Par exemple, une demi, deux tiers, trois quarts, quatre cinquièmes, etc.

385. Définition. Une *partie aliquote* d'un nombre, est un autre nombre contenu exactement dans le premier, c'est-à-dire, un facteur de celui-ci.

Par exemple, 2, 3, 4 et 6 sont des parties aliquotes de 12; ils en sont respectivement le sixième, le quart, le tiers et la moitié.

386. L'introduction des fractions dans le calcul est due à la nécessité d'évaluer des quantités moindres que l'unité. (N° 66).

387. Pour se former une idée exacte des fractions, il faut con—cevoir que l'unité a été partagée en un certain nombre de parties égales entre elles et qu'on a pris une ou plusieurs de ces parties.

Si l'on divise l'unité en 7 parties égales, par exemple, on formera des parties dont chacune sera 7 fois plus petite que l'unité; chacune de ces parties sera donc un *septième* de l'unité, ou simplement un *septième*.

Si l'on ne prend qu'une seule de ces parties, on aura la fraction *un septième;* et si l'on en prend quatre, ce sera la fraction *quatre septièmes.*

388. Les fractions s'écrivent en chiffres au moyen de deux nombres écrits l'un au—dessus de l'autre, et séparés par un trait ordinairement horizontal.

389. Définition. Le nombre inférieur, qu'on appelle *dénomi—nateur*, désigne en combien de parties égales l'unité a été partagée, c'est—à—dire, la grandeur des parties.

390. Définition. Le nombre supérieur, appelé *numérateur*, indique combien on prend des parties égales dans lesquelles l'unité a été décomposée.

391. Définition. Le numérateur et le dénominateur sont les *termes* de la fraction.

392. Ainsi la fraction *quatre septièmes* s'écrira en chiffres $\frac{4}{7}$; le dénominateur 7 signifie que l'unité a été divisée en 7 parties égales, ou que les parties sont des *septièmes* de l'unité; le numérateur 4 fait connaître que l'on prend 4 de ces parties; enfin, 4 et 7 sont les termes de la fraction $\frac{4}{7}$.

393. Méthode. Pour lire les fractions, il faut *lire d'abord le numérateur, puis le dénominateur, à la suite duquel on ajoute la terminaison* ième, *à l'exception des dénominateurs* 2, 3 et 4, *qui se lisent* demi, tiers, quart.

Exemples. Ainsi les fractions $\frac{9}{13}$, $\frac{35}{78}$, se lisent *neuf treizièmes, trente-cinq septante-huitièmes*, et les fractions $\frac{1}{2}$, $\frac{2}{3}$, $\frac{3}{4}$, *une demi, deux tiers, trois quarts.*

394. On peut considérer encore les fractions comme dérivant de la division, dans le cas où cette opération laisse un reste plus petit que le diviseur.

Supposons, par exemple, qu'on ait 77 à diviser par 9; le quotient en nombre entier sera 8, et le reste 5; ce reste devrait encore être divisé par 9, ou, ce qui revient au même, il faudrait prendre la neuvième partie de 5, et la joindre au quotient 8 pour le compléter.

Mais la neuvième partie de 5 unités est équivalente aux 5 neuvièmes d'une seule unité, ou équivalente à la fraction $\frac{5}{9}$.

En effet, prendre la neuvième partie de 5, c'est prendre la neuvième partie de chaque unité dont 5 est formé; et comme chaque unité donne $\frac{1}{9}$ pour sa neuvième partie, il s'ensuit que les 5 unités donnent $\frac{5}{9}$ pour leur neuvième partie; donc le quotient de 5 divisé par 9, n'est autre chose que la fraction $\frac{5}{9}$. (N°s 253, 254, 262, 273, 274, 285, 286, 287 et Ax. XIV).

395. Donc, *réciproquement, une fraction peut être considérée comme le quotient de son numérateur divisé par son dénominateur; le numérateur de cette fraction, comme le dividende, et le dénominateur, comme le diviseur.*

Ainsi, la fraction $\frac{5}{9}$ peut être considérée comme le quotient d'une division dont le numérateur 5 est le dividende, et qui a pour diviseur le dénominateur 9.

396. En général, si au lieu d'effectuer une division, on ne veut que l'indiquer, on pourra le faire au moyen d'une expression fractionnaire qui aura le dividende pour numérateur, et le diviseur pour dénominateur.

Par exemple, pour montrer que 77 doit être divisé par 9, on écrira $\frac{77}{9}$. (N°s 262 et 274).

397. Il y a donc trois sortes d'expressions fractionnaires, selon que le numérateur est plus petit ou plus grand que le dénominateur, ou qu'il lui est égal.

398. Si le numérateur est plus petit que le dénominateur, c'est une fraction proprement dite, puisqu'on ne prend pas toutes les parties dont l'unité est composée. (N°s 8 et 384).

Telles sont $\frac{3}{8}$, $\frac{11}{12}$, etc.

399. Si le numérateur est la moitié, le tiers, le quart, etc., et, en général, une partie aliquote du dénominateur, la fraction vaudra $\frac{1}{2}$, $\frac{1}{3}$, $\frac{1}{4}$, etc., et, en général, la même partie de l'unité, puisqu'elle comprendra la moitié, le tiers, le quart, etc., des parties contenues dans l'unité. (N° 385).

Ainsi, $\frac{3}{6} = \frac{1}{2}$; $\frac{4}{12} = \frac{1}{3}$; $\frac{5}{20} = \frac{1}{4}$; etc.

400. Quand le numérateur est égal au dénominateur, l'expression fractionnaire est égale à l'unité, puisqu'on prend précisément toutes les parties dont l'unité est composée (Ax. III).

Par exemple, $\frac{4}{4} = 1$; $\frac{17}{17} = 1$; etc.

C'est en d'autres mots, le principe que le quotient est égal à l'unité quand le dividende est égal au diviseur.

401. Si le numérateur est plus grand que le dénominateur, l'expression fractionnaire représente une quantité plus grande que l'unité puisqu'on prend plus de parties que l'unité n'en contient.

Telles sont $\frac{11}{2}$, $\frac{26}{3}$, $\frac{48}{4}$, etc., etc.

C'est le cas le plus ordinaire de la division.

402. Lorsque le numérateur est le double, le triple, etc. et, en général, un multiple du dénominateur, l'expression fractionnaire

vaut 2 , 3 , etc. , unités , et , en général , correspond à un nombre entier, puisqu'on prend 2 fois , 3 fois, etc. , plus de parties qu'il n'en faut pour composer l'unité ; et , qu'en général , on prend un certain nombre de fois exactement toutes les partie contenues dans l'unité ; l'expression fractionnaire vaut donc alors le même nombre d'unités.

Par exemple , $\frac{28}{7} = 4$; $\frac{108}{12} = 9$; etc.

Cela revient aux définitions données aux n°s 251 , 252 et 255.

403. MÉTHODE. Pour extraire les unités contenues dans une expression fractionnaire , il faut *diviser le numérateur par le dénominateur, le quotient exprimera les unités entières , et le reste de la division, s'il y en a un, sera le numérateur de la fraction qui avait été mêlée aux unités entières pour former l'expression fractionnaire proposée.*

Ier EXEMPLE. Pour extraire les unités contenues dans $\frac{32}{4}$, on divise le numérateur 32 par le dénominateur 4 , et le quotient 8 signifie qu'il y a 8 unités renfermées dans l'expression fractionnaire $\frac{32}{4}$.

DÉMONSTRATION. Car chaque fois que le numérateur contient le dénominateur, l'expression fractionnaire comprend toutes les parties dont se compose l'unité ; le quotient exprime donc les unités contenues dans cette expression fractionnaire.

IIe EXEMPLE. On trouvera de même que $\frac{43}{9} = 4 + \frac{7}{9}$.

DÉMONSTRATION. Le reste 7 de la division est évidemment le numérateur de la fraction $\frac{7}{9}$ mêlée avec les 4 unités pour former l'expression fractionnaire $\frac{43}{9}$; car on peut la décomposer en $\frac{9}{9} + \frac{9}{9} + \frac{9}{9} + \frac{9}{9} + \frac{7}{9}$, quantité égale à $1 + 1 + 1 + 1 + \frac{7}{9}$, ou à $4 + \frac{7}{9}$. (N° 400).

Cette méthode n'est que la conséquence des principes des n°s 279 et 395.

PROPOSITIONS RELATIVES AUX FRACTIONS.

404. THÉORÈME. *En augmentant ou en diminuant le numérateur, seul, d'une fraction , on augmente ou l'on diminue la fraction.*

EXEMPLES. Si , au numérateur 9 de la fraction $\frac{9}{17}$, on ajoute 3 , la nouvelle fraction $\frac{12}{17}$ est plus grande que $\frac{9}{17}$. Au contraire , si l'on soustrait 5 du numérateur 9 , on aura $\frac{4}{17}$, qui est plus petite que $\frac{9}{17}$.

DÉMONSTRATION. Car, puisque le dénominateur ne change pas , les parties conservent la même grandeur ; donc, si l'on prend plus ou moins de ces parties qu'on n'en prenait d'abord , il est clair que la nouvelle fraction sera plus grande ou plus petite que la première. (N° 389).

405. THÉORÈME. *En augmentant ou en diminuant le dénomina-*

*teur, seul, d'une fraction, on diminue ou l'on augmente la frac-
tion.*

EXEMPLES. Qu'on ajoute 6 au dénominateur 12 de la fraction $\frac{5}{12}$, elle deviendra $\frac{5}{18}$, qui est plus petite. Mais qu'on retranche, au contraire, 4 du dénominateur 12, la nouvelle fraction $\frac{5}{8}$ sera plus grande que $\frac{5}{12}$.

DÉMONSTRATION. En effet, le dénominateur devenant plus grand ou plus petit, il s'ensuit que les parties deviennent plus petites, ou plus grandes; donc, puisqu'on prend, autant qu'on en prenait d'abord, de ces nouvelles parties, plus petites ou plus grandes que les premières, il est clair que la nouvelle fraction est nécessairement plus petite ou plus grande que la fraction proposée. (N° 389 et Ax. XV).

406. THÉORÈME. *En rendant le numérateur, seul, d'une fraction un certain nombre de fois plus grand ou plus petit, on rend la fraction le même nombre de fois plus grande ou plus petite.*

EXEMPLES. Si l'on multiplie par 4 le numérateur 2 de la fraction $\frac{2}{11}$, ou aura $\frac{8}{11}$, qui est 4 fois plus grand que $\frac{2}{11}$. Qu'on divise, au contraire, le numérateur 15 de la fraction $\frac{15}{25}$ par 5, la nouvelle fraction $\frac{3}{25}$ sera 5 fois plus petite que $\frac{15}{25}$.

DÉMONSTRATION. Cela est évident, puisque, dans le premier exemple, on prend 4 fois plus de parties qu'on n'en prenait d'abord, et que, dans le second, on en prend au contraire 5 fois moins. (Ax. XVI).

Ce théorème n'est que le principe du n° 257, ce qui doit être d'après celui du n° 395.

407. THÉORÈME. *En rendant le dénominateur, seul, d'une fraction un certain nombre de fois plus grand ou plus petit, on rend au contraire la fraction le même nombre de fois plus petite ou plus grande.*

EXEMPLES. Si l'on multiplie le dénominateur 2 de la fraction $\frac{1}{2}$, par 9, on aura $\frac{1}{18}$, qui est 9 fois plus petite. Si, au contraire, on divise le dénominateur 42 de la fraction $\frac{3}{42}$ par 6, la nouvelle fraction $\frac{3}{7}$ sera 6 fois plus grande que $\frac{3}{42}$.

DÉMONSTRATION. Car on prend autant qu'on en prenait d'abord, de parties, qui, dans le premier exemple, sont devenues 9 fois plus petites, et, dans le second, 6 fois plus grandes; donc, etc. (Ax. XVI).

(Voyez les n°ˢ 258 et 395).

408. COROLLAIRE I. Donc, *une fraction ne change pas de valeur quand on multiplie, ou quand on divise ses deux termes, à la fois, par un même nombre.*

EXEMPLES. Les deux termes de $\frac{3}{4}$ étant multipliés par 7, on obtient $\frac{21}{28}$, qui a la même valeur. Si l'on divise les deux termes de $\frac{8}{12}$ par 4, on aura $\frac{2}{3}$ qui est égale à $\frac{8}{12}$.

128   ÉLÉMENS,

Démonstration. En effet, dans le premier exemple, on rend les parties 7 fois plus petites, mais on en prend 7 fois plus; et, dans le second, on les rend 4 fois plus grandes, mais on en prend 4 fois moins; dans l'un et dans l'autre cas on ne change donc pas la valeur de la fraction. (Ax. VIII.).

(Voyez les n°s 102, 103, 104, 259 et 395).

409. **Corollaire II.** Donc *la grandeur d'une fraction ne dépend pas de la grandeur absolue de ses deux termes, mais de la grandeur du numérateur à l'égard de celle du dénominateur.*

Exemples. $\frac{1}{2}$, $\frac{2}{4}$, $\frac{3}{6}$, $\frac{4}{8}$, $\frac{5}{10}$, $\frac{6}{12}$, sont, sous des expressions différentes, constamment la fraction $\frac{1}{2}$. La fraction $\frac{3}{4}$ est beaucoup plus grande que $\frac{24}{128}$. (N° 399).

(Voyez les n°s 260 et 395).

410. **Théorème.** *Multiplier un nombre quelconque par une fraction, c'est prendre du multiplicande une partie désignée par cette fraction; et réciproquement.*

Exemple. Ainsi, multiplier 108 par $\frac{7}{9}$, c'est prendre les $\frac{7}{9}$ de 108; et réciproquement, prendre les $\frac{7}{9}$ de 108, revient à multiplier 108 par $\frac{7}{9}$.

Démonstration. En effet, il suit de la définition de la multiplication, que *le produit est composé du multiplicande, comme le multiplicateur est composé de l'unité;* or, le multiplicateur $\frac{7}{9}$ est composé des $\frac{7}{9}$ de l'unité; donc le produit d'un multiplicande quelconque par $\frac{7}{9}$, doit être composé des $\frac{7}{9}$ de ce multiplicande, ou, ce qui revient au même, doit être égal aux $\frac{7}{9}$ de ce dernier.

(Voyez les n°s 6, 179, 180 et 387).

411. **Corollaire.** Donc, *lorsque le multiplicateur est une fraction, le produit est nécessairement plus petit que le multiplicande.*

(Voyez les n°s 6, 8, 384 et 398).

412. **Lemme.** *L'unité est égale à une fraction quelconque, prise un nombre de fois désigné par la même fraction renversée.*

Exemple. Si l'on compare la valeur de l'unité à celle de la fraction $\frac{5}{6}$, on trouvera que l'unité est égale aux $\frac{6}{5}$ de $\frac{5}{6}$, ou qu'elle est composée des $\frac{6}{5}$ de $\frac{5}{6}$.

Démonstration. Car, $\frac{1}{5}$ de $\frac{5}{6}$, c'est-à-dire, une quantité 5 fois plus petite que $\frac{5}{6}$, est évidemment égale à $\frac{1}{6}$; donc $\frac{6}{5}$ de $\frac{5}{6}$, ou une quantité 6 fois plus grande que celle qu'on vient d'obtenir, est égale à $\frac{6}{6}$ ou à 1; donc réciproquement $1 =$ les $\frac{6}{5}$ de $\frac{5}{6}$.

(Voyez les n° 400 et 406).

413. **Théorème.** *Diviser un nombre quelconque par une fraction, c'est prendre du dividende une quantité désignée par cette fraction renversée.*

Exemple. Diviser 72 par $\frac{8}{11}$, c'est prendre les $\frac{11}{8}$ de 72, ou, plus correctement, c'est former un quotient égal à $\frac{11}{8}$ de fois le dividende 72.

Démonstration. Il résulte, en effet, de la définition de la division, que le *quotient est composé avec le dividende, comme l'unité est composée avec le diviseur*; mais le diviseur est ici $\frac{8}{11}$; donc, puisque l'unité est égale aux $\frac{11}{8}$ de $\frac{8}{11}$, il s'ensuit qu'elle est composée des $\frac{11}{8}$ du diviseur; donc le quotient est, à son tour, composé des $\frac{11}{8}$ du dividende, ou égal à $\frac{11}{8}$ de fois le dividende.

414. Corollaire. Donc, *quand le diviseur est une fraction, le quotient est nécessairement plus grand que le dividende.*

Car, une fraction proprement dite, renversée, est plus grande que l'unité. (N° 398).

(Voyez les n°ˢ 280 et 281).

DE LA SIMPLIFICATION DES FRACTIONS.

415. Définition. Simplifier une fraction, c'est faire en sorte qu'elle soit réduite *à ses moindres termes*, c'est-à-dire, exprimée par les plus petits nombres possibles.

Par exemple, si l'on réduit $\frac{45}{72}$ à $\frac{5}{8}$, cette fraction $\frac{5}{8}$, qui est *irré-ductible*, puisque ses deux termes sont premiers entre eux, est la forme la plus simple à laquelle on puisse ramener $\frac{45}{72}$; ou bien $\frac{5}{8}$ représente la fraction $\frac{45}{72}$ réduite à ses moindres termes. (N° 363).

416. Méthode. Pour simplifier une fraction, il faut *diviser ses deux termes successivement par* 2, *par* 3, *par* 5, *et, en général, par la suite des nombres premiers, en divisant par le même nombre, tant qu'il peut diviser exactement les deux termes de la fraction; et continuer le même procédé jusqu'à ce qu'on soit parvenu à une fraction dont les deux termes soient des nombres premiers entre eux.*

Exemple. On propose de réduire la fraction $\frac{1512}{2016}$ à sa plus simple expression ?

On divise ses deux termes par 2 (n° 375), ce qui donne.......... $\frac{756}{1008}$

Les deux termes de la nouvelle aussi par 2.................. $\frac{378}{504}$

Les deux termes de celle-ci encore par 2.................. $\frac{189}{252}$

Les deux termes de la précédente par 3 (n° 379).............. $\frac{63}{84}$

Les deux termes de celle-ci encore par 3................ $\frac{21}{28}$

Enfin les deux termes de cette dernière par 7................ $\frac{3}{4}$

De sorte qu'on a la fraction $\frac{3}{4}$ au lieu de la fraction $\frac{1512}{2016}$, et à laquelle elle est égale.

Démonstration. 1° On a simplifié l'expression de la fraction proposée, puisque les termes de la fraction nouvelle $\frac{3}{4}$ sont de plus petits nombres que les termes de la fraction $\frac{1512}{2016}$.

9

2° On l'a simplifiée autant que possible, puisque les termes de la nouvelle fraction $\frac{5}{7}$ ne sont plus divisibles par un même nombre. (N° 363).

3° La fraction $\frac{5}{7}$, résultat final de l'opération, est égale à la fraction proposée ; car celle-ci, dans le cours du calcul, n'a jamais changé de valeur, puisqu'on a divisé ses deux termes à la fois par un même nombre, et qu'on a suivi le même procédé à l'égard des fractions auxquelles on est parvenu successivement. (N° 408).

4° Enfin, dans ce calcul, on ne doit employer, pour diviseurs, que les nombres premiers ; car, par exemple, dès qu'on ne peut plus diviser par 2, il serait absurde d'essayer la division par 4, et par tous les multiples de 2.

De même, dès qu'il n'est plus possible de diviser par 3, à plus forte raison est-il impossible de diviser par 6, et par tous les multiples de 6. (N° 362).

417. Autres Exemples. On se conduira de la même manière dans les exemples suivans, où, pour la clarté du calcul, on a écrit à côté de chaque fraction nouvelle, le diviseur qui l'a fournie.

$$\frac{1274}{1911}$$
$$\frac{182}{273}\ldots\ 7$$
$$\frac{26}{39}\ldots\ 7$$
$$\frac{2}{3}\ldots\ 13$$

$$\frac{43197}{51051}$$
$$\frac{14399}{17017}\ldots\ 3$$
$$\frac{2057}{2431}\ldots\ 7$$
$$\frac{187}{221}\ldots\ 11$$
$$\frac{11}{13}\ldots\ 17$$

$$\frac{1080}{1215}$$
$$\frac{360}{405}\ldots\ 3$$
$$\frac{120}{135}\ldots\ 3$$
$$\frac{40}{45}\ldots\ 3$$
$$\frac{8}{9}\ldots\ 5$$

On voit donc que $\frac{1274}{1911} = \frac{2}{3}$,... $\frac{43197}{51051} = \frac{11}{13}$.... et $\frac{1080}{1215} = \frac{8}{9}$; et comme $\frac{2}{3}$; $\frac{11}{13}$ et $\frac{8}{9}$ sont irréductibles, il s'ensuit que les fractions proposées sont mises sous la forme la plus simple qu'elles puissent prendre (1).

DE LA RÉDUCTION DES FRACTIONS AU MÊME DÉNOMINATEUR.

418. Méthode. Si parmi les dénominateurs des fractions proposées, il s'en trouve un qui soit multiple de tous les autres, il faut *prendre ce dénominateur multiple pour être le dénominateur commun, et multiplier le numérateur de chaque fraction par le nombre de fois que son dénominateur est contenu dans le dénominateur multiple.*

---

(1) Il y a une autre manière de simplifier une fraction, qui consiste à diviser ses deux termes par leur plus grand commun diviseur. Cette méthode sera exposée dans le *Complément des Élémens d'Arithmétique.*

EXEMPLE. Soit proposé de réduire au même dénominateur les fractions $\frac{1}{2}$, $\frac{2}{3}$, $\frac{3}{4}$, $\frac{5}{6}$, $\frac{7}{9}$, $\frac{11}{12}$, et $\frac{17}{36}$?

On observe que le dénominateur 36 est multiple de tous les autres dénominateurs; on prend en conséquence ce dénominateur multiple 36 pour dénominateur commun aux fractions proposées. On dit ensuite :

$$
\left.\begin{array}{c}
2 \\
3 \\
4 \\
6 \\
9 \\
12
\end{array}\right\}
\text{.............................. en 36 est contenu ....}
\left\{\begin{array}{ll}
18 & \text{fois.} \\
12 & \text{fois.} \\
9 & \text{fois.} \\
6 & \text{fois.} \\
4 & \text{fois.} \\
3 & \text{fois.}
\end{array}\right.
$$

$$\frac{1}{2} = \frac{1\times18}{36} = \frac{18}{36}, \dots\quad \frac{2}{3} = \frac{2\times12}{36} = \frac{24}{36}, \dots\quad \frac{3}{4} = \frac{3\times9}{36} = \frac{27}{36}, \dots$$
$$\frac{5}{6} = \frac{5\times6}{36} = \frac{30}{36}, \dots\quad \frac{7}{9} = \frac{7\times4}{36} = \frac{28}{36}, \dots\quad \frac{11}{12} = \frac{11\times3}{36} = \frac{33}{36}.$$

On multiplie le numérateur 1 de la fraction $\frac{1}{2}$, par le nombre de fois 18 que son dénominateur 2 est contenu dans le dénominateur multiple 36, et l'on a $\frac{18}{36}$ au lieu de $\frac{1}{2}$.

On multiplie le numérateur 2 de la fraction $\frac{2}{3}$, par le nombre de fois 12 que son dénominateur 3 est contenu dans 36, ce qui donne $\frac{24}{36}$ à la place de $\frac{2}{3}$.

On multiplie de même le numérateur 3 de la fraction $\frac{3}{4}$, par le nombre de fois 9 que son dénominateur 4 est renfermé dans 36, et l'on obtient $\frac{27}{36}$, pour remplacer $\frac{3}{4}$.

On multiplie pareillement le numérateur 5 de la fraction $\frac{5}{6}$, par le nombre de fois 6 que son dénominateur 6 est contenu dans 36, ce qui donne $\frac{30}{36}$, au lieu de $\frac{5}{6}$.

Enfin, opérant d'une manière analogue sur les autres fractions $\frac{7}{9}$ et $\frac{11}{12}$, elles deviennent respectivement $\frac{28}{36}$ et $\frac{33}{36}$.

En sorte qu'au lieu des fractions proposées $\frac{1}{2}$, $\frac{2}{3}$, $\frac{3}{4}$, $\frac{5}{6}$, $\frac{7}{9}$, $\frac{11}{12}$, et $\frac{17}{36}$, on a les nouvelles fractions $\frac{18}{36}$, $\frac{24}{36}$, $\frac{27}{36}$, $\frac{30}{36}$, $\frac{28}{36}$, $\frac{33}{36}$, et $\frac{17}{36}$, qui sont respectivement égales aux premières, et qui ont toutes le même dénominateur 36.

DÉMONSTRATION. Les fractions proposées n'ont pas changé de valeur. En effet, la substitution du dénominateur multiple 36, au dénominateur 2 de la fraction $\frac{1}{2}$, revient à la multiplication de ce dénominateur par 18; mais comme on a multiplié son numérateur 1 par 18, il s'ensuit que $\frac{18}{36}$ est égale à $\frac{1}{2}$. (N° 408).

Il est facile de prouver successivement que chacune des autres fractions est égale à celle qu'elle remplace, puisque la méthode prescrite revient à multiplier les deux termes de chaque fraction par un même nombre.

DÉMONSTRATION GÉNÉRALE. En général, en substituant le dénominateur multiple à chacun des autres dénominateurs, on rend les parties de chaque fraction autant de fois plus petites que son dénominateur est contenu dans le dénominateur multiple; il faut donc, pour conserver à chaque fraction sa valeur, multiplier son numérateur par ce même nombre. (N° 406 et Ax. XVI).

419. Méthode. Si parmi les dénominateurs des fractions proposées, il n'y en a pas un qui soit multiple de tous les autres, il faut *tâcher de découvrir, par la comparaison des dénominateurs, des multiples communs à tous; prendre alors le plus petit de ces multiples, pour dénominateur commun, et multiplier ensuite le numérateur de chaque fraction, par le nombre de fois que son dénominateur est contenu dans le multiple qu'on a pris pour dénominateur commun.*

Exemple. Réduire au même dénominateur les fractions $\frac{1}{2}$, $\frac{2}{3}$, $\frac{3}{4}$, $\frac{4}{5}$, $\frac{5}{6}$, $\frac{7}{10}$, $\frac{11}{12}$ et $\frac{13}{15}$?

On observe que, parmi les dénominateurs de ces fractions, il n'y en a pas un seul qui soit multiple de tous les autres; car 15, qui est le plus grand de tous, n'est pas multiple de 2, de 4, de 6, de 10, ni de 12; et il suffirait d'ailleurs qu'il y eût un seul dénominateur dont il ne fût pas multiple, pour qu'on ne pût l'adopter pour dénominateur commun. (N° 418).

Mais on observe, par exemple, que 180, 120 et 60 sont multiples de tous les dénominateurs des fractions proposées (1). En conséquence, on prend 60, le plus petit de ces multiples communs, pour dénominateur commun à toutes les fractions, et l'on fait le calcul indiqué ci-dessous :

$$
\begin{array}{l}
2 \\
3 \\
4 \\
5 \\
\end{array}
\left.\begin{array}{l}
\rule{0pt}{1em}
\end{array}\right\}
\begin{array}{l}
30 \text{ fois.} \\
20 \text{ fois.} \\
15 \text{ fois.} \\
12 \text{ fois.} \\
\end{array}
$$

en 60 est contenu

$$
\begin{array}{l}
6 \\
10 \\
12 \\
15 \\
\end{array}
\left.\begin{array}{l}
\rule{0pt}{1em}
\end{array}\right\}
\begin{array}{l}
10 \text{ fois.} \\
6 \text{ fois.} \\
5 \text{ fois.} \\
4 \text{ fois.} \\
\end{array}
$$

$$\frac{1}{2} = \frac{1\times 30}{60} = \frac{30}{60}, \quad \frac{2}{3} = \frac{2\times 20}{60} = \frac{40}{60}, \quad \frac{3}{4} = \frac{3\times 15}{60} = \frac{45}{60},$$

$$\frac{4}{5} = \frac{4\times 12}{60} = \frac{48}{60}, \quad \frac{5}{6} = \frac{5\times 10}{60} = \frac{50}{60}, \quad \frac{7}{10} = \frac{7\times 6}{60} = \frac{42}{60},$$

$$\frac{11}{12} = \frac{11\times 5}{60} = \frac{55}{60}, \quad \frac{13}{15} = \frac{13\times 4}{60} = \frac{52}{60}.$$

---

(1) On verra dans le *Complément des Élémens d'Arithmétique*, la méthode de détermination rigoureuse du plus petit multiple commun à plusieurs nombres.

On multiplie le numérateur 1 de la fraction $\frac{1}{2}$ par le nombre de fois 30 que son dénominateur 2 est contenu dans 60.

On multiplie de même le numérateur 2 de la fraction $\frac{2}{3}$, par le nombre de fois 20 que son dénominateur 3 est contenu dans 60.

Ainsi de suite, de manière qu'au lieu des fractions proposées, on a celles-ci :

$$\frac{30}{60}, \ \frac{40}{60}, \ \frac{45}{60}, \ \frac{48}{60}, \ \frac{50}{60}, \ \frac{42}{60}, \ \frac{55}{60}, \ \frac{52}{60},$$

qui sont respectivement égales aux premières, et qui sont affectées du même dénominateur 60.

La démonstration de ce procédé est tout-à-fait semblable à celle de la méthode précédente ; il suffit d'appliquer au multiple, choisi pour dénominateur commun, ce qu'on a dit de celui des dénominateurs des fractions proposées, qui étant multiple de tous les autres, a été pris pour le dénominateur commun aux nouvelles fractions.

420. Lorsqu'on ne peut avoir de multiple commun à tous les dénominateurs, qu'autant qu'on le fait résulter du produit de tous ceux-ci, la réduction des fractions au même dénominateur s'effectue au moyen des méthodes suivantes. (N° 203).

421. MÉTHODE. Pour réduire deux fractions au même dénominateur, il faut *multiplier les deux termes de chacune par le dénominateur de l'autre*.

EXEMPLE. Pour réduire $\frac{6}{7}$ et $\frac{3}{4}$ au même dénominateur, on multiplie les deux termes de $\frac{6}{7}$, par le dénominateur 4 de l'autre fraction, et les deux termes de $\frac{3}{4}$, par le dénominateur 7 de la première, ce qui donne $\frac{24}{28}$ et $\frac{21}{28}$, qui ont respectivement la même valeur que $\frac{6}{7}$ et $\frac{3}{4}$, et qui de plus ont le même dénominateur.

On peut disposer l'opération comme il suit :

$$\frac{6}{7} = \frac{6 \times 4}{7 \times 4} = \frac{24}{28}, \ \cdots \ \frac{3}{4} = \frac{3 \times 7}{4 \times 7} = \frac{21}{28}.$$

DÉMONSTRATION. 1° Si l'on suit cette méthode, le dénominateur des nouvelles fractions doit devenir le même, puisqu'il est, pour chacune, le produit des dénominateurs primitifs, dont l'ordre seul diffère. (N° 201 et Ax. XIX).

2° Les fractions nouvelles $\frac{24}{28}$ et $\frac{21}{28}$ sont respectivement égales aux fractions proposées $\frac{6}{7}$ et $\frac{3}{4}$, puisqu'on les a obtenues en multipliant les deux termes de chacune de celles-ci à la fois par un même nombre. (N° 408).

422. MÉTHODE. Pour réduire tant de fractions qu'on voudra, au même dénominateur, il faut *multiplier les deux termes de chacune par le produit des dénominateurs des autres*.

EXEMPLE. Ainsi pour réduire au même dénominateur les fractions $\frac{2}{5}$, $\frac{4}{5}$, $\frac{6}{7}$ et $\frac{3}{11}$ on multipliera les deux termes de $\frac{2}{5}$ par le produit des dénominateurs 5, 7 et 11 ; les deux termes de $\frac{4}{5}$, par le produit des dénominateurs, 3, 7 et 11 ; les deux termes de $\frac{6}{7}$, par le produit des dénominateurs 3, 5 et 11 ; enfin les deux termes de $\frac{3}{11}$; par le produit des dénominateurs 3, 5 et 7. Pour opérer avec plus d'ordre, on indique d'abord les calculs, et ensuite on les effectue :

$$\frac{2}{3} = \frac{2 \times 5 \times 7 \times 11}{3 \times 5 \times 7 \times 11} = \frac{2 \times 385}{3 \times 385} = \frac{770}{1155},$$

$$\frac{4}{5} = \frac{4 \times 3 \times 7 \times 11}{5 \times 3 \times 7 \times 11} = \frac{4 \times 231}{5 \times 231} = \frac{924}{1155},$$

$$\frac{6}{7} = \frac{6 \times 3 \times 5 \times 11}{7 \times 3 \times 5 \times 11} = \frac{6 \times 165}{7 \times 165} = \frac{990}{1155},$$

$$\frac{3}{11} = \frac{3 \times 3 \times 5 \times 7}{11 \times 3 \times 5 \times 7} = \frac{3 \times 105}{11 \times 105} = \frac{315}{1155},$$

en sorte qu'au lieu des fractions proposées $\frac{2}{3}$, $\frac{4}{5}$, $\frac{6}{7}$ et $\frac{3}{11}$, on a les nouvelles $\frac{770}{1155}$, $\frac{924}{1155}$, $\frac{990}{1155}$ et $\frac{315}{1155}$, qui ont respectivement la même valeur que les premières, et qui d'ailleurs ont toutes le même dénominateur.

DÉMONSTRATION. 1° Par ce procédé le dénominateur nouveau devient nécessairement le même pour toutes les fractions, puisqu'il est le produit des dénominateurs primitifs. (N° 204 et Ax. XIX).

2° Les fractions proposées n'ont pas changé de valeur, puisque les deux termes de chacune ont été multipliés par un même nombre, qui est le produit des dénominateurs des autres fractions. (N°ˢ 205 et 408).

DE L'ADDITION DES FRACTIONS.

423. MÉTHODE. Pour ajouter des fractions, il faut, si elles n'ont pas le même dénominateur, *commencer par les y réduire; faire ensuite la somme des numérateurs, et donner à cette somme le dénominateur commun.*

EXEMPLE. Ainsi, pour ajouter les fractions $\frac{1}{2}$, $\frac{5}{6}$ et $\frac{17}{18}$; on les réduit d'abord au même dénominateur, ce qui donne $\frac{9}{18}$, $\frac{15}{18}$ et $\frac{17}{18}$; on fait ensuite la somme des numérateurs 9, 15 et 17, laquelle est 41, et l'on donne 18 pour dénominateur à cette somme : en sorte que l'on a $\frac{41}{18}$ pour la somme des fractions poposées (N° 418).

DÉMONSTRATION. 1° Il faut réduire les fractions au même dénominateur, afin qu'elles renferment des parties de même grandeur. (N°ˢ 341 et 389.)

2° Il faut faire la somme des numérateurs, puisqu'ils indiquent le nombre des parties. (N° 390).

3° Il faut donner à la somme le dénominateur commun ; car la somme doit contenir nécessairement des parties de même grandeur que les quantités dont on l'a formée. (Ax. XVII).

En appliquant la méthode du n° 403, on aura $\frac{41}{18} = 2 + \frac{5}{18}$.

DE LA SOUSTRACTION DES FRACTIONS.

424. MÉTHODE. Pour soustraire une fraction d'une autre fraction, il faut, si ces fractions n'ont pas le même dénominateur, *les y réduire; retrancher ensuite le numérateur de la fraction à soustraire du numérateur de celle dont on doit la soustraire, et donner au reste le dénominateur commun.*

EXEMPLE. Ainsi, pour soustraire $\frac{4}{9}$ de $\frac{5}{6}$, on réduit au même dénominateur, et l'on a $\frac{8}{18}$ à ôter de $\frac{15}{18}$; retranchant donc le numérateur 8 du numérateur 15, il reste 7, auquel on donne 18 pour dénominateur, en sorte qu'on a $\frac{7}{18}$ pour l'excès de $\frac{5}{6}$ sur $\frac{4}{9}$. (N° 419).

DÉMONSTRATION. 1° On réduit les fractions au même dénominateur, parce qu'on ne peut déterminer la différence de deux nombres, qu'autant qu'ils sont formés de parties ou d'unités de la même grandeur. (N°ˢ 342 et 389).

2° On prend la différence des numérateurs, parce qu'ils expriment le nombre des parties (N° 390).

3° On donne au reste le dénominateur commun, parce que le reste étant une partie de la fraction dont on soustrait, doit renfermer des parties de même grandeur que celles de cette fraction, et par conséquent aussi de la fraction à soustraire, puisqu'elles ont l'une et l'autre le même dénominateur. (N° 389).

DE LA MULTIPLICATION DES FRACTIONS.

425. On peut avoir à multiplier une fraction par un nombre entier, un nombre entier par une fraction, et enfin une fraction par une fraction.

426. MÉTHODE. Pour multiplier une fraction par un nombre entier, il faut *diviser, s'il est possible de le faire exactement, le dénominateur de la fraction par ce nombre entier.*

EXEMPLE. Soit proposé de multiplier $\frac{5}{42}$ par 7?

On observe qu'on peut diviser exactement le dénominateur 42 par le nombre entier 7; on opère donc cette division, et l'on a $\frac{5}{6}$ pour le produit de $\frac{5}{42} \times 7$.

DÉMONSTRATION. En effet, en divisant le dénominateur 42 de la fraction $\frac{5}{42}$ par 7, on rend les parties de cette fraction 7 fois plus grandes; la nouvelle fraction $\frac{5}{6}$ est donc 7 fois plus grande que $\frac{5}{42}$; elle est donc le produit de $\frac{5}{42}$ par 7. (N° 407 et Ax. XVI).

426. (*bis*). MÉTHODE. Lorsque le dénominateur n'est pas multiple du nombre entier multiplicateur, il faut *multiplier le numérateur de la fraction par ce même nombre.*

EXEMPLE. Si l'on avait $\frac{5}{17}$ à multiplier par 8, on remarquerait

que 17 n'est pas multiple de 8; en conséquence il faudrait multiplier le numérateur 5 par 8, ce qui donnerait $\frac{40}{17}$ pour le produit
de $\frac{5}{17}$ par 8. (N°s 255 et 256.)

DÉMONSTRATION. En effet, en multipliant le numérateur 5 par
8, on prend 8 fois plus de parties qu'on n'en prenait d'abord ; la
nouvelle fraction $\frac{40}{17}$ est donc 8 fois plus grande que $\frac{5}{17}$; elle est
donc le produit de $\frac{5}{17} \times 8$. (N° 406).

427. MÉTHODE. Pour multiplier un nombre entier par une fraction, il faut *diviser, si on peut le faire exactement, le dénominateur de la fraction par ce nombre entier.*

EXEMPLE. Supposons qu'on ait 7 à multiplier par $\frac{2}{21}$?

Comme le multiplicande 7 divise exactement le dénominateur
21, on effectue cette division, et l'on a $\frac{2}{3}$ pour le produit de 7
par $\frac{2}{21}$.

DÉMONSTRATION. En effet, multiplier 7 par $\frac{2}{21}$, c'est prendre les
$\frac{2}{21}$ de 7 ; or si l'on devait seulement prendre $\frac{1}{21}$ de 7, il suffirait de
diviser 7 par 21, ou simplement d'indiquer cette division, en don-
nant 21 pour dénominateur à 7, ce qui donnerait $\frac{7}{21}$; et comme
le numérateur 7 de ce premier résultat, n'est autre chose que le multiplicande proposé, qui, par la supposition, divise exactement le
dénominateur 21, il s'ensuit que ce premier produit $\frac{7}{21}$ peut se
simplifier et se réduire à $\frac{1}{3}$; donc $\frac{1}{21}$ de 7 est égal à $\frac{1}{3}$; donc $\frac{2}{21}$ de
7 valent $\frac{2}{3}$; le produit de 7 par $\frac{2}{21}$ est donc aussi égal à $\frac{2}{3}$.
(Voyez les n°s 396, 399, 406, 410, 411 et 416.)

427 (*bis*). MÉTHODE. Si le dénominateur n'est pas multiple du
nombre entier multiplicande, il faut *multiplier ce nombre entier
par le numérateur de la fraction, et donner au produit pour dénominateur celui de cette fraction.*

EXEMPLE. Soit 12 à multiplier par $\frac{3}{5}$?

Le dénominateur 5 n'étant pas divisible par le multiplicande 12,
on multiplie ce dernier par le numérateur 3, et l'on donne 5 au
produit 36 pour dénominateur, en sorte que $\frac{36}{5}$ est le produit de
$12 \times \frac{3}{5}$.

DÉMONSTRATION. En effet, s'il fallait multiplier seulement 12
par $\frac{1}{5}$, ou prendre $\frac{1}{5}$ de 12, il suffirait d'écrire $\frac{12}{5}$; mais puisqu'il faut prendre $\frac{3}{5}$ de 12, il s'ensuit qu'il faut prendre 3 fois ce
premier résultat $\frac{12}{5}$, c'est-à-dire, $\frac{36}{5}$; le véritable produit de 12
par $\frac{3}{5}$ est donc $\frac{36}{5}$.
(Voyez les n°s 396, 406, 410 et 411.).

428. MÉTHODE. Pour multiplier une fraction par une fraction, il
faut *diviser, si cela est possible, le numérateur et le dénominateur
de la fraction multiplicande, respectivement par le dénominateur et
le numérateur de la fraction multiplicateur.*

EXEMPLE. Supposons qu'on demande le produit de $\frac{35}{36} \times \frac{2}{5}$?

On divise le numérateur 35 par le dénominateur 5 ; le quotient est 7. On divise ensuite le dénominateur 36 par le numérateur 2 ; le quotient est 18. On en conclut que $\frac{7}{18}$ est le produit de $\frac{35}{36} \times \frac{2}{5}$.

DÉMONSTRATION. En effet, en divisant le dénominateur 36 de la fraction multiplicande $\frac{35}{36}$, par 2, on multiplie cette fraction par 2 ; mais comme il ne fallait la multiplier que par $\frac{2}{5}$, ou par la 5⁵ partie de 2, il s'ensuit qu'on l'a multipliée par un nombre 5 fois trop grand ; le premier produit $\frac{35}{18}$ est donc aussi 5 fois trop grand ; il faut donc le rendre 5 fois plus petit, ce qui s'effectue en divisant son numérateur 35 par 5, et ce qui donne $\frac{7}{18}$ pour le véritable produit demandé.

(Voyez les nᵒˢ 183, 395, 406 et 407).

428 (*bis*). MÉTHODE. Si les termes de la fraction multiplicande ne sont pas multiples des termes opposés de la fraction multiplicateur, il faut *multiplier numérateur par numérateur et dénominateur par dénominateur*.

EXEMPLE. Pour multiplier $\frac{7}{12}$ par $\frac{8}{9}$, on multiplie les numérateurs 7 et 8 entre eux, et les dénominateurs 12 et 9 aussi entre eux, et l'on a $\frac{56}{108}$ pour le produit des deux fractions $\frac{7}{12}$ et $\frac{8}{9}$.

DÉMONSTRATION. En effet, si l'on avait $\frac{7}{12}$ à multiplier par 8, cela donnerait $\frac{56}{12}$ pour produit ; mais ce n'était pas par 8 qu'il fallait multiplier $\frac{7}{12}$, mais seulement par $\frac{8}{9}$, ou par la 9⁵ partie de 8 ; on a donc multiplié par un nombre 9 fois trop grand ; le premier produit $\frac{56}{12}$ est donc aussi 9 fois trop grand ; il faut donc le rendre 9 fois plus petit, ce qui se fait en multipliant son dénominateur 12 par 9, et ce qui donne $\frac{56}{108}$ pour le véritable produit de $\frac{7}{12} \times \frac{8}{9}$.

(Voyez les nᵒˢ 183, 395, 407 et 426 *bis*).

DÉMONSTRATION GÉNÉRALE. En général, si l'on avait à multiplier la fraction multiplicande par le numérateur seulement de la fraction multiplicateur, il suffirait de multiplier le numérateur de la fraction multiplicande, par celui de la fraction multiplicateur, et de donner au produit le dénominateur de la fraction multiplicande ; or, ce n'est pas par le numérateur entier qu'on doit multiplier, mais par un nombre autant de fois plus petit qu'il y a d'unités dans le dénominateur de la fraction multiplicateur ; le produit trouvé est donc le même nombre de fois trop grand ; on le ramène à sa juste valeur en multipliant le dénominateur de ce produit, qui est en même temps celui de la fraction multiplicande, par le dénominateur de la fraction multiplicateur ; et l'on parvient ainsi au même résultat que celui qu'a donné la méthode prescrite.

429. REMARQUE 1ʳᵉ. On voit que, conformément à ce qui a été dit (nᵒˢ 410 et 411), les produits formés dans les exemples des nᵒˢ 427, 427 *bis*, 428 et 428 *bis*, sont plus petits que les multi-

plicandes correspondans; et il est aisé d'en concevoir la raison. En effet, lorsque le multiplicateur est égal à l'unité, le produit est égal au multiplicande; donc, lorsque le multiplicateur est plus petit que l'unité, c'est-à-dire, une fraction, le produit est nécessairement plus petit que le multiplicande. C'est d'ailleurs une conséquence des méthodes prescrites, puisqu'en s'y conformant, on multiplie le multiplicande par un nombre plus petit que celui par lequel on le divise. (Ax. XVIII).

430. REMARQUE IIᵉ. Si, dans les exemples des nᵒˢ 426 et 426 *bis*, on intervertit l'ordre des facteurs, et qu'on effectue en conséquence la multiplication selon les méthodes des nᵒˢ 427 et 427 *bis*, on trouvera que l'un des facteurs étant une fraction, le produit est toujours le même dans quelque ordre qu'on multiplie. Il en sera de même à l'égard des exemples des nᵒˢ 427 et 427 *bis*, traités selon les méthodes des nᵒˢ 426 et 426 *bis*, après l'inversion des facteurs.

431. REMARQUE IIIᵉ. S'il s'agit de deux fractions, il est aussi facile de démontrer que leur produit est le même, quel que soit l'ordre dans lequel on fasse la multiplication,

Ainsi, par exemple, $\frac{7}{12} \times \frac{8}{9} = \frac{8}{9} \times \frac{7}{12}$.

En effet, le produit de $\frac{7}{12}$ par $\frac{8}{9}$ est égal à $\frac{7\times 8}{12\times 9}$; or, le numérateur et le dénominateur de cette expression, considérés séparément, sont des produits de nombres entiers, dans lesquels on peut changer l'ordre des facteurs; on aura donc $\frac{7\times 8}{12\times 9} = \frac{8\times 7}{9\times 12}$; mais cette dernière expression est évidemment celle du produit de $\frac{8}{9} \times \frac{7}{12}$; on a donc cette suite de quantités égales:

$$\frac{7}{12} \times \frac{8}{9} = \frac{7\times 8}{12\times 9} = \frac{8\times 7}{9\times 12} = \frac{8}{9} \times \frac{7}{12};$$

de laquelle il résulte que $\frac{7}{12} \times \frac{8}{9} = \frac{8}{9} \times \frac{7}{12}$.

(Voyez les nᵒˢ 24 et 201).

DE LA DIVISION DES FRACTIONS.

432. On peut avoir à diviser une fraction par un nombre entier, et réciproquement, ou bien encore une fraction par une fraction.

433. MÉTHODE. Pour diviser une fraction par un nombre entier, il faut *diviser, s'il est possible de le faire exactement, le numérateur de la fraction par le nombre entier*.

EXEMPLE. Soit proposé de diviser $\frac{12}{19}$ par 4?

On remarque que le numérateur 12 peut être divisé exactement par le nombre entier 4; on effectue donc cette division, et l'on a $\frac{3}{19}$ pour le quotient de $\frac{12}{19}$ divisée par 4.

DÉMONSTRATION. Car en divisant le numérateur 12 de la fraction $\frac{12}{19}$ par 4, on prend 4 fois moins de parties qu'on n'en prenait d'abord; la nouvelle fraction $\frac{3}{19}$ est donc 4 fois plus petite que $\frac{12}{19}$; elle est donc le quotient de la fraction $\frac{12}{19}$ divisée par 4. (Nᵒ 406 et Ax. XVI).

433. (*bis*). **Méthode.** Si le numérateur de la fraction dividende n'est pas multiple du nombre entier diviseur, il faut *multi-*
plier le dénominateur de la fraction par le même nombre entier.

Exemple. Pour diviser $\frac{4}{7}$ par 5, il faut multiplier le dénominateur 7 par le nombre entier 5, et l'on aura $\frac{4}{55}$ pour le quotient de
la fraction $\frac{4}{7}$ divisée par 5.

Démonstration. En effet, en multipliant le dénominateur 7 de
la fraction $\frac{4}{7}$ par 5, on rend les parties de cette fraction 5 fois plus
petites ; la nouvelle fraction $\frac{4}{55}$ est donc 5 fois plus petite que $\frac{4}{7}$;
elle est donc le quotient de $\frac{4}{7}$ divisée par 5. (N° 407 et Ax. XVI).

434. **Méthode.** Pour diviser un nombre entier par une fraction,
il faut *diviser, lorsqu'il est possible de le faire exactement, le*
nombre entier par le numérateur de la fraction, et multiplier le
quotient par le dénominateur : le produit ainsi formé sera le
quotient cherché.

Exemple. Quel est le quotient de $15 : \frac{3}{7}$?

On observe que le dividende 15 est divisible exactement par 3,
et donne 5 pour quotient ; on multiplie 5 par le dénominateur 7,
et l'on a 35 pour le quotient de 15 divisé par $\frac{3}{7}$.

Démonstration. Car s'il fallait diviser 15 par 3, le quotient serait 5 ; mais comme il faut diviser par un nombre 7 fois plus petit
que 3, il s'ensuit que le premier quotient 5 est 7 fois trop petit, et
que par conséquent le véritable quotient est 35.

(Voyez les n°ˢ 258, 395, 413 et 414).

434 (*bis*). **Méthode.** Si le nombre entier dividende n'est pas
multiple du numérateur de la fraction diviseur, il faut *multiplier*
le dividende par cette fraction renversée.

Exemple. Pour diviser 4 par $\frac{9}{10}$, on écrira :

$$4 : \frac{9}{10} = 4 \times \frac{10}{9} = \frac{40}{9}.$$

Démonstration. $\frac{40}{9}$ est le quotient de 4 par $\frac{9}{10}$. En effet, si l'on
avait à diviser 4 par 9, cela donnerait $\frac{4}{9}$ au quotient ; mais ce n'était
pas par 9 qu'il fallait diviser, c'était seulement par $\frac{10}{9}$, c'est-à-dire,
par la dixième partie de 9 ; on a donc divisé par un diviseur 10
fois trop grand ; le premier quotient $\frac{4}{9}$ est donc 10 fois trop petit ;
il faut donc le rendre 10 fois plus grand, ce qui se fait en multipliant
son numérateur 4 par 10, ce qui donne enfin $\frac{40}{9}$ pour le quotient
de 4 divisé par $\frac{10}{9}$.

(Voyez les n°ˢ 258, 395, 396, 413, 414 et 426 *bis*).

435. **Méthode.** Pour diviser une fraction par une fraction, il
faut *diviser, s'il est possible de le faire exactement, le numérateur*
et le dénominateur de la fraction dividende, par les termes cor-
respondans de la fraction diviseur.

EXEMPLE. Soit proposé de diviser $\frac{55}{99}$ par $\frac{7}{11}$?

En appliquant la méthode, le quotient sera $\frac{5}{9}$.

DÉMONSTRATION. En effet, si l'on avait $\frac{55}{99}$ à diviser par 7, le quotient serait $\frac{5}{99}$; mais ce n'était pas par 7 qu'il fallait diviser; c'était seulement par $\frac{7}{11}$, c'est-à-dire, par la onzième partie de 7; on a donc divisé par un diviseur 11 fois trop grand; le premier quotient $\frac{5}{99}$ est donc 11 fois trop petit; il faut donc le rendre 11 fois plus grand, ce qui se fait en divisant son dénominateur 99 par 11; en sorte qu'on obtient $\frac{5}{9}$ pour le véritable quotient, et tel que la méthode l'avait donné.

(Voyez les nᵒˢ 258, 395, 406, 407 et 433).

435 (bis). MÉTHODE. Si les termes de la fraction dividende ne sont pas multiples des termes correspondans de la fraction diviseur, il faut *multiplier la fraction dividende par la fraction diviseur renversée.*

EXEMPLE. Pour diviser $\frac{5}{8}$ par $\frac{4}{7}$ on écrira :

$$\frac{5}{8} : \frac{4}{7} = \frac{5}{8} \times \frac{7}{4} = \frac{35}{32};$$

et l'on aura $\frac{55}{32}$ pour le quotient de $\frac{5}{8}$ divisée par $\frac{4}{7}$.

DÉMONSTRATION. En effet, si l'on avait à diviser $\frac{5}{8}$ par 4, il suffirait de multiplier le dénominateur 8 par 4, ce qui donnerait $\frac{5}{32}$ pour quotient; mais ce n'était pas par 4 qu'il fallait diviser $\frac{5}{8}$, c'était seulement par $\frac{4}{7}$, ou par la septième partie de 4; on a donc divisé par un nombre 7 fois trop grand; le premier quotient $\frac{5}{32}$ est donc 7 fois trop petit; il faut donc le rendre 7 fois plus grand, ce qui se fait en multipliant son numérateur 5 par 7, et ce qui donne $\frac{35}{32}$ pour le quotient définitif de $\frac{5}{8}$ par $\frac{4}{7}$, ainsi qu'on l'avait trouvé en se conformant à la méthode prescrite.

(Voyez les nᵒˢ 258, 395, 406, 407, 426 bis et 433 bis).

DÉMONSTRATION GÉNÉRALE. En général, si l'on avait à diviser la fraction dividende par le numérateur entier de la fraction diviseur, il suffirait de multiplier le dénominateur de la fraction dividende par ce numérateur, et de donner au produit le même numérateur qu'à la fraction dividende. Or, ce n'est pas par le numérateur entier de la fraction diviseur qu'il faut diviser la fraction proposée, mais par un nombre autant de fois plus petit qu'il y a d'unités dans le dénominateur de la fraction diviseur; le quotient trouvé est donc le même nombre de fois trop petit; il faut donc, pour le ramener à sa grandeur véritable, multiplier son numérateur, qui est aussi le numérateur de la fraction dividende, par le dénominateur de la fraction diviseur, ce qui revient à la règle prescrite.

436. REMARQUE Iʳᵉ. On doit observer que les quotiens obtenus dans les exemples des nᵒˢ 434, 434 bis, 435 et 435 bis, sont plus grands que les dividendes qui leur correspondent. Le motif en est facile à saisir; car, lorsque le diviseur est égal à l'unité, le quotient

est égal au dividende ; donc le quotient est nécessairement plus grand que ce dernier, quand le diviseur est une fraction. Au surplus, les méthodes tracées conduisent à ce résultat, puisque toutes, en dernière analyse, consistent à multiplier le dividende par un nombre plus grand que celui par lequel on le divise.

(Voyez les n°s 260, 280, 281, 384, 395, 398, 409, 413, 414 et l'Axiome XVIII).

437. REMARQUE II°. D'après la remarque du n° 273, il est clair que les méthodes des n°s 426, 427, 428, 433, 434 et 435, recevront bien plus rarement leur application que les méthodes de ces mêmes n°s *bis;* mais comme on ne doit adopter une marche plus longue, qu'après l'impossibilité reconnue d'en suivre une plus expéditive, il s'ensuit que les procédés ont dû être exposés dans l'ordre de leur difficulté progressive.

La même observation s'applique aux méthodes relatives à la réduction des fractions au même dénominateur.

DES FRACTIONS DE FRACTIONS.

438. DÉFINITION. Une *fraction de fraction* est une partie d'une autre fraction, ou une suite de fractions qui sont elles-mêmes fractions les unes à l'égard des autres.

Par exemple, les $\frac{5}{6}$ des $\frac{7}{9}$ de 1 ou simplement les $\frac{5}{6}$ de $\frac{7}{9}$. Les $\frac{2}{3}$ des $\frac{3}{4}$ des $\frac{5}{8}$ de $\frac{1}{2}$. (N° 74).

439. MÉTHODE. Pour déterminer la grandeur d'une fraction de fraction, il suffit de *multiplier entre elles les fractions qui en composent la suite.*

Ier EXEMPLE. Ainsi, les $\frac{3}{7}$ de $\frac{4}{9} = \frac{3}{7} \times \frac{4}{9} = \frac{3 \times 4}{7 \times 9} = \frac{12}{63}$.

DÉMONSTRATION. Car prendre les $\frac{3}{7}$ de $\frac{4}{9}$, c'est multiplier $\frac{4}{9}$ par $\frac{3}{7}$, ce qui donne $\frac{4 \times 3}{9 \times 7}$, quantité égale à $\frac{3 \times 4}{7 \times 9}$, laquelle, à son tour, est le produit de $\frac{3}{7}$ par $\frac{4}{9}$. (N°s 201, 410 et 428 *bis*).

II° EXEMPLE. De même, les $\frac{3}{4}$ des $\frac{2}{5}$ des $\frac{7}{9}$ de $\frac{8}{11} = \frac{3}{4} \times \frac{2}{5} \times \frac{7}{9} \times \frac{8}{11}$
$= \frac{3 \times 2 \times 7 \times 8}{4 \times 5 \times 9 \times 11} = \frac{336}{1980}$.

DÉMONSTRATION. En effet, pour prendre les $\frac{7}{9}$ de $\frac{8}{11}$, il faut multiplier $\frac{8}{11}$ par $\frac{7}{9}$, ce qui donne $\frac{8 \times 7}{11 \times 9}$ pour résultat. Actuellement, pour prendre les $\frac{2}{5}$ de cette fraction, il faut la multiplier par $\frac{2}{5}$, ce qui donne $\frac{8 \times 7 \times 2}{11 \times 9 \times 5}$. De même, pour prendre les $\frac{3}{4}$ de cette dernière fraction, il faut la multiplier par $\frac{3}{4}$; on obtient $\frac{8 \times 7 \times 2 \times 3}{11 \times 9 \times 5 \times 4}$ pour la valeur de la fraction de fraction proposée ; or cette quantité est évidemment égale à $\frac{3 \times 2 \times 7 \times 8}{4 \times 5 \times 9 \times 11}$, et celle-ci est égale à $\frac{3}{4} \times \frac{2}{5} \times \frac{7}{9} \times \frac{8}{11}$; donc, etc. (N°s 204, 410 et 428 *bis*).

440. REMARQUE Ire. Avant d'effectuer le calcul, il ne faut pas omettre de supprimer les facteurs communs aux deux termes de l'expression fractionnaire qu'on a obtenue, puisque, par là, on ne

fait autre chose que les diviser par un même nombre, et, par conséquent, simplifier cette expression fractionnaire.

Mais comme il peut arriver que les deux termes n'offrent d'abord
aucun facteur commun, et que, cependant, le calcul soit susceptible d'être simplifié, la méthode consiste alors *à chercher à décomposer en d'autres facteurs plus simples, les facteurs qui, soit
au numérateur, soit au dénominateur, en sont susceptibles, et à
voir si, sous cette nouvelle forme, les deux termes de l'expression fractionnaire renferment des facteurs communs qu'on puisse
supprimer* (1).

Ainsi, dans l'exemple précédent, si l'on décompose, au numérateur, le facteur 8 en 4×2, et au dénominateur, le facteur 9 en
3×3, l'expression $\frac{5 \times 2 \times 7 \times 8}{4 \times 5 \times 9 \times 11}$ deviendra $\frac{5 \times 2 \times 7 \times 4 \times 2}{4 \times 5 \times 3 \times 3 \times 11}$, dans les deux
termes de laquelle on peut effacer les facteurs communs 3 et 4,
ce qui revient à diviser ses deux termes par 12 ; la nouvelle expres-
sion sera donc $\frac{2 \times 7 \times 2}{5 \times 3 \times 11}$, ou, en effectuant les calculs, $\frac{28}{165}$, qui n'est
autre chose que la fraction $\frac{336}{1980}$ simplifiée.

(Voyez les nᵒˢ 383, 408 et 416).

441. Remarque IIᵉ. On doit observer que le produit de plusieurs fractions est d'autant plus petit qu'il y a plus de facteurs,
puisqu'à chaque introduction d'un facteur nouveau semblable, on
ne prend qu'une fraction du produit de tous les facteurs précédens ;
on forme donc un produit de plus en plus petit. On conçoit, par
la même raison, que le produit de plusieurs fractions est plus petit
que chacun de ses facteurs.

DU CALCUL DES NOMBRES
FRACTIONNAIRES.

442. La plupart des opérations qu'on effectue sur les nombres
fractionnaires n'exigent aucune démonstration particulière, puisqu'ils ne sont formés que de nombres entiers et de fractions, et que
les méthodes du calcul de ceux-ci ont été précédemment démon-
trées. (Nᵒ 9).

DE L'ADDITION DES NOMBRES FRACTIONNAIRES.

443. Méthode. Pour ajouter les nombres fractionnaires, il faut
*faire la somme des fractions ; extraire de cette somme les unités
qu'elle pourrait renfermer, et retenir ces unités pour les reporter à
la somme des nombres entiers qui accompagnent les fractions.*

Exemple. Ainsi, pour ajouter les nombres fractionnaires $8 + \frac{2}{3}$,

---

(1) On verra, dans le *Complément des Élémens d'Arithmétique*, la manière de décomposer les nombres en leurs facteurs simples ou premiers.

$27 + \frac{11}{15}$, $39 + \frac{4}{5}$ et $12 + \frac{8}{9}$; il faut d'abord réduire au même dénominateur les fractions $\frac{2}{3}$, $\frac{11}{15}$, $\frac{4}{5}$ et $\frac{8}{9}$, ce qui est facile, puisque 45 est multiple des quatre dénominateurs 3, 15, 5 et 9; cette réduction au même dénominateur étant opérée, les fractions proposées deviennent respectivement $\frac{30}{45}$, $\frac{33}{45}$, $\frac{36}{45}$, et $\frac{40}{45}$; les nombres fractionnaires proposés deviendront donc eux-mêmes à leur tour :

$$8 + \frac{30}{45}$$
$$27 + \frac{33}{45}$$
$$39 + \frac{36}{45}$$
$$12 + \frac{40}{45}$$

Somme..... $89 + \frac{4}{45}$.

On fait alors la somme des fractions, laquelle est $\frac{159}{45}$; on extrait de cette somme les 3 unités qu'elle renferme; on écrit les $\frac{4}{45}$ qui restent, sous la colonne des fractions, et l'on reporte les 3 unités à la colonne des unités simples; en sorte qu'on a $89 + \frac{4}{45}$ pour la somme des nombres fractionnaires proposés.

(Voyez les nᵒˢ 403, 419, 423 et 442).

DE LA SOUSTRACTION DES NOMBRES FRACTIONNAIRES.

444. MÉTHODE. Pour soustraire un nombre fractionnaire d'un autre nombre fractionnaire, il faut *retrancher la fraction et le nombre entier qui forment le premier, respectivement de la fraction et du nombre entier qui composent le second; et si la fraction à soustraire est plus grande que celle dont il faut l'ôter, on ajoute 1 à la fraction trop faible, en réduisant cette unité en parties de la même grandeur que celle des parties de cette fraction; et, après avoir effectué la soustraction des fractions, on ajoute 1 au nombre entier qui est au-dessous.*

Iᵉʳ EXEMPLE. Pour soustraire $35 + \frac{3}{4}$ de $62 + \frac{8}{9}$, on réduit les fractions $\frac{3}{4}$ et $\frac{8}{9}$ au même dénominateur, et l'on a $35 + \frac{27}{36}$ à retrancher de $62 + \frac{32}{36}$.

De............. $62 + \frac{32}{36}$
Oter........... $35 + \frac{27}{36}$

Reste........... $27 + \frac{5}{36}$.

(Voyez les nᵒˢ 421, 424 et 443).

IIᵉ EXEMPLE.   De............. $57 + \frac{5}{17}$
Soustraire....... $14 + \frac{8}{17}$

Reste.......... $42 + \frac{12}{17}$.

Comme on ne peut retrancher $\frac{8}{17}$ de $\frac{5}{17}$, on ajoute une unité à la fraction $\frac{3}{17}$, et l'on réduit cette unité en $\frac{17}{17}$ qu'on ajoute aux $\frac{6}{17}$, ce qui fait $\frac{20}{17}$, de laquelle ôtant $\frac{8}{17}$, il reste $\frac{12}{17}$. On ajoute 1 au chiffre 4, dans le nombre inférieur; et, faisant la soustraction des entiers, on a $42 + \frac{12}{17}$ pour la différence des nombres fractionnaires proposés.

(Voyez les n°s 160, 400, 423, 424 et 443).

IIIe EXEMPLE. On suit une méthode à peu près semblable pour soustraire une fraction d'un nombre entier. Ainsi, pour retrancher $\frac{5}{8}$ de 19, on décompose 19 en $18 + \frac{8}{8}$; et alors

$$
\begin{aligned}
\text{De} \cdots\cdots\cdots\cdots & \quad 18 + \tfrac{8}{8} \\
\text{On a à ôter} \cdots\cdots\cdots & \quad \tfrac{5}{8} \\
\hline
\text{Reste} \cdots\cdots\cdots\cdots & \quad 18 + \tfrac{3}{8}.
\end{aligned}
$$

DE LA MULTIPLICATION DES NOMBRES FRACTIONNAIRES.

445. MÉTHODE. Pour convertir un nombre fractionnaire en expression fractionnaire, il faut *multiplier le nombre entier par le dénominateur de la fraction, ajouter au produit le numérateur, et donner à la somme le dénominateur de cette même fraction.*

EXEMPLE. Pour réduire $7 + \frac{3}{5}$ en expression fractionnaire, on multiplie le nombre entier 7 par le dénominateur 5, ce qui donne 35; on ajoute à ce produit 35 le numérateur 3, et l'on donne à la somme 38 le dénominateur 5 de la fraction $\frac{3}{5}$, en sorte qu'on a $\frac{38}{5}$ pour remplacer $7 + \frac{3}{5}$.

DÉMONSTRATION. En effet, chaque unité $= \frac{5}{5}$, ainsi les 7 unités équivalent à 7 fois $\frac{5}{5}$ ou $\frac{35}{5}$, qui, étant joints aux $\frac{3}{5}$ qu'on avait déjà, formeront en tout $\frac{38}{5}$.

(Voyez les n°s 400, 401, 423 et 426 *bis*).

446. REMARQUE. Un nombre entier quelconque peut, en vertu d'un procédé semblable, être mis sous la forme d'une expression fractionnaire, ayant tel dénominateur qu'on voudra.

Ainsi, pour convertir 24 en une expression fractionnaire qui ait 9 pour dénominateur, on multiplie 24 par 9, et l'on donne ce même nombre 9 pour dénominateur au produit 216, en sorte qu'on a $\frac{216}{9}$ pour remplacer 24. Cela est évident. (Ax. VIII).

447. MÉTHODE. Pour multiplier entre eux les nombres fractionnaires, il faut *les réduire en expressions fractionnaires, et alors l'opération revient à la multiplication des fractions.*

EXEMPLE. Ainsi pour multiplier $9 + \frac{6}{7}$ par $5 + \frac{3}{11}$, on réduit $9 + \frac{6}{7}$ en $\frac{69}{7}$, et $5 + \frac{3}{11}$, en $\frac{58}{11}$; en sorte que l'opération revient à multiplier $\frac{69}{7}$ par $\frac{58}{11}$, ce qui donne $\frac{4002}{77}$, ou $51 + \frac{75}{77}$ pour le produit des nombres fractionnaires proposés. (N° 403).

DÉMONSTRATION. En effet, en convertissant les facteurs $9+\frac{6}{7}$ et $5+\frac{3}{11}$, en expressions fractionnaires, on ne change que leur forme et non leur grandeur ; le produit que l'on trouve de cette manière, a donc la même grandeur que si l'on eût multiplié $9+\frac{6}{7}$ par $5+\frac{3}{11}$, sans les avoir convertis en expressions fractionnaires.

448. **LEMME.** *On peut décomposer le multiplicande et le multiplicateur en autant de parties égales ou inégales qu'on voudra ; effectuer ensuite la multiplication, et l'on parviendra au même produit qu'on aurait obtenu sans cette décomposition.*

EXEMPLE. Ainsi, pour multiplier 7 par 3,

On multiplie......	$3+2+1+\frac{1}{3}+\frac{1}{3}+\frac{1}{3}$
Par............	$2+\frac{1}{2}+\frac{1}{2}$

Produits par 2.....	$6+4+2+\frac{2}{3}+\frac{2}{3}+\frac{2}{3}$
Produits par $\frac{1}{2}$.....	$\frac{3}{2}+\frac{2}{2}+\frac{1}{2}+\frac{1}{6}+\frac{1}{6}+\frac{1}{6}$
Produits par $\frac{1}{2}$.....	$\frac{3}{2}+\frac{2}{2}+\frac{1}{2}+\frac{1}{6}+\frac{1}{6}+\frac{1}{6}$

Produit total......	$12+\frac{6}{3}+\frac{12}{2}+\frac{6}{6}=12+2+6+1=21$

et l'on trouve 21 pour le produit de 7 par 3, ce qui vérifie le principe énoncé. (N°s 426 *bis*, 427 *bis*, et 428 *bis*).

DÉMONSTRATION. En effet, il est d'abord évident qu'on ne change pas la grandeur du produit, en décomposant le multiplicande en parties quelconques, puisque c'est la même chose de prendre un tout un certain nombre de fois, ou de prendre le même nombre de fois toutes les parties de ce tout. (Ax. III).

A l'égard du multiplicateur, si après l'avoir décomposé, on multiplie le multiplicande par $\frac{1}{2}$, on en prend la moitié ; donc en multipliant 2 fois de suite par $\frac{1}{2}$, on prend 2 fois la moitié du multiplicande ; on prend donc ce multiplicande une fois ; et comme, par la première opération, on l'a pris 2 fois, il s'ensuit qu'on l'a pris en tout 3 fois, c'est-à-dire, autant de fois qu'il était marqué par le multiplicateur 3. Donc, la grandeur du produit ne change pas non plus quand on décompose le multiplicateur en parties quelconques ; donc, etc. (N°s 179, 180 et 410).

DÉMONSTRATION GÉNÉRALE. En général, la grandeur du produit dépend de la grandeur absolue de ses facteurs ; donc si ces derniers, en changeant de forme, conservent leur grandeur, le produit conserve aussi nécessairement la sienne.

449. **AUTRE MÉTHODE.** Pour multiplier entre eux les nombres fractionnaires, on peut encore *multiplier le nombre entier et la fraction du multiplicande d'abord par le nombre entier, et ensuite par la fraction du multiplicateur.*

19

EXEMPLE.

$$\text{Multiplier} \ldots \ldots 9 + \tfrac{8}{7}$$
$$\text{Par} \ldots \ldots \ldots 5 + \tfrac{3}{11}$$

1er produit partiel $\ldots \ldots \ldots \ldots$ $9 \times 5 = 45$

2^e produit partiel $\ldots$ $\tfrac{6}{7} \times 5 = \tfrac{30}{7} = \tfrac{330}{77} = 4 + \tfrac{22}{77}$

3^e produit partiel $\ldots$ $9 \times \tfrac{3}{11} = \tfrac{27}{11} = \tfrac{189}{77} = 2 + \tfrac{35}{77}$

4e produit partiel $\ldots \ldots \ldots \ldots \ldots \tfrac{6}{7} \times \tfrac{3}{11} = \qquad \tfrac{18}{77}$

Somme ou produit total $\ldots \ldots \ldots \ldots = 51 + \tfrac{75}{77}$

comme on l'avait obtenu par la première méthode. (N° 447).
(Voyez les n°s 421, 423, 426 *bis*, 427 *bis*, 428 *bis*).

DÉMONSTRATION. En suivant cette méthode on doit déterminer
le produit total des nombres fractionnaires proposés; car, par les
deux premières opérations, on a pris 5 fois les 9 unités et 5 fois les $\tfrac{6}{7}$
qui forment le multiplicande; et, par les deux dernières, on a pris
les $\tfrac{3}{11}$ des mêmes quantités; donc, par les quatre opérations réunies,
on a pris 5 fois le multiplicande entier, plus ses $\tfrac{3}{11}$; on l'a donc
multiplié par $5 + \tfrac{3}{11}$. (N°s 179, 180, 410 et 448).

450. REMARQUE. On doit observer qu'en multipliant un nombre
quelconque, par une expression fractionnaire dont le numérateur
est plus grand que le dénominateur, on obtient un produit plus
grand que le multiplicande. Il ne peut en être autrement, puisqu'on
prend alors le multiplicande au-delà d'une fois. (N°s 9 et 401).

DE LA DIVISION DES NOMBRES FRACTIONNAIRES.

451. LEMME. *On ne peut effectuer la division qu'autant que le
diviseur est sous la forme d'un seul tout.*

EXEMPLE. Si, pour diviser 12 par 6, on décompose 6 en $3 + 2
+ 1$, par exemple, le premier quotient partiel 4 est déjà 2 fois trop
grand; le second quotient partiel 6 l'est 3 fois; enfin, le dernier
quotient 12 l'est 6 fois; ensorte que le prétendu quotient total $4 +
6 + 12$, ou 22, qui serait la réunion des prétendus quotiens partiels,
est 11 fois plus grand que le véritable quotient de 12 divisé par 6.

DÉMONSTRATION. En général, la division ne peut s'effectuer partiellement à l'égard du diviseur. En effet, plus le diviseur est petit,
plus le quotient est grand; ainsi, la moitié, le tiers, le quart, etc.,
du diviseur, donnerait déjà un quotient 2 fois, 3 fois, 4 fois, etc.,
trop grand. Mais pour que le diviseur entier fût employé dans l'o-
pération, il faudrait répéter encore autant de fois la division que le
diviseur comprendrait de parties distinctes, ce qui rendrait le quotient de plus en plus absurde, puisqu'on le formerait d'un nombre
d'autant plus considérable de quotiens partiels, que chacun de ces
derniers serait déjà précisément trop grand; car plus il y aura de

parties dans le diviseur total, plus les diviseurs partiels seront petits, et conséquemment les quotiens partiels considérables; et plus, en outre, il y aura de divisions, et, par conséquent, de quotiens partiels. (N° 258).

452. MÉTHODE. Pour diviser l'un par l'autre deux nombres fractionnaires, il faut *les convertir en expressions fractionnaires, et alors l'opération revient à la division d'une fraction par une fraction.*

EXEMPLE. Ainsi, pour diviser $15 + \frac{3}{4}$ par $7 + \frac{1}{3}$, il faut changer $15 + \frac{3}{4}$ en $\frac{63}{4}$, et $7 + \frac{1}{3}$ en $\frac{22}{3}$; alors on aura à diviser $\frac{63}{4}$ par $\frac{22}{3}$, ce qui s'écrira:

$$\frac{63}{4} : \frac{22}{3} = \frac{63}{4} \times \frac{3}{22} = \frac{189}{88},$$

et ce qui donnera $\frac{189}{88}$, ou $2 + \frac{13}{88}$ pour le quotient des nombres fractionnaires proposés.

(Voyez les n°s 403, 435 *bis* et 445).

Cette méthode n'a pas besoin de démonstration (N° 442.)

453. REMARQUE. On voit donc qu'il n'en est pas de la division des nombres fractionnaires comme de leur multiplication; car la conversion du nombre fractionnaire diviseur en une expression fractionnaire, n'est pas seulement un moyen d'effectuer la division, mais c'est un préliminaire indispensable à cette opération.

454. AUTRE MÉTHODE. On pourrait *réduire le diviseur, seul, en expression fractionnaire, diviser successivement le nombre entier et la fraction du dividende par cette expression fractionnaire, ce qui donnerait deux quotiens partiels, qui, réunis, formeraient le quotient demandé.*

EXEMPLE. Ainsi, dans l'exemple du n° 452, on écrirait:

$$15 : \frac{22}{3} = 15 \times \frac{3}{22} = \frac{45}{22} = \frac{180}{88} \quad \text{1}^{er} \text{ quotient partiel,}$$

$$\text{et } \frac{3}{4} : \frac{22}{3} = \frac{3}{4} \times \frac{3}{22} = \ldots\ldots \frac{9}{88} \quad \text{2}^e \text{ quotient partiel,}$$

$$\text{Somme} \ldots\ldots \frac{189}{88} \quad \text{ou quotient total.}$$

résultat qu'on avait déjà obtenu dans ce même exemple.

(Voyez les n°s 421, 423, 434 *bis* et 435 *bis*.)

DÉMONSTRATION. En général, la division peut toujours s'effectuer partiellement à l'égard du dividende, car le diviseur ne pouvant être contenu dans le dividende, qu'autant de fois qu'il est renfermé dans toutes ses parties prises ensemble, il s'ensuit que le quotient est toujours le même, quelle que soit la décomposition que l'on fasse subir au dividende.

C'est d'ailleurs cette méthode de décomposition du dividende total en divers dividendes partiels, que l'on suit essentiellement dans la division. (N°s 263, 264 et 345).

455. REMARQUE Ire. Il est évident que la division, par une ex-

pression fractionnaire plus grande que l'unité, telle 'que celle qui résulte nécessairement de la conversion d'un nombre fractionnaire, doit donner un quotient plus petit que le dividende. C'est aussi ce qu'on voit dans l'exemple précédent.

(Voyez les nᵒˢ 9, 258, 280 et 401.)

456. REMARQUE IIᵉ. On a dû s'apercevoir qu'en dernière analyse, les calculs auxquels les fractions donnent lieu, se réduisent toujours à des opérations partielles sur des nombres entiers, et c'est ce qu'on avait fait pressentir au commencement de cet ouvrage. (Nᵒ 24).

CONVERSION DES FRACTIONS ORDINAIRES EN FRACTIONS DÉCIMALES.

457. MÉTHODE. Pour transformer une fraction ordinaire en fraction décimale, il faut *écrire un zéro à la suite du numérateur, diviser le numérateur nouveau par le dénominateur; si la division laisse un reste, il faut écrire un zéro à la droite de ce reste, puis diviser le produit qui en résulte par le dénominateur; et continuer ainsi l'opération, jusqu'à ce qu'on obtienne un quotient exact ou assez approché, sur la droite duquel on sépare autant de chiffres qu'on a successivement écrit de zéro à la suite du numérateur et des différens restes.*

Iᵉʳ EXEMPLE. Réduire $\frac{5}{8}$ en fraction décimale?

$$
\begin{array}{r|l}
50 & 8 \\
\cline{2-2}
20 & 0,625 \\
40 & \\
\end{array}
$$

Dernier reste...........   o

Après avoir écrit successivement trois zéro à la suite du numérateur 5 et des différens restes, on trouve o pour dernier reste, et conséquemment 625 pour quotient exact, sur la droite duquel il faut séparer trois chiffres; en sorte qu'on a 0,625 pour la valeur exacte de $\frac{5}{8}$.

DÉMONSTRATION. Car, en écrivant trois zéro à la suite du numérateur 5, on le rend 1000 fois plus grand; le quotient 625 est donc 1000 fois trop grand; il faut donc le rendre 1000 fois plus petit, ou séparer trois chiffres sur sa droite, et l'on aura 0,625, qui est rigoureusement égale à $\frac{5}{8}$, puisqu'il n'y a pas de reste.

IIᵉ EXEMPLE. Convertir $\frac{7}{11}$ en fraction décimale approchée de $\frac{7}{11}$ à moins d'un millionième près?

On écrira six zéro à la droite du numérateur 7; on divisera 7.000.000 par le dénominateur 11, et 0,636363 ne différera pas d'un *millionième* de la grandeur de $\frac{7}{11}$.

La démonstration sera semblable à celle de la méthode du n° 314, et cela doit être, puisque dans les fractions ordinaires, le numérateur pouvant être considéré comme le reste d'une division, et le dénominateur comme le diviseur, il s'ensuit que la réduction d'une fraction ordinaire en fraction décimale, peut être considérée à son tour comme l'approximation d'un quotient par le moyen des parties décimales.

Voyez les n°⁵ 394, 395 et 396.

458. Autres Exemples. $\frac{1}{2}=0,5$;.... $\frac{1}{4}=0,25$;.... $\frac{1}{8}=0,125$;....
$\frac{1}{16}=0,0625$;..... $\frac{3}{4}=0,75$;.... $\frac{3}{8}=0,375$;.... $\frac{7}{8}=0,875$;....
$\frac{3}{16}=0,1875$;.......... $\frac{5}{16}=0,3125$;.......... $\frac{7}{16}=0,4375$;........
$\frac{9}{16}=0,5625$;.......... $\frac{11}{16}=0,6875$;.... $\frac{13}{16}=0,8125$;........
$\frac{15}{16}=0,9375$;..... $\frac{1}{5}=0,2$, exactement.
$\quad\frac{1}{3}=0,3333$, etc.;..... $\frac{2}{3}=0,6666$, etc.;.... $\frac{1}{6}=1666$, etc.;....
$\frac{1}{7}=0,1444$, etc.;..... $\frac{1}{9}=0,1111$, etc.;.... $\frac{1}{11}=0,09090909$,
etc. (Voyez le n° 273).

459. Remarque Ire On a dû s'apercevoir, dans le IIe exemple du n° 457, qu'on obtenait alternativement 6 et 3 pour quotiens partiels.

On nomme *fractions périodiques* les fractions décimales dans lesquelles plusieurs chiffres se répètent périodiquement dans le même ordre à l'infini (1).

Si, par exemple, on réduisait $\frac{1}{17}$ en fraction décimale, en poussant le calcul jusqu'aux *dixquatrillionièmes*, c'est-à-dire, jusqu'aux décimales du seizième ordre, on trouverait................
$\frac{1}{17}=0,0588235294117647$; et les restes auxquels on parviendrait dans le cours de l'opération, seraient successivement : 10, 15, 14, 4, 6, 9, 5, 16, 7, 2, 3, 13, 11, 8, 12 et 1; mais le seizième reste 1, étant le même que le dividende primitif, si on le traite comme celui-ci, on parviendra nécessairement aux mêmes quotiens successifs que dans la première opération, c'est-à-dire, à une seconde période absolument semblable à la première; et ainsi de suite à l'infini, si l'on poussait le calcul plus loin de la même manière.

La périodicité des chiffres du quotient est aisée à expliquer; car, en général, il ne peut y avoir qu'un nombre limité de restes différens; par conséquent, si l'on continue indéfiniment l'opération, on parviendra nécessairement à l'un des restes qu'on a déjà obtenus; l'opération se continuera donc ainsi qu'elle avait eu lieu d'abord, puisque le dividende et le diviseur étant les mêmes, il s'ensuit

---

(1) On verra dans le *Complément des Élémens d'Arithmétique*, la théorie des fractions périodiques, précédée de l'examen du caractère auquel on reconnaît qu'une fraction est, ou non, réductible exactement en fraction décimale.

qu'on ne fera précisément que recommencer le calcul qu'on a déjà fait; on arrivera donc nécessairement aux mêmes quotiens partiels, c'est-à-dire, à une fraction périodique.

(Voyez les n°s 248 et 249).

460. REMARQUE IIe. Les fractions décimales et les nombres décimaux peuvent réciproquement se mettre sous la forme d'expressions fractionnaires, dont le dénominateur est l'unité suivie d'autant de zéro qu'il y a de chifires décimaux.

Tels sont, par exemple, 0,0078, et 53,26, qu'on peut respectivement écrire $\frac{78}{10000}$ et $\frac{5356}{100}$.

(Voyez les n°s 72, 75, 77 et 393).

A l'aide de cette transformation, on pourra appliquer aux méthodes du calcul des nombres décimaux des démonstrations semblables à celles qu'on a données sur les fractions ordinaires et sur les nombres fractionnaires. Cette application étant facile, il ne paraît pas nécessaire d'en donner des exemples.

QUESTIONS RELATIVES AUX FRACTIONS.

461. Comme il n'est pas plus difficile de saisir le sens d'une question qui se rapporte aux fractions, que celui d'une question dont les nombres sont entiers ou décimaux, on va se borner ici à fort peu d'applications des méthodes qui concernent le calcul des premières.

I. *On sait que* 80^{francs} *valent* 81^{tt} : *on demande combien vaut la livre tournois en francs, et réciproquement?* Réponse, 1^{tt} = $\frac{80}{81}$ d'un franc et 1^f. $= \frac{81}{80}$ de la livre tournois.

(Voyez les n°s 327, 394, 396, 398 et 401).

II. *En supposant qu'il faille* 2^{aunes} $\frac{1}{16}$ *de Paris, d'un certain drap, pour faire un habit,* $\frac{7}{8}$ *pour un pantalon, et* $\frac{1}{3}$ *d'aune du même drap pour un gilet : combien en faut-il pour l'habit complet?* Réponse, 3^{aunes} $+ \frac{13}{48}$.

(Voyez les n°s 403, 419, 423 et 443).

III. *On sait que* 171^{aunes} $\frac{1}{7}$ *de Lille, faisaient* 100^{aunes} *de Paris; et l'on demande combien valait l'aune de Lille?* Réponse, $\frac{350}{299}$ de l'aune de Paris.

En général, quand on connaît la grandeur correspondante à un nombre quelconque d'unités d'une certaine espèce, on détermine celle qui correspond à l'une de ces unités, en divisant la grandeur connue par le nombre quelconque auquel elle se rapporte. Il suffit donc de diviser 100 par 171 $+ \frac{1}{7}$, ou plutôt par $\frac{1198}{7}$, pour répondre à la question proposée.

(Voyez les n°s 327, 416, 434 *bis*, 445 et 451).

Mais si la méthode du n° 327 ne semblait avoir été démontrée qu'à l'égard d'un nombre entier, on prouverait aisément qu'elle s'applique à un nombre fractionnaire.

En effet, si 1198 ^{aunes} de Lille valaient 100 ^{aunes} de Paris, il est clair que 1 ^{aune} de Lille vaudrait $\frac{100}{1198}$ de l'aune de Paris; mais c'est la 7e partie de 1198 ^{aunes}, ou les $\frac{1198}{7}$ de l'aune de Lille, et non 1198 ^{aunes} de cette ville, qui valent 100 ^{aunes} de Paris; le premier résultat $\frac{100}{1198}$ est donc 7 fois trop petit; il faut donc le multiplier par 7, ce qui donne $\frac{700}{1198}$ ou $\frac{350}{599}$. Le raisonnement conduit donc à multiplier 100 par 7, et à diviser le produit par 1198, c'est-à-dire, à diviser 100 par $\frac{1198}{7}$. (N° 434 bis.)

IV. *La livre, argent de Lorraine, valait les* $\frac{24}{31}$ *de la livre tournois : combien* 48 ^{tt} $\frac{2}{5}$ *de Lorraine faisaient-ils en argent de France?* Réponse, 37 ^{tt} $\frac{73}{155}$.

Puisque la livre de Lorraine n'est que les $\frac{24}{31}$ de la livre tournois, il est clair que 48 ^{tt} $\frac{2}{5}$ de Lorraine, ne vaudront que les $\frac{24}{31}$ de 48 ^{tt} $\frac{2}{5}$ tournois, ou le produit de 48 ^{tt} $\frac{2}{5}$ tournois par $\frac{24}{31}$.

(Voyez les n°s 410, 427 bis, 428 bis, 445, 447 et 449).

V. 123 ℔ $\frac{1}{2}$ *poids de Marseille, valaient* 100 ℔ *pesant, mesure de Paris, et* 83 ℔ $\frac{1}{3}$ *de cette dernière ville, valaient* 100 ℔, *poids de Montpellier : laquelle des livres de Marseille et de Montpellier, était la plus grande, et quelle était la différence de leur poids?* Réponse, *la livre de Montpellier surpassait celle de Marseille de* $\frac{35}{1482}$ *de la livre de Paris.*

1 ℔ de Marseille vaut le quotient de 100 ℔ de Paris par 123 $\frac{1}{2}$, c'est-à-dire, $\frac{200}{247}$ de la livre de Paris. 1 ℔ de Montpellier est égale à la 100e partie de 83 ℔ $\frac{1}{3}$ de Paris, ou à $\frac{5}{6}$ de cette dernière livre. Il ne reste donc plus qu'à soustraire $\frac{200}{247}$ de $\frac{5}{6}$, ce qui donne $\frac{35}{1482}$ pour reste.

(Voyez les n°s 327, 416, 421, 424, 433 bis, 434 bis, 445, 451, et 452.).

VI. *On suppose que* 13 ^{aunes} *de mousseline se paient autant que* 2 ^{aunes} *d'un certain drap; que* 5 ^{aunes} *du même drap coûtent autant que* 14 ^{aunes} *de serge;* 7 ^{aunes} *de serge autant que* 30 ^{livres} *de sucre;* 9 ℔ *de sucre autant que* 26 ℔ *de raisin de caisse, et enfin* 300 ℔ *de ce raisin autant que* 63 ^{aunes} *de toile de chanvre; et l'on demande combien on aurait d'aunes de cette dernière toile pour* 450 ^{aunes} *de mousseline?* Réponse, 504.

L'énoncé de la question fournit les valeurs suivantes :

1 ℔ ^{raisin} $= \frac{63}{500}$ de 1 $^{aune de toile}$;

1 ℔ ^{sucre} $= \frac{26}{9}$ de 1 ℔ ^{raisin} $= \frac{26}{9}$ de $\frac{63}{500}$ de 1 $^{aune de toile}$;

1 $^{aune de serge}$ $= \frac{30}{7}$ de 1 ℔ ^{sucre} $= \frac{30}{7}$ de $\frac{26}{9}$ de $\frac{63}{500}$ de 1 $^{aune de toile}$;

1 $^{aune de drap}$ $= \frac{14}{5}$ de 1 $^{aune de serge}$ $= \frac{14}{5}$ de $\frac{30}{7}$ de $\frac{26}{9}$ de $\frac{63}{500}$ de 1 ^{aune} de toile.

1 $^{\text{aune de mousseline}}$ = $\frac{2}{13}$ de 1 $^{\text{aune de drap}}$ = $\frac{2}{13}$ de $\frac{14}{5}$ de $\frac{50}{7}$ de $\frac{26}{9}$ de $\frac{63}{300}$ de 1 $^{\text{aune de toile}}$.

Donc 450 ^{aunes} de mousseline vaudront 450 fois cette dernière quantité, c'est-à-dire,

$$\frac{12}{13} \text{ de } \frac{14}{5} \text{ de } \frac{30}{7} \text{ de } \frac{26}{9} \text{ de } \frac{63}{300} \text{ de 1 }^{\text{aune de toile}} \times 450.$$

Cette quantité revient elle-même (n° 439) à

$$\frac{2 \times 14 \times 30 \times 26 \times 63}{13 \times 5 \times 7 \times 9 \times 300} \times 450,$$

ou (n° 426 *bis*) à

$$\frac{2 \times 14 \times 30 \times 26 \times 63 \times 450}{13 \times 5 \times 7 \times 9 \times 300};$$

et cette dernière expression étant simplifiée, d'après la remarque du n° 440, se réduit à $2 \times 14 \times 2 \times 9$, ou à 504.

Ainsi, dans la supposition qu'on a faite, on aurait 504 ^{aunes} de toile de chanvre pour 450 ^{aunes} de mousseline.

VII. *La longueur de l'aune de Rouen était de* 3 ^{pieds} 7 ^{pouces} 9 ^{lignes} 6 ^{points}, *et celle de Paris de* 3 ^{pieds} 7 ^{pouces} 10 ^{lignes} 10 ^{points} : *combien chacune de ces aunes valait-elle de l'autre ?* Réponse, l'aune de Rouen était les $\frac{5153}{5161}$ de celle de Paris, et celle-ci, $\frac{5161}{5153}$ de la première, ou 1 ^{aune} $\frac{8}{5153}$ de l'aune de Rouen.

Puisque l'aune de Rouen contenait 6306 ^{points}, et celle de Paris, 6322 ^{points}, il est clair que la première se composait de 6306 parties égales aux 6322 que renfermait la seconde; donc l'aune de Rouen valait les $\frac{6306}{6322}$, ou les $\frac{5153}{5161}$ de celle de Paris.

Un raisonnement semblable prouvera que l'aune de Paris valait $\frac{6322}{6306}$, ou $\frac{5161}{5153}$ de l'aune de Rouen.

(Voyez les n°s 107, 234, 387, 401 et 416).

VIII. *Sachant que* 300 ^{f} $\frac{1}{2}$ *valent* 304 $^{\#}$ $\frac{123}{480}$ *tournois, on propose de convertir en livres tournois* 739 ^{francs} ? Réponse, 748 $^{\#}$ $\frac{19}{80}$.

Si l'on divise 304 $^{\#}$ $\frac{123}{480}$, valeur de 300 ^{f} $\frac{1}{2}$, par ce nombre 300 + $\frac{1}{2}$, ou plutôt par $\frac{601}{2}$, le quotient sera la valeur de 1 ^{franc} exprimée en livres tournois.

Voici l'opération :

$$\left(304 + \frac{123}{480} \right) \times \frac{2}{601} = \frac{608}{601} + \frac{246}{288480} = \frac{292086}{288480}.$$

Cette dernière expression fractionnaire, qui se rapporte à la livre tournois, correspond à la valeur de 1 ^{franc}; il faut donc la multiplier par 739, ce qui donne :

$$\frac{21685 1554}{288480} = 748^{\#} + \frac{68514}{288480} = 748^{\#} + \frac{19}{80} \text{ pour la valeur}$$

de 739 ^{francs}.

(Voyez les n°s 226, 327, 403, 416, 418, 423, 426 *bis*, 434 *bis*, 445, 449 et 451.)

CONVERSION DES NOMBRES COMPLEXES EN NOMBRES FRACTIONNAIRES ET EN NOMBRES DÉCIMAUX.

462. DÉFINITION. Les nombres *complexes* sont des nombres fractionnaires dans lesquels les parties qui accompagnent les unités principales, au lieu d'être sous la forme et la dénomination des fractions ordinaires, sont sous la forme et la dénomination d'entiers.

Par exemple, $21^{\#} 5^{s}$ est un nombre complexe qui équivaut au nombre fractionnaire $21^{\#} \frac{1}{4}$ (N°s 117, 120 et 123.)

463. MÉTHODE. Pour transformer un nombre complexe en nombre fractionnaire, il faut *réduire les diverses unités de sous-espèces de ce nombre en unités de sous-espèce de la moindre grandeur qu'ils contiennent, et donner au produit, pour dénominateur, le nombre qui marque combien il faut d'unités de cette sous-espèce pour composer l'unité principale du nombre complexe proposé.*

EXEMPLE. Le fameux diamant de la couronne de France, appelé le *Régent* ou *Pitt* (1), qui a 14^{lignes} de long, $13^{\text{lignes}} 3^{\text{points}}$ de large, et $9^{\text{lignes}} 4^{\text{points}}$ d'épaisseur, et qui a été évalué 12 millions par l'assemblée constituante, pèse $7^{\text{gros}} 1^{\text{denier}} 1^{\text{grain}} 1^{\text{prime}}$: à quel nombre fractionnaire correspond ce poids? (4e alinéa du n° 216.)

On réduit 1^{denier} en 576^{primes}; 1^{grain} en 24^{primes}, ces deux nombres joints à 1^{prime}, font 601^{primes}; on donne à 601, pour dénominateur, 1728, parce que le gros vaut 1728^{primes}, et l'on a $7^{\text{gros}} \frac{601}{1728}$ au lieu du nombre complexe $7^{\text{gros}} 1^{\text{denier}} 1^{\text{grain}} 1^{\text{prime}}$ (N°s 116, 123 et 234).

DÉMONSTRATION. Car puisqu'une prime équivaut à $\frac{1}{1728}$ du gros, 601^{primes} en sont les $\frac{601}{1728}$. (N° 426 *bis*.)

464. AUTRES EXEMPLES. $13^{\text{lignes}} 3^{\text{points}} = 13^{\text{lignes}} \frac{1}{4}$; ...... 9^{lignes} $4^{\text{points}} = 9^{\text{lignes}} \frac{1}{3}$ (n° 107); ... $150^{\text{francs}} = 151^{\#} 17^{s} 6^{d} = 151^{\#} \frac{210}{240} = 151^{\#} \frac{7}{8}$ (n°s 117, 234 et 416); .... $64^{\text{lb}} 1^{\text{once}} 1^{\text{gros}} 6^{\text{grains}}$, poids d'un pied cubique d'huile d'olive $= 64^{\text{lb}} \frac{654}{9216} = 64^{\text{lb}} \frac{109}{1536}$; ...... Celui d'un pied cubique de vinaigre blanc, $= 70^{\text{lb}} 15^{\text{onces}} 2^{\text{deniers}}$ $21^{\text{grains}} = 70^{\text{lb}} \frac{8709}{9216} = 70^{\text{lb}} \frac{2903}{3072}$ (n° 116); ...... la perche carrée

---

(1) Thomas Pitt, gouverneur du fort S^t.-Georges à Madras, aïeul et bisaïeul des deux célèbres ministres de ce nom, avait acheté, dans l'Inde, près d'un ouvrier des mines du Mogol qui se l'était approprié, ce diamant, de la grosseur d'un œuf de pigeon, pour 48.000 pagodes (24.400 livres sterling). Il le revendit, selon les écrivains anglais, 135.000 livres ster., et 2 millions seulement, selon les écrivains français, à Philippe II, duc d'Orléans, régent de France de 1715 à 1723, neveu de Louis XIV, et bisaïeul de Louis-Philippe Ier, roi des Français.

(E. et F.) $= 13^{\text{ toi. car.}} 16^{\text{ pi. car.}} = 13^{\text{ toi. car.}} \frac{16}{36} = 13^{\text{ toi. car.}} \frac{4}{9}$; ...,
l'arpent (*id.*) $= 1344^{\text{ toi. car.}} 16^{\text{ pou. car.}} = 1344^{\text{ toi. car.}} \frac{4}{9}$ (n°s 110
et 336).

465. Pour convertir tous ces nombres fractionnaires en nombres décimaux, il ne s'agit plus que de réduire en fractions décimales les fractions ordinaires qui accompagnent les entiers.

Ainsi, $13^{\text{lignes}\frac{1}{4}} = 13^{\text{lig.}}$, 25 ;......... $9^{\text{lignes}\frac{1}{3}} = 9^{\text{lig.}}$, 3333, à moins d'un dimillième ;......... $151^{\text{lb}}\frac{7}{8} = 151^{\text{lb}}$, 875 ;..............
$64^{\text{lb}}\frac{109}{1536} = 64^{\text{lb}}$,0709, à moins d'un dimillième ;..................,
$70^{\text{lb}}\frac{2903}{3072} = 70^{\text{lb}}$, 9449 (même approximation) ;..................
$13^{\text{toises carrées}\frac{4}{9}} = 13^{\text{toi. car.}}$, 4444 (*id.*) ;............,.. $1344^{\text{toi. car.}}\frac{4}{9}$
$= 1344^{\text{toi. car.}}$, 4444 (*id,*).

466. Remarque. On pouvait encore convertir les nombres fractionnaires obtenus (n° 464) en expressions fractionnaires, en suivant la méthode du n° 445.

En effectuant cette conversion, on aura $13^{\text{lignes}\frac{1}{4}} = \frac{53}{4}$ de ligne ;...
$9^{\text{lignes}\frac{1}{5}} = \frac{28}{5}$ de ligne ;... $151^{\text{lb}}\frac{7}{8} = \frac{1215}{8}$ de livre ;... $64^{\text{lb}}\frac{109}{1536} = \frac{98415}{1536}$
de livre pesant ;........ $70^{\text{lb}}\frac{2903}{3072} = \frac{217943}{3072}$ de livre pesant ;........
$13^{\text{toises carrées}\frac{4}{9}} = \frac{121}{9}$ de toise carrée ;............,... $1344^{\text{toi. car.}}\frac{4}{9} =$
$\frac{12100}{9}$ de toise carrée.

DE L'ÉVALUATION DES FRACTIONS.

467. Définition. *Évaluer* une fraction, c'est exprimer sa valeur en mesures connues et reçues par l'usage.

468. On peut avoir une fraction ordinaire, ou une fraction décimale, à évaluer en anciennes ou en nouvelles mesures.

469. Méthode. Pour évaluer une fraction ordinaire, qui se rapporte aux anciennes mesures, il faut *considérer son numérateur comme exprimant des unités de l'espèce à laquelle la fraction se rapporte, les réduire en sous-espèces de grandeur immédiatement inférieure, et diviser le produit par le dénominateur : le quotient exprimera les unités de cette sous-espèce qui sont contenues dans la fraction proposée. Réduire le reste, s'il y en a un, en sous-espèces de grandeur immédiatement inférieure à celle des sous-espèces obtenues au quotient; et continuer le même procédé, jusqu'à ce que l'on trouve une valeur exacte ou suffisamment approchée.*

Exemple. 110 ^{francs} valent 111 ^{tt} $\frac{5}{8}$ tournois ; à quel nombre complexe cela répond-il ?

$$3^{tt}$$
$$20$$
$$\overline{60^{s}} \mid \frac{8}{7^{s}\ 6^{a}}$$

1er Reste..... 4^{s}
$$12$$
$$\overline{48^{a}}$$

2e Reste...... 0

On considère la fraction $\frac{5}{8}$ de livre tournois, comme représentant 3^{tt} à diviser par 8. On convertit ces 3^{tt} en 60^{s}, qu'on divise par le dénominateur 8 ; le quotient est 7^{s} et le reste 4^{s}. Ce reste devant être divisé à son tour par 8, on le réduit en 48^{a}. La seconde division donne exactement 6^{a} au quotient. (N°s 117 et 232).

Donc $\frac{5}{8}$ de 1^{tt} = 7^{s} 6^{a}; donc 110^{francs} = 111 ^{tt} 7^{s} 6^{a} exactement.

Cette méthode est fondée sur ce que les $\frac{5}{8}$ de 1^{tt} sont la même chose que la huitième partie de 3^{tt}. (N°s 394 et 395).

470. Autres Exemples. Le pied cubique d'eau de Spa pèse 70 ℔ $\frac{581}{9216}$ = 70 ℔ 1^{once} 0^{gros} 0^{denier} 5^{grains} (n°s 116 et 232) ;.... la longueur de la circonférence d'un cercle est égale aux $\frac{22}{7}$ de son diamètre ; par conséquent un diamètre de 1 ^{toise}, répond à une circonférence de 3^{toises} $\frac{1}{7}$ = 3$^{toi.}$ 0$^{pi.}$ 10$^{pou.}$ 3$^{lig.}$ 5^{points}, à $\frac{1}{7}$ de point près (n° 107) ;... la surface d'un cercle est égale au produit de sa circonférence par la moitié de son rayon, ou par le quart de son diamètre ; donc la surface du cercle dont il s'agit = $\frac{22}{7}$ de toise × $\frac{1}{4}$ de toise = $\frac{22}{28}$ = $\frac{11}{14}$ de 1 $^{toi.\ car.}$ = 28$^{pi.\ car.}$ 41 $^{po.\ car.}$ 28 $^{lig.\ car.}$ à $\frac{4}{7}$ de ligne carrée près (n°s 110 et 428) ;............ la surface d'une sphère est égale à 4 fois celle d'un de ses grands cercles ; donc la surface d'une sphère, qui a 1 ^{toise} de diamètre, est égale à $\frac{22}{28}$ de toise carrée × 4 = $\frac{88}{28}$ de 1 $^{toi.\ car.}$ = 3 $^{toi.\ car.}$ $\frac{1}{7}$ = 3 $^{toi.\ car.}$ 5 $^{pi.\ car.}$ 20 $^{pou.\ car.}$ 82 $^{lig.\ car.}$, à $\frac{2}{7}$ de ligne carrée près (n°s 110, 403, 416 et 426 bis) ;... la solidité ou le volume d'une sphère équivaut au produit de sa surface par le tiers de son rayon, ou le sixième de son diamètre ; ainsi la solidité de la sphère précitée = $\frac{88}{28}$ de toise carrée × $\frac{1}{6}$ de toise = $\frac{88}{168}$ de 1 $^{toi.\ cub.}$ = 113 $^{pi.\ cub.}$ 277 $^{po.\ cub.}$ 1234 $^{lg.\ cub.}$, à $\frac{2}{7}$ de ligne cubique près (n°s 111, 416 et 428 bis).

471. Méthode. Pour évaluer les fractions décimales qui se rapportent aux anciennes mesures, il suffit de *les mettre sous la forme de fractions ordinaires, et le calcul revient à l'évaluation de celles-ci.*

Exemple. Le quart d'un méridien terrestre = 5.130.740^{toises} ; le mètre est égal à 0,0000001 de cette longueur : combient vaut-il ?

La question revient à évaluer $\frac{1}{10000000}$ de 5.130.740 ^{toises} ou les

$\frac{5130740}{10000000}$ de 1^{toise}, ou enfin le quotient de $5.130.740^{\text{toises}}$ par $10.000.000$.

$$513074^{\text{toises}} \mid \underline{1000000}$$
$$3^{\text{pieds}}0^{\text{ponce}}11^{\text{lignes}}.$$

1er dividende partiel..	3078444^{pieds}
1er reste	$78444^{\text{pi.}}$
2e dividende partiel...	941328^{pouces}
3e dividende partiel..	11295936^{lignes}
dernier reste........	$295936^{\text{lig.}}$

Pour compléter le quotient, il faudrait y ajouter $\frac{295936}{10000000}$, ou $0,295936$ de ligne; mais, en se bornant à trois décimales, il suffira d'y joindre $0,296$ de ligne, en sorte que le mètre vaut $3^{\text{pieds}}11^{\text{lig.}},296$, et cette valeur n'excède pas même d'un *dimillième* de ligne la valeur rigoureuse.

(Voyez les n°s 107, 126, 217, 232, 253, 274, 290, 297, 394, 395, 460 et 468).

472. AUTRES EXEMPLES. Le myriamètre $= 5130^{\text{toises}}$, $74 = 5130^{\text{toi.}}4^{\text{pieds}}5^{\text{pou.}}3^{\text{lig.}}$; .... le kilomètre $= 513^{\text{toi.}},074 = 513^{\text{toi.}}5^{\text{pou.}}4^{\text{lig.}}$; .... l'hectomètre $= 51^{\text{toi.}},3074 = 51^{\text{toi.}}1^{\text{pied}}10^{\text{po.}}2^{\text{lig.}}$; .... le décamètre $= 5^{\text{toi.}},1307 = 5^{\text{toi.}}9^{\text{pou.}}5^{\text{lig.}}$ (n°s 138 et 139); ...... l'hectare, ou arpent nouveau $= 1^{\text{arpent}}95^{\text{perches car.}}$, 802 (eaux et forêts); or, la perche carrée (eaux et forêts) $= \frac{484}{36}$ ou $\frac{121}{9}$ de toise carrée; donc, $0,802$ de la perche carrée $= \frac{802}{1000}$ de $\frac{121}{9}$ de toise carrée $= \frac{97042}{9000}$ de toise carrée $= 10^{\text{toi. car.}}28^{\text{pi. car.}}24^{\text{po. car.}}27^{\text{lig. car.}}$; donc l'hectare $=$ etc. (n°s 110, 140, 439, 460, 464 et 466); .... l'are ou perche carrée nouvelle $= 1^{\text{perche car.}}$, 958 (E. et F.) $= 1^{\text{perche car.}} + \frac{958}{1000}$ de $\frac{121}{9}$ de toise carrée $= 1^{\text{perche car.}} + \frac{115918}{9000}$ de toise carrée $= 1^{\text{perche car.}}$ $12^{\text{toi. car.}}31^{\text{pi. car.}}96^{\text{pou. car.}}110^{\text{lig. car.}}$ (mêmes n^{os}); .... le centiare ou mètre carré $= 0,01958$ de la perche carrée $= \frac{1958}{100000}$ de $\frac{121}{9}$ de toise $= \frac{236918}{900000}$ de $1^{\text{toise. car.}} = 9^{\text{pi. car.}}68^{\text{pou. car.}}39^{\text{lig. car.}}$ (mêmes n^{os}); .... en négligeant constamment les fractions de ligne.

473. MÉTHODE. Pour évaluer les fractions ordinaires qui se rapportent aux nouvelles mesures, il suffit de *les réduire en fractions décimales*.

EXEMPLES. Ainsi, $\frac{3}{4}$ d'un franc $= 0,75$ d'un franc $= 75^{\text{centimes}}$; ... $\frac{7}{8}$ d'un mètre $= 0,875$ d'un mètre $= 875^{\text{millimètres}}$; .... $\frac{1}{2}$ des $\frac{3}{8}$ des $\frac{7}{16}$ d'un myrialitre $= \frac{21}{256}$ d'un myrialitre $= 0^{\text{myrialitre}}$, $08203125 = 820^{\text{litres}}3125^{\text{dimillilitres}}$.

DÉMONSTRATION. En général, il est évident qu'il suffit, pour cette évaluation, de convertir la fraction ordinaire proposée, en fraction décimale, puisque les subdivisions des unités du nouveau système métrique suivent l'ordre décimal.

474. Corollaire. On voit donc que les fractions décimales, qui se rapportent aux nouvelles mesures, n'ont pas besoin d'être évaluées, et qu'elles le sont naturellement par la correspondance de leur numération avec le mode de subdivision des unités du nouveau système métrique.

DE L'ADDITION DES NOMBRES COMPLEXES.

475. Méthode. Pour ajouter les nombres complexes, il faut *les écrire de manière que les unités de même grandeur soient dans une même colonne; souligner le dernier nombre, faire la somme des unités de la moindre grandeur que renferment les nombres proposés; si cette somme ne contient point d'unités de grandeur immédiatement supérieure, l'écrire au-dessous; mais si elle en renferme, les joindre à la somme de ces unités; continuer le même procédé jusqu'à ce qu'on arrive aux unités principales, dont l'addition se fait comme celle des nombres entiers.* (N° 150).

Exemple. Quelle est, abstraction faite du poids des futailles, la charge d'une voiture sur laquelle on a placé un baril de chacun des vins ci-après désignés, en supposant que chacun des barils soit de la contenance d'un pied cubique?

	livres	onces	gros	den.	grains.
de Bourgogne pèse.............	69	6	3	2	12
de Champagne blanc mousseux..	69	13	5	0	13
de Bordeaux	69	9	1	1	1
de Malaga (1).................	71	8	6	0	1
de Malvoisie.................	72	10	6	0	20
de Tokai.....................	73	12	2	0	3
de Constance.................	75	11	5	2	11
Somme ou charge de la voiture...	502	8	6	1	13

La somme des grains est 61, ce qui fait 2 [deniers], qu'on joint à la somme de ceux-ci, et 13 [grains], qu'on écrit sous la colonne qui leur correspond. La somme des deniers est 7, c'est-à-dire, 2 [gros] et 1 [denier]. Les 2 [gros] réunis à la colonne des gros, en élèvent la somme à 30, quantité égale à 3 [onces] 6 [gros]. En ajoutant ces 3 [onces] à la somme des onces, elle monte à 72, c'est-à-dire, à 4 [livres] 8 [onces]; on écrit celles-ci au-dessous, et, en joignant les 4 [livres] à la somme de ces dernières, on trouve 502. (N°s 116 et 334).

Le poids des vins chargés sur la voiture dont il s'agit est donc de 502 ℔ 8 [onces] 6 [gros] 1 [denier] 13 [grains].

---

(1) *Malaga*, grande ville d'Espagne. *Malvoisie*, ville et petite île de la Grèce. *Tokaï*, bourg de la Haute-Hongrie. *Constance*, canton près du Cap de Bonne-Espérance, dont les vins sont regardés comme les meilleurs du globe.

La démonstration est semblable à celle de l'addition des nombres entiers. (Nᵒˢ 150 et 341).

476. Autres Exemples.

Iᵉʳ. Combien fait, en livres tornois, une somme composée d'une pièce de chacune des espèces monétaires anciennes dont le détail est ci–dessous ?

IIᵉ. Quelle est la surface d'un terrain qui résulte de la réunion de sept pièces de terre, voisines l'une de l'autre, et dont les contenances sont exprimées, en mesures de Paris, par les nombres suivans ?

Iᵉʳ Exemple.

	sous	liv.	sous.	den.
6 ♪ =	0	5	0 $\frac{3}{4}$
12 ♪ =	0	10	1 $\frac{1}{2}$
24 ♪ =	1	0	3
3 ♯ =	2	15	8 $\frac{1}{4}$
6 ♯ =	5	17	5 $\frac{2}{5}$
24 ♯ =	23	16	10 $\frac{13}{20}$
48 ♯ =	47	15	9 $\frac{3}{5}$

Somme = 82 ♯   1 ♪   3 $\frac{3}{20}$

IIᵉ Exemple.

perches car.	toises car.	pieds car.
373	5	29
358	3	31
246	8	10
239	0	35
125	7	18
97	6	16
82	1	7

Surf. totale   1523 ᵖᵉʳ·ᶜᵃʳ· 7 ᵗᵒⁱ·ᶜᵃʳ· 2 ᵖⁱ·ᶜᵃʳ

Pour le Iᵉʳ exemple, voyez les nᵒˢ 117, 334, 403, 418 et 423.

A l'égard du IIᵉ exemple, il ne faut pas perdre de vue que la perche carrée de Paris vaut 9 ᵗᵒⁱˢᵉˢ ᶜᵃʳʳᵉᵉˢ, et que l'arpent contient 100 ᵖᵉʳᶜʰᵉˢ ᶜᵃʳʳᵉᵉˢ, de sorte que le résultat de cet exemple équivaut à 15 ᵃʳᵖᵉⁿˢ 23 ᵖᵉʳᶜʰᵉˢ ᶜᵃʳʳᵉᵉˢ 7 ᵗᵒⁱ·ᶜᵃʳ· 2 ᵖⁱ·ᶜᵃʳ· (Nᵒˢ 110, 296 et 334).

DE LA SOUSTRACTION DES NOMBRES COMPLEXES.

477. Méthode. Pour faire la soustraction des nombres complexes, il faut *écrire le plus petit nombre sous le plus grand, de manière que les unités de même grandeur soient dans la même colonne ; soustraire les unités de chaque sous-espèce du nombre inférieur de celles qui leur correspondent dans le nombre supérieur, en commençant par les plus petites ; mais si le nombre des unités de quelque grandeur du nombre inférieur surpasse le nombre des unités semblables qui lui correspond, il faut ajouter à celui-ci une unité de la grandeur immédiatement plus forte, en la réduisant en unités égales à celles du nombre auquel on l'ajoute, et, dans le nombre inférieur, augmenter de 1 les unités de cette même grandeur immédiatement plus forte.*

Exemple. Quelle est la différence entre le poids d'un pied cu–

bique d'eau de mer et celui d'un pied cubique de bois de sapin (*femelle*)?

1 pied cub.		71 ℔	13 onces	3 gros	1 denier	23 grains
	d'eau de la mer pèse...					
	de sapin (femelle)....	34	13	6	0	6
Différence.............		36	15	5	1	17

On soustrait les 6 grains du nombre inférieur, des 23 grains qui se trouvent dans le nombre supérieur; le reste est 17 qu'on écrit au-dessous. Passant à la colonne des deniers, on a évidemment 1 pour reste.

Comme on ne peut ôter 6 gros de 3 gros, on augmente ceux-ci de 1 once réduite en 8 gros, et l'on retranche alors 6 gros de 11 gros; le reste est 5 gros, qu'on écrit dans la colonne correspondante.

On ajoute 1 once aux 13 onces du nombre inférieur; à ce moyen on a 14 onces, qu'on ne peut soustraire des 13 qui sont au nombre supérieur. A ces 13 onces on ajoute 1 livre, convertie en 16 onces, ce qui donne 29 onces, qui, diminuées de 14 onces, donnent 15 pour reste.

On augmente les 34 livres du nombre inférieur de 1^{tt}, et retranchant alors 35 ℔ de 71 ℔, l'opération est terminée.

Il est évident que la démonstration de cette méthode n'exige pas d'autres principes que ceux à l'aide desquels on a démontré la soustraction des nombres entiers. (N° 161).

478. Autres Exemples.

Ier. A 5 heures 17 minutes 39 secondes de l'après-midi, combien de temps reste-t-il encore à s'écouler jusqu'à minuit?

IIe.. Un ouvrier doit extraire d'une carrière 152 toises cubiques 34 pi. cub. 1200 pou. cub. de pierre; il n'en a encore tiré que 69 toi. cub. 157 pi. cub. 1482 pou cub. : de combien s'en faut-il que son travail ne soit achevé?

	Ier Exemple.				IIe Exemple.			
	12 heures				152 t. cub.	34 pi. cub.	1200 p. c.	
	5	$17'$	$39''$		69	157	1482	
Reste...	6^h	$42'$	$21''$	Reste...	82	92 .	1446	

Dans le Ier exemple, on soustrait $39''$ de $1'$ réduite en $60''$; il reste $21''$. On ôte $17' + 1'$ ou $18'$ de 1 heure, convertie en $60'$; il reste $42'$. On retranche enfin 5 heures $+ 1$ heure, ou 6 heures, de 12 heures, qui est l'intervalle de temps entre midi et minuit. (N° 118).

Dans le IIe exemple, on augmente les 1200 pou. cub. de 1 pi. cub. converti en 1728 po. cub., ce qui fait 2928 po. cub., lesquels, diminués de 1482 pu. cub., laissent 1446 po. cub. pour reste. On soustrait ensuite $157 + 1$, ou 158 pi. cub. de 34 pieds cub., augmentés de 1 toise, réduite en 216 pi. cub. c'est-à-dire, de 250 pieds cub.; il reste 92 pieds cub. Il n'y a plus qu'à retrancher 70 de 152. (N°s 111 et 161).

DE LA MULTIPLICATION DES NOMBRES COMPLEXES.

479. La manière la plus expéditive d'effectuer la multiplication des nombres complexes, suppose qu'on sait prendre une partie déterminée d'un nombre de cette sorte ; il faut donc exposer la méthode à suivre pour faire cette dernière opération.

480. Méthode. Pour diviser un nombre complexe par 2, par 3, etc., et, en général, par les nombres de 2 à 12 inclusivement, il faut *prendre des unités principales du dividende une partie désignée par le diviseur ; réduire le reste de cette division en unités de la grandeur immédiatement inférieure, auxquelles on joint celles de même grandeur qui peuvent se trouver dans le dividende ; prendre du tout une partie indiquée par le diviseur, et continuer le même procédé jusqu'à ce que toutes les sous-espèces du dividende soient épuisées.*

Exemple. Un ouvrier doit faire $159^t \cdot 4^{pi} \cdot 2^{po} \cdot 3^{lig} \cdot$ d'un certain ouvrage, dans 9 jours ; combien doit-il en faire dans un seul jour ?

On prendra le 9e de 159^{toises}, lequel est 17^{toises} avec 6 pour reste ; puis l'on continuera l'opération en disant : reste 6^{toises} qui valent 36^{pieds}, et 4^{pieds}, qu'on a déjà, font 40^{pieds}. Le 9e de 40 est 4, pour 36 ; reste 4^{pieds} qui valent 48^{pouces}, et 2^{po} qui sont au dividende, font 50^{pouces}. Le 9e de 50 est 5, pour 45 ; reste 5^{pouces}, qui valent 60^{lignes}, et 3^{lignes}, qu'on a déjà, font 63^{lignes} dont le 9e est 7^{lignes} exactement. (N°s 107 et 299).

Ainsi l'ouvrier doit faire par jour $17^{toi} \cdot 4^{pi} \cdot 5^{po} \cdot 7^{lig}$.

Cette méthode se démontre d'elle-même.

481. Autres Exemples.

Ier Le tonneau appelé *grande pipe de Cognac*, contenait 2^{muids} 9^{veltes} (mesure de Paris) : si 5 personnes eussent acheté un semblable tonneau d'eau-de-vie, quelle eût été la part de chacune ?

IIe Partager $59^{muids} \, 11^{setiers} \, 1^{boisseau} \, 4^{litrons}$ de blé entre 4 personnes.

Ier Exemple.	IIe Exemple.
$2^{muids} \, 9^{veltes}$	$59^{muids} \, 11^{setiers} \, 1^{boisseau} \, 4^{litr.}$
$\frac{1}{5} = 0 \quad 16 \quad 1^{pinte} \, 1^{chopine} \, \frac{1}{5}$	$\frac{1}{4} = 14 \quad 11 \quad 9 \quad 5$

Dans le premier exemple, on dira : le 5e de 2, n'est pas ; reste 2^{muids}, qui valent 72^{veltes}, et 9 font 81. Le 5^e de 81 est 16, pour 80, reste 1^{velte}, qui vaut 8^{pintes}. Le 5e de 8 est 1, pour 5 ; reste 3^{pintes}, qui valent $6^{chopines}$. Le 5e de 6 est 1, pour 5 ; reste $1^{chopine}$, dont le 5e est $\frac{1}{5}$. (N°s 114 et 299).

Ainsi chaque personne aura $16^{veltes} \, 1^{pinte} \, 1^{chopine} \, \frac{1}{5}$ d'eau-de-vie.

Dans le deuxième exemple, on dira : le quart de 59 est 14, pour

56; reste 3.^{muids}, qui valent 36 ^{etiers} et 11 font 47. Le quart de 47 est 11, pour 44; reste 3 ^{setiers}, qui valent 36 ^{boisseaux}, et 1 font 37. Le quart de 37 est 9, pour 36; reste 1 ^{boisseau}, qui vaut 16 ^{litrons}, et 4 font 20; dont le quart est 5 exactement. (N°s 115 et 299).

- La part de chaque personne sera donc de 14 ^{muids} 11 ^{setiers} 9 ^{boisseaux} 5 ^{litrons} de blé.

482. Il y a trois cas dans la multiplication des nombres complexes, selon que le multiplicande, seul, ou le multiplicateur, seul, ou les deux facteurs sont complexes: une seule méthode comprend ces trois cas.

483. MÉTHODE. Pour faire la multiplication des nombres complexes, il faut *d'abord multiplier entre elles les unités principales des deux facteurs; décomposer ensuite les unités des sous-espèces du multiplicande en parties aliquotes de son unité principale, ou des parties aliquotes qui précèdent; évaluer ces fractions sur les unités principales seulement du multiplicateur, mais en unités de même espèce que le multiplicande; décomposer de même les unités des sous-espèces du multiplicateur en parties aliquotes de son unité principale, ou des parties aliquotes qui précèdent, et évaluer ces fractions sur la totalité du multiplicande. Et si la partie aliquote à évaluer était trop petite à l'égard de l'unité ou de la partie aliquote à laquelle on la rapporte, on prendrait une partie aliquote intermédiaire, ce qui formerait un produit auxiliaire duquel on déduirait la valeur de la partie aliquote cherchée; on barrerait ensuite les chiffres de ce produit auxiliaire avant de faire la somme des divers produits partiels obtenus.*

1er EXEMPLE. On sait que le pied cubique de marbre blanc de Paros, pèse 198 ^{livres} 10 ^{nces} 2 ^{deniers} 17 ^{grains}, et l'on demande quel serait le poids d'un bloc d'une toise cubique de ce marbre? (1)

Puisqu'il y a 216 pieds cubiques dans la toise cubique, il est

---

(1) La *pesanteur spécifique* d'un corps est le poids d'un volume déterminé de ce corps.

C'est par elle qu'on peut trouver, à l'aide du calcul, le poids de tel ou tel autre volume du même corps, comme on le voit dans cet exemple.

Au contraire, la connaissance du poids d'un corps dont on ignore le volume, ne peut servir à calculer le poids d'un autre corps de la même nature, mais d'un volume différent.

On a indiqué la pesanteur spécifique de différentes substances dans l'exemple du n.° 234. — L'ex. Ier, n° 235. — Les VIIe et XIe questions du n° 238. — L'ex. IIe, n° 334. — Le IIe, n° 337. — La question VIIIe, n° 339. — Les ex. IVe et V^e, n° 464. — Le 1er, n° 470. — Les exemples des n°s 475 et 477.

On en indiquera encore quelques autres dans la suite de ces élémens.

clair que le bloc dont il s'agit pèsera 216 fois 198℔ 10^{onces} 2^{deniers} 17^{grains}. (N° 226).

$$198℔ \quad 10^{onc.} \; 0^{gros.} \; 2^{den.} \; 17^{grains.}$$
$$216$$

	1188	
	198	
	396	
Pour 8^{onces}....................	108	
2^{onces}....................	27	
Produit auxiliaire pour 2^{gros}.........	~~3~~	6$^{onc.}$
Pour 2^{deniers}....................	1	2
12^{grains}....................	0	4　4$^{gros.}$
4^{grains}....................	0	1　4
1^{grain}....................	0	0　3

Somme ou produit total ...... 42904℔　8$^{onc.}$　3$^{gros.}$

Après avoir multiplié les unités principales 198℔ du multiplicande par le multiplicateur 216, on décompose les 10^{onces} en parties aliquotes de la livre pesant, qui est l'unité principale du multiplicande, c'est-à-dire en 8^{onces} et 2^{onces}. (N°s 116 et 385).

Pour 8^{onces}, on prend la moitié du multiplicateur 216, et l'on compte cette moitié en livres, c'est-à-dire, en unités de même espèce que le multiplicande.

Pour 2^{onces}, on prend le quart de ce qu'on a obtenu pour 8^{onces}.

Pour 2^{deniers}, on observe qu'ils ne sont que la 24e partie de 2^{onces}; qu'il faudrait donc prendre le 24e du produit qu'on vient d'obtenir, et qu'il est plus aisé de former un produit auxiliaire pour 2^{gros}, qui sont le 8e de 2^{onces}.

On prend donc le 8e du produit correspondant à 2^{onces}, et l'on en fait le produit auxiliaire 3℔ 6^{onces}, dont on a soin de barrer les chiffres. (N° 469).

Actuellement, pour 2^{deniers}, on prend le tiers de ce produit auxiliaire, parce que 2^{deniers} sont le tiers de 2^{gros}. (N° 480).

Quant aux 17^{grains}, on les décompose en 12, 4 et 1, parties aliquotes du denier, et par conséquent aussi de 2^{deniers} (N°s 373 et 385),

Pour 12^{grains}, on prend le quart de ce qu'on vient d'avoir pour 2^{deniers}, parce que 12^{grains} en sont le quart.

Pour 4^{grains}, le tiers du produit correspondant à 12^{grains}.

Enfin, pour 1^{grain}, le quart de ce qu'on a trouvé pour 4^{grains}.

Réunissant tous les produits partiels, on trouve, pour répondre à la question proposée, le nombre 42904℔ 8$^{onc.}$ 3$^{gros.}$. (N° 475).

DÉMONSTRATION. 1° On doit évaluer les sous-espèces du multi-

plicande, sur le multiplicateur (quand c'est un nombre incom‑
plexe) et toujours en unités de même espèce que le multiplicande.
En effet, s'il y avait au multiplicande 16^{onces}, ou 1℔, de plus
qu'il ne s'y en trouve réellement, il est clair que cette livre étant
multipliée par 216, donnerait un produit partiel égal à 216℔; donc
8 onces au multiplicande, ne produiront que la moitié de 216 ℔,
c'est‑à‑dire, la moitié du multiplicateur (s'il est incomplexe),
mais comptée en unités de l'espèce de celles du multiplicande.
(N.ºs 182 et 223).

En général, chaque unité principale du multiplicande, donne
au produit un nombre de ces unités désigné par le multiplicateur;
donc, pour une partie quelconque d'une unité principale du mul‑
tiplicande, on obtient au produit un nombre de ces unités princi‑
pales, indiqué par la même partie du multiplicateur.

2° L'art consiste à former des parties aliquotes, et à les évaluer
les unes sur les autres, de proche en proche, c'est‑à‑dire, les par‑
ties aliquotes suivantes sur celles qui les précèdent, parce que, étant
moins petites à l'égard de celles‑ci, qu'elles ne le seraient à l'égard
des unités principales, il s'ensuit que leur évaluation se fera à l'aide
d'une division par un nombre plus petit, et conséquemment plus
facile; et que, d'un autre côté, il suffira de prendre à chaque fois
une seule partie d'un nombre, ou d'évaluer une fraction ayant l'u‑
nité pour numérateur. (N° 21).

Si l'on voulait, par exemple, rapporter immédiatement 17 ^{grains}
à la livre, il faudrait prendre les $\frac{17}{9216}$ de 216, considéré comme
216℔, puisqu'on devrait multiplier ces 17^{grains}, ou $\frac{17}{9216}$ de livre, par
216, et que $\frac{17}{9216}$ de livre, pris 216 fois, sont la même chose que
les $\frac{17}{9216}$ de 216 ℔; et l'on conçoit combien cette opération serait
longue.

3° C'est par la même raison qu'on a recours à des parties aliquotes
intermédiaires.

Ainsi, dans l'exemple qui nous occupe, s'il eût fallu déduire le
produit correspondant à 2 ^{deniers}, de celui qu'on avait obtenu pour
2 ^{onces}, on eût été forcé de prendre la 24.e partie de ce dernier pro‑
duit, parce que 2 ^{deniers} ne sont que le 24.e de 2 ^{onces}.

4° Il faut barrer les produits auxiliaires, afin de n'être pas exposé
à les comprendre, par inadvertance, dans le produit total dont ils
ne doivent évidemment pas faire partie.

IIe EXEMPLE. En supposant qu'on emploie 7 ^{heures} à faire 1 ^{toise}
d'un certain ouvrage, on demande combien de temps il faudrait
pour confectionner 9 ^{toises} 5 ^{pieds} 11 ^{lignes} du même ouvrage?

Si, au lieu du nombre complexe 9 ^{toises} 5 ^{pieds} 11 ^{lignes}, on avait le
nombre équivalent 9 ^{toises} $\frac{751}{864}$, il est évident qu'en prenant 7 ^{heures}
9 fois, plus $\frac{751}{864}$ de fois, c'est‑à‑dire, en multipliant 7 ^{heures} par
9 + $\frac{751}{864}$, on répondrait à la question proposée; il en sera donc de

même si l'on multiplie 7^{heures} par 9^{toises} 5^{pieds} 11^{lignes}. (N°s 107, 226, 462 et 463.)

$$7^{\text{heures}}$$
$$9^{\text{toises}}\ 5\,\text{pieds}\ 0\,\text{pouce}\ 11^{\text{lignes}}.$$

	63			
Pour 3 pieds.............	3	30 minutes		
1 pied.............	1	10		
1 pied.............	1	10		
Produit auxiliaire p. 1 pouce....	0	5	50 secondes.	
Pour 6 lignes...........	0	2	55	
3 lignes...........	0	1	27	30 tierces.
1 ligne...........	0	0	29	10
1 ligne...........	0	0	29	10
Produit total........	$68^{\text{h.}}$	$55'$	$20''$	$50'''.$

On décompose 5^{pieds} en 3, 1 et 1, parties aliquotes de la toise, qui est l'unité principale du multiplicateur.

Pour 3^{pieds}, on prend la moitié du multiplicande 7^{heures}, parce que 3^{pieds} sont la moitié de la toise. (N°s 107, 118 et 469).

Pour 1^{pied}, le tiers de ce qu'ont produit 3^{pieds}. Ce tiers est pris 2 fois.

On forme un produit auxiliaire pour 1^{pouce}, en prenant le 12e du produit correspondant à 1^{pied}. (N° 480).

On décompose 11^{lignes} en 6, 3, 1 et 1, parties aliquotes du pouce.

Pour 6^{lignes}, on prend la moitié de ce que produirait 1^{pouce}.

Pour 3^{lignes}, la moitié du produit qu'on vient de déterminer.

Pour 1^{ligne}, le tiers de celui qui répond à 3^{lignes}. On répète 2 fois ce tiers.

En faisant la somme des produits partiels, on trouve que le temps cherché est de $68^{\text{heures}}55'20''50'''$. ($N^o$ 119.)

DÉMONSTRATION. Il faut évaluer les sous-espèces du multiplicateur sur le multiplicande tout entier, car pour 1^{toise} au multiplicateur, on obtient le multiplicande 7^{heures}; donc, pour 3^{pieds} ou $\frac{1}{2}$ toise, on aura nécessairement la moitié de ce multiplicande. (N° 183).

En général, chaque unité principale du multiplicateur donne une fois tout le multiplicande au produit; donc une partie quelconque de cette unité principale donne au produit la même partie de la totalité du multiplicande. (N°s 179, 410 et 411.)

Le démonstration de l'exemple précédent s'applique d'ailleurs à celui-ci.

IIIe EXEMPLE. L'intérêt d'un capital inconnu est annuellement de 319#7ſ8ॐ; un débiteur est en retard de l'acquitter depuis 3ᵃⁿˢ 10ᵐᵒⁱˢ 18ʲᵒᵘʳˢ : à combien s'élève-t-il alors?

Dans le calcul de l'intérêt, l'année étant considérée comme ne renfermant que 360 jours, dont 30 composent chaque mois, il s'ensuit que la question proposée revient à calculer l'intérêt correspondant à 3ᵃⁿˢ $\frac{318}{360}$, sachant que l'intérêt annuel est de 319#7ſ8ॐ; or ce calcul consiste à multiplier 319# 7ſ 8ॐ par $\frac{318}{360}$; il se réduit donc à multiplier 319# 7ſ 8ॐ par 3ᵃⁿˢ 10ᵐᵒⁱˢ 18ʲᵒᵘʳˢ, (Nᵒˢ 118, 226, 462 et 463).

	319#	7ſ	8ॐ	
	3ᵃⁿˢ	10ᵐᵒⁱˢ	18ʲᵒᵘʳˢ	
	957			
Pour 5ſ...............	0	15ſ		
2ſ............	0	6		
8ᵈᵉⁿⁱᵉʳˢ.........	0	2		
6ᵐᵒⁱˢ..........	159	13	10ॐ	
3ᵐᵒⁱˢ..........	79	16	11	
1ᵐᵒⁱˢ...........	26	12	3	$\frac{2}{5}$
15ʲᵒᵘʳˢ...........	13	6	1	$\frac{5}{6}$
3ʲᵒᵘʳˢ...........	2	13	2	$\frac{75}{80}$
Produit total	1240#	5ſ	5ॐ	$\frac{4}{15}$

On décompose 7ſ en 5ſ et 2ſ, parties aliquotes de la livre tournois, unité principale du multiplicande.

Pour 5ſ, on prend le quart de 3, considéré comme 3#, parce que 5ſ sont le quart de la livre tournois. (Nᵒˢ 117 et 469).

Pour 2ſ on prend le 10ᵉ du même nombre 3#, parce que 2ſ sont le 10ᵉ de 1#, ce qui est plus simple que de prendre le 5ᵉ du produit correspondant à 5ſ, et de répéter ce cinquième 2 fois.

Pour 8ॐ, il suffit de prendre le tiers du produit qu'on a obtenu pour 2ſ, puisque 8ॐ sont le tiers de 2 ſ.

Par les opérations qu'on vient d'effectuer, tout le multiplicande a été multiplié par les 3 unités principales du multiplicateur.

Afin de multiplier par les sous-espèces 10ᵐᵒⁱˢ et 18ʲᵒᵘʳˢ, on décompose 10ᵐᵒⁱˢ en 6, 3 et 1, parties aliquotes de l'année, qui est l'unité principale du multiplicateur.

Pour 6ᵐᵒⁱˢ, on prend la moitié de la totalité du multiplicande, parce que 6ᵐᵒⁱˢ sont la moitié de l'année. (Nˢ 117, 118 et 480).

Pour 3ᵐᵒⁱˢ, la moitié du produit correspondant à 6ᵐᵒⁱˢ.

Pour 1ᵐᵒⁱˢ, le tiers du produit qu'on vient de former.

On décompose 18ʲᵒᵘʳˢ en 15 et 3.

Pour 15ʲᵒᵘʳˢ, on prend la moitié de ce qu'un mois a donné.

Pour 3ʲᵒᵘʳˢ, le 5ᵉ de ce qu'ont produit 15ʲᵒᵘʳˢ.

Enfin on additionne tous les produits partiels, et l'on trouve 1240# 5ſ 5ᵈ ₄/₁₅ pour répondre à la question proposée. (Nᵒˢ 403, 416, 418, 423 et 475).

DÉMONSTRATION. 1° On doit évaluer les sous-espèces du multiplicande sur les unités principales seulement du multiplicateur, car c'est pour les multiplier par celles-ci, seules, qu'on en fait l'évaluation. C'est ainsi qu'après avoir multiplié les unités principales 319# du multiplicande, par les 3 unités principales du multiplicateur, il reste encore à prendre 3 fois les sous-espèces 7ſ et 8ᵈ; or, chaque livre du multiplicande donne 3 au produit de la multiplication par 3; donc, 5 ſ, par exemple, ou ¼ de la livre, donnent ¼ de 3# pour résultat de la même opération.

2° Il faut évaluer les sous-espèces du multiplicateur sur la totalité du multiplicande, puisque cette totalité doit être multipliée successivement par toutes les sous-espèces du multiplicateur. On voit, dans le calcul qui nous occupe, qu'une année au multiplicateur correspond à 319# 7ſ 8ᵈ au produit; donc 6ᵐᵒⁱˢ, par exemple, ou ½ année, donnent nécessairement au produit la moitié de 319# 7ſ 8ᵈ, c'est-à-dire, la moitié du multiplicande entier.

IVᵉ EXEMPLE. Si l'aune d'une certaine étoffe coûtait 38# 17ſ 7ᵈ, à combien reviendraient 5ᵃᵘⁿᵉˢ ¾ de la même étoffe?

	38#	17ſ	7ᵈ
5 ¾			
	190		
Pour 10ſ..........	2	10ſ	
5ſ..........	1	5	
2ſ..........	0	10	
6ᵈ..........	0	2	6ᵈ
1ᵈ..........	0	0	5
½ aune..........	19	8	9 ¼
¼ d'aune..........	9	14	4 ⁵⁄₄
Prix des 5ᵃᵘⁿᵉˢ ¾.......	223#	11ſ	1ᵈ ¼

L'inspection du calcul rend toute explication inutile.

484. REMARQUE 1ʳᵉ. On voit qu'un multiplicateur complexe peut aussi bien qu'un multiplicateur incomplexe, être considéré comme un nombre abstrait qui exprime combien le multiplicande doit être pris de fois et de fractions de fois. (Nᵒ 222).

Ainsi, dans le IIᵉ exemple, multiplier 7ʰᵉᵘʳᵉˢ par 9ᵗ· 5ᵖⁱ· 11ˡⁱᵍ·, revient à prendre 7ʰ· 9 fois + ⁵⁄₆ de fois + ¹¹⁄₈₆₄ de fois, ou 9 fois + ⁷³¹⁄₈₆₄ de fois, c'est-à-dire, à multiplier 7ʰ· par 9 + ⁷³¹⁄₈₆₄, qui est le nombre fractionnaire correspondant à 9ᵗ· 5ᵖⁱ· 11ˡⁱᵍ· (Nᵒˢ 462 et 463).

Si l'on suit cette méthode de multiplication, on trouvera que

$7^{h.} \times (9 + \frac{781}{864}) = 63^{h.} + \frac{5117}{864} = 68^{h.} + \frac{797}{864} = 68^{h.} \cdot 55' 20'' 30''',$
en évaluant la fraction $\frac{797}{864}$ d'heure ; et le résultat est précisément le
même que celui qu'on a obtenu par la méthode des parties aliquotes,
laquelle n'est évidemment elle-même qu'un mode de multiplication
des nombres fractionnaires.

(Voyez les nᵒˢ 403, 427 *bis* et 469).

485. REMARQUE IIᵉ. La méthode des parties aliquotes est, en
général, beaucoup plus expéditive que celle qui consisterait à convertir les facteurs complexes en nombres fractionnaires, à multiplier
ces derniers entre eux, à ajouter les fractions contenues dans le produit, à extraire de la somme les entiers qu'elle pourrait renfermer,
à simplifier, et enfin à évaluer la fraction à laquelle on serait parvenu.

Elle est également plus simple que la conversion des facteurs
complexes en nombres fractionnaires, puis en nombres décimaux,
dont la multiplication conduirait à une fraction décimale, qu'il
faudrait évaluer ensuite en anciennes mesures.

La question suivante, résolue par les trois méthodes, suffira
pour prouver la vérité de cette observation.

On suppose qu'un ouvrier fait 1 toise 2 pieds 7 pouces 6 lignes *d'un
certain ouvrage, pour* 1 livre *d'une marchandise convenue, et l'on
demande combien cet ouvrier fera du même ouvrage, pour*
29 livres 13 onces 5 gros *de la même marchandise?*

PREMIÈRE SOLUTION.

$\quad$ 1 ᵗ. $\quad$ 2 ᵖⁱ 7 ᵖᵒᵘ· $\quad$ 6 ˡⁱᵍ·
$\quad$ 29 ˡⁱᵛ· $\quad$ 13 ᵒⁿ· 5 ᵍʳᵒˢ

	29						
2 ᵖⁱ···	9	4 ᵖⁱ·					
6 ᵖᵒᵘ··	2	2	6 ᵖᵒᵘ·				
1 ᵖᵒᵘ··	0	2	5				
6 ˡⁱᵍ····	0	1	2	6 ˡⁱᵍ·			
8 ᵒⁿᶜ··	0	4	3	9			
4 ᵒⁿ···	0	2	1	10	$\frac{1}{2}$	$\left.\begin{matrix}\frac{52}{64}\\\frac{40}{64}\\\frac{52}{64}\\\frac{64}{64}\\\frac{45}{64}\end{matrix}\right\}$	$= 2 + \frac{41}{64}.$
1 ᵒⁿ···	0	0	6	5	$\frac{5}{8}$		
4 ᵍʳᵒˢ··	0	0	3	2	$\frac{13}{16}$		
1 ᵍʳᵒˢ··	0	0	0	9	$\frac{64}{64}$		

Réponse. 42 ᵗ. $\quad$ 5 ᵖⁱ· 5 ᵖᵒᵘ· $\quad$ 7 ˡⁱᵍ· $\frac{41}{64}$.

SECONDE SOLUTION. On réduit (nᵒ 463) le multiplicande en
$1^{t.} + \frac{7}{16}$, et le multiplicateur en 29 ℔ $+ \frac{103}{128}$.

Le produit de ces nombres fractionnaires est (nᵒ 449) égal à

$$29 + \frac{203}{16} + \frac{109}{128} + \frac{763}{2048} = 41 + \frac{11}{16} + \frac{109}{128} + \frac{763}{2048},$$

quantité qui, après la réduction des fractions au même dénominateur, leur addition et l'extraction des unités de leur somme (n°s 403, 418 et 423), devient :

$$41 + \tfrac{3915}{2048} = 42^{t.} + \tfrac{1867}{2048}.$$

La fraction $\tfrac{1867}{2048}$ de toise étant évaluée (n° 469), donnera 5$^{pi.}$ 5$^{po.}$ 7$^{li.}$ $\tfrac{1312}{2048}$, ou $\tfrac{41}{64}$ de ligne. (N° 416).

Cette méthode conduit donc a 42$^{t.}$ 5$^{pi.}$ 5$^{po.}$ 7$^{li.}$ $\tfrac{41}{64}$, comme celle des parties aliquotes.

Troisième Solution. On convertit 1$^{t.}$ $\tfrac{7}{16}$ en 1$^{t.}$, 4375, et 29lb $\tfrac{109}{128}$ en 29lb, 8515625 exactement. (N°s 457 et 465.)

On multiplie 1$^{t.}$, 4375 par le nombre abstrait 29,8515625, et l'on obtient au produit 42$^{t.}$, 911621093-5. (N°s 211, 222 et 223.)

Il reste à évaluer la fraction $\tfrac{6406500000}{100000000000}$ de toise. (N°s 460, 469 et 471.)

Le calcul effectué, on trouve 5$^{pi.}$ 5$^{po.}$ 7$^{li.}$, $\tfrac{91162109575}{100000000000}$, ou $\tfrac{41}{64}$ de ligne, en simplifiant, ce qu'on fait par la suppression de 5 zéro, aux deux termes, et la division des termes nouveaux par 15625. (N°s 297, 395, 408 et 409.)

On trouve donc encore le même résultat que par les deux procédés précédens.

DE LA DIVISION DES NOMBRES COMPLEXES.

486. Il y a deux cas, selon que le diviseur est incomplexe, ou qu'il est complexe.

487. 1er cas. *Lorsque le diviseur est incomplexe.*

Le quotient peut être de même espèce que le dividende, ou d'espèce différente.

488. Si le quotient est de même espèce que le dividende, la division d'un nombre complexe, par un nombre incomplexe, s'effectue d'après la méthode du n° 480, si ce n'est qu'il faut diviser, selon la méthode générale, lorsque le diviseur surpasse 12. Et si le dividende est lui-même incomplexe, mais que le quotient, quoique de même espèce, doive être exprimé par un nombre complexe, il faut suivre le procédé du n° 469.

1er Exemple. On propose de partager 4783$^{\text{\#}}$ 3^{s} 9^{d} entre 87 personnes ?

$$4783^{\text{\#}}\ 3^{s}\ 9^{d} \left|\ \frac{87}{54^{\text{\#}}\ 19^{s}\ 7^{d}}\right.$$

1er Reste........   85$^{\text{\#}}$

2e Dividende....   1703^{s}

2° Reste.........   50^{s}

3e Dividende.....   609^{d}

Dernier reste.....   0

La part de chaque personne est donc de 54$^{\text{\#}}$ 19^{s} 7^{d}.

On voit par la nature de la question, que le quotient doit être de même espèce que le dividende, et qu'ainsi le diviseur 87 personnes peut être considéré comme un nombre abstrait. (N° 321.)

Après avoir divisé les unités principales 4783^{tt} par 87, et obtenu 54^{tt} au quotient, et 85^{tt} pour reste, on convertit ces 85^{tt} en 1700$^{\mathcal{S}}$ auxquels on ajoute les 3$^{\mathcal{S}}$ qui sont au dividende, et l'on a 1703$^{\mathcal{S}}$ pour second dividende. La division de celui-ci par 87, donne 19$^{\mathcal{S}}$ au quotient, et 50$^{\mathcal{S}}$ pour reste, lesquels, réduits en deniers et joints au 9$^{\mathcal{A}}$ du dividende total, forment le 3e dividende 609$^{\mathcal{A}}$, dont le quotient par 87 est 7$^{\mathcal{A}}$ exactement (N°^{s} 117, 232 et 480.)

IIe Exemple. On suppose que 2000^{tt} ont produit un bénéfice de 140^{tt} 15$^{\mathcal{S}}$ 9$^{\mathcal{A}}$, et l'on demande celui qui correspond à 1^{tt}?

$$140^{tt}\ 15^{\mathcal{S}}\ 9^{\mathcal{A}}\ \bigg|\ \dfrac{2000}{0^{tt}\ 1^{\mathcal{S}}\ 4^{\mathcal{A}}\ \frac{1789}{2000}.}$$

2815$^{\mathcal{S}}$

1er reste............ 815$^{\mathcal{S}}$

9789$^{\mathcal{A}}$

Dernier reste........ 1789$^{\mathcal{A}}$

Une livre rapporte donc un bénéfice de 1$^{\mathcal{S}}$ 4$^{\mathcal{A}}$ $\frac{1789}{2000}$.

Le dividende, le diviseur et le quotient étant de même espèce, le diviseur peut être considéré comme un nombre abstrait.

(Voyez les n°^{s} 117, 232, 322 et 480.)

IIIe Exemple. On sait que le pied cubique d'eau distillée pèse 70 ℔ : Quel est le poids du pouce cubique de cette eau? (1).

$$70\ ℔\ \bigg|\ \dfrac{1728}{0\ ℔\ 0^{once}\ 5^{gros}\ 0^{denier}\ 13^{grains}\ \frac{576}{1728}.}$$

1120^{onces}

8960^{gros}

1er reste............ 320^{gros}

960^{deniers}

23040^{grains}

Dernier reste........ 576^{grains}

Un pouce cubique d'eau distillée pèse 5^{gros} 13^{grains}$\frac{1}{3}$.

Cet exemple revient à évaluer les $\frac{70}{1728}$ d'une livre pesant, puisque le poids d'un pouce cubique n'est que la 1728e partie de celui d'un pied cubique. Aussi l'opération est-elle la même que celle relative à l'évaluation des fractions.

(Voyez les n°^{s} 111, 232 et 469.)

489. Méthode. Si le quotient ne doit pas être de même espèce

---

(1) Voyez la note relative au 1er exemple du n° 483.

que le dividende proposé, il faut *convertir le dividende et le diviseur en sous-espèces de la moindre grandeur qui soient dans le dividende; considérer ensuite le diviseur comme un nombre abstrait, et le dividende comme renfermant des unités de même espèce que celles qu'on demande au quotient; et alors l'opération revient à une division dans laquelle le quotient est de même espèce que le dividende.*

EXEMPLE. A $18^{\#}$ la toise d'un certain ouvrage, combien en fera-t-on pour une somme de $4007^{\#}$ 15^{s} $7^{\text{à}}$? (N° 328.)

On réduit $4007^{\#}$ 15^{s} $7^{\text{à}}$ en $961.867^{\text{à}}$ et $18^{\#}$ en $4320^{\text{à}}$; on considère le nouveau dividende comme un nombre de toises, et le diviseur, comme un nombre abstrait; en sorte qu'on a $961.867^{\text{t.}}$ à diviser par 4320, ce qui donne au quotient $222^{\text{t.}}$ $3^{\text{pi.}}$ $11^{\text{po.}}$ $\frac{504}{4320}$, ou $\frac{7}{60}$, qui est la réponse à la question proposée.

(Voyez les n°s 107, 117, 232, 234 et 469).

DÉMONSTRATION. 1° On convertit le dividende en sous-espèces de la moindre grandeur qu'il contienne, afin qu'il perde sa forme actuelle, et qu'on puisse le considérer ensuite comme un nombre de l'espèce demandée au quotient; car, si l'on divisait un nombre de livres, sous et deniers, par un nombre quelconque, le quotient contiendrait aussi des livres, sous et deniers, et par conséquent ne répondrait pas à la question proposée.

2° On fait subir la même conversion au diviseur, afin qu'il soit multiplié par le même nombre que le dividende, et qu'ainsi le quotient ne change pas de valeur. (N° 259).

490. REMARQUE. La division d'un nombre incomplexe par un nombre incomplexe, lorsque le quotient doit être complexe, revient à l'évaluation des fractions; car, dans l'exemple précédent, après avoir divisé $961.867^{\text{t.}}$ par 4320, et obtenu au quotient $222^{\text{t.}}$, et pour reste $2827^{\text{t.}}$, le quotient total pouvait s'écrire $222^{\text{t.}}\frac{2827}{4320}$, en sorte que les calculs qu'on a ensuite effectués, avaient pour objet l'évaluation de la fraction $\frac{2827}{4320}$ de toise.

(Voyez les n°s 253, 274, 394, 469 et 488.)

491. SECOND CAS. *Lorsque le diviseur est complexe.*

Le dividende et le diviseur peuvent être de même espèce ou d'espèce différente.

492. MÉTHODE. Pour diviser un nombre complexe ou incomplexe par un nombre complexe, lorsque le dividende et le diviseur sont d'espèce différente, il faut *réduire le diviseur en sous-espèces de la moindre grandeur qu'il renferme; multiplier ensuite le dividende par le nombre qui marque combien il faut d'unités de cette sous-espèce pour composer l'unité principale du diviseur, et alors l'opération revient à la division par un diviseur incomplexe.*

EXEMPLE. En supposant que 8lb 4^{onces} 3^{gros} d'une certaine mar-

chandise coûtent 161[#] 5ˢ 1ᵃ, on demande à combien revient la
livre? (N° 327.)

On réduit d'abord le diviseur en gros, unité de sous-espèce de
la moindre grandeur qu'il contienne : le résultat de cette conversion est 547ᵍʳᵒˢ. On multiplie ensuite le dividende 161[#] 5ˢ 1ᵃ par
128, nombre qui exprime combien la livre, unité principale du
diviseur, contient de gros, unité de sa plus faible sous-espèce :
le produit est 20640[#] 10ˢ 8ᵃ.

On a donc actuellement à diviser 20640[#] 10ˢ 8ᵃ par 547 ; le
quotient est 37[#] 15ˢ 8ᵃ $\frac{96}{547}$, et il indique non le prix du gros, mais
bien celui de la livre de la marchandise dont il s'agit. (N°ˢ 116,
123, 234, 483 et 488).

DÉMONSTRATION. 1° Il faut réduire le diviseur à sa moindre sous-
espèce, afin qu'il devienne incomplexe, parce qu'on ne peut diviser
par un nombre fractionnaire, tel qu'un nombre complexe, mais
seulement par un nombre sous la forme d'un seul tout, c'est-à-
dire, un nombre incomplexe. (N°ˢ 451 et 462).

2° On multiplie le dividende par 128, afin que le quotient ne
change pas de valeur ; car en convertissant en gros le diviseur,
dont l'unité principale est la livre, on l'exprime par un nombre
128 fois plus grand ; il est donc nécessaire de multiplier le dividende par 128, pour conserver au quotient sa valeur. (N°ˢ 116,
234 et 259).

En général, en réduisant le diviseur en unités de sa moindre
grandeur, on le multiplie nécessairement par le nombre qui
marque combien il faut d'unités de cette sous-espèce pour composer son unité principale ; il faut donc multiplier le dividende
par ce même nombre, afin de ne pas changer la valeur du quotient.

3° Quoique le diviseur ait été converti en gros, le quotient 37[#]
14ˢ 8ᵃ $\frac{96}{547}$, désigne le prix d'une livre de marchandise, et répond
à la question proposée. En effet, puisque 8lb 4ᵒⁿᶜᵉˢ 3ᵍʳᵒˢ, ou 547ᵍʳᵒˢ
coûtent 161[#] 5ˢ 1ᵃ, il s'ensuit qu'un gros coûte la 547ᵉ partie de
cette somme ; donc la 547ᵉ partie d'une somme 128 fois plus grande
que 161[#] 5ˢ 1ᵃ, ou le quotient de 20640[#] 10ˢ 8ᵃ par 547, est
nécessairement le prix d'une unité 128 fois plus grande qu'un gros,
c'est-à-dire, le prix de la livre. (N°ˢ 257 et 327).

493. MÉTHODE. Pour diviser un nombre complexe ou incomplexe
par un nombre complexe, lorsque le dividende et le diviseur sont
de même espèce, il faut *réduire le dividende et le diviseur chacun à
la moindre sous-espèce qui soit dans l'un des deux ; considérer
ensuite le dividende comme renfermant des unités de l'espèce demandée au quotient, et le diviseur comme un nombre abstrait :
alors l'opération est ramenée à la division d'un nombre incomplexe par un nombre abstrait.*

Ier Exemple. Dans la supposition qu'une somme ait rapporté 117^{tt} 16^{s} d'intérêt, dans un certain temps, et que chaque livre ait produit un intérêt de 2^{s} 4^{d}, dans le même temps, on demande quelle est la somme prêtée? (N° 328.)

On réduit le dividende et le diviseur en deniers, sous-espèce de la moindre grandeur qui soit dans l'un des deux; ils deviennent respectivement 28272^{d} et 28^{d}. On considère le nouveau dividende comme exprimant 28272^{tt}, espèce demandée au quotient, et le diviseur comme le nombre abstrait 28. On effectue l'opération, et l'on trouve, pour répondre à la question proposée, 1009^{tt} 14^{s} 3^{d} $\frac{3}{7}$. (N°s 117, 234, 469 et 488).

Démonstration. 1° On réduit le diviseur 2^{s} 4^{d} en deniers, ou à sa moindre sous-espèce, afin qu'il devienne incomplexe. (N°s 451 et 462),

2° On fait subir précisément la même conversion au dividende 117^{tt} 16^{s}, afin qu'il soit comme le diviseur multiplié par le même nombre 240. (N°s 117 et 259.)

3° On considère le nouveau dividende comme un nombre de livres tournois, parce que c'est l'espèce d'unités demandée par la question, et que, sans cette manière de le considérer, le quotient deviendrait 240 fois trop petit. En effet, le dividende 117^{tt} 16^{s} est égal à $\frac{28272}{240}$ de la livre tournois, et le diviseur 2^{s} 4^{d} à $\frac{28}{240}$ de la même unité; ils valent donc respectivement $\frac{28272}{240}$^{tt} et $\frac{28}{240}$^{tt}; or le quotient de ces deux quantités sera le même, si on les multiplie par le même nombre 240, ce qui revient à effacer le dénominateur commun; on a donc à diviser 28272^{tt} par 28^{tt}, et puisque d'ailleurs le quotient doit être aussi un nombre de livres tournois, il s'ensuit que le diviseur 28 peut être considéré comme un nombre abstrait; en sorte qu'on a 28272^{tt} à diviser par le nombre abstrait 28.

(Voyez les n°s 322, 394, 395, 463 et 466.)

IIe Exemple. Dans la supposition que 1$^{pi.}$ 7$^{po.}$ d'un certain ouvrage, coûtent 1^{tt}, on demande ce que coûteraient 51$^t.$ 3$^{pi.}$ 3$^{po.}$ 4$^{li.}$ du même ouvrage?

Il est clair qu'autant de fois et de fractions de fois 1$^{pi.}$ 7$^{po.}$ seront contenus dans 51$^t.$ 3$^{pi.}$ 3$^{po.}$ 4$^{li.}$, autant ce dernier ouvrage coûtera de livres et de fractions de livres tournois; il faut donc diviser 51$^t.$ 3$^{pi.}$ 3$^{po.}$ 4$^{li.}$ par 1$^{pi.}$ 7$^{po.}$

On réduit le dividende et le diviseur en lignes; ils deviennent respectivement 44536$^{lig.}$ et 228$^{lig.}$ On considère le nouveau dividende comme 44536^{tt}, et le diviseur comme le nombre abstrait 228; et, après l'effectuation du calcul, on trouve 195^{tt} 6^{s} 8^{d} pour réponse à la question proposée. (N°s 107, 234, 469 et 488).

Démonstration. S'il ne s'agissait que de faire perdre au diviseur sa forme complexe et de ne pas changer la grandeur du quotient, il suffirait de réduire $1^{pi.}$ $7^{po.}$ en pouces, et de faire subir la même conversion au dividende ; mais il faut que celui-ci perde sa forme actuelle, puisqu'en se contentant de le changer en $3711^{po.}$ $4^{lig.}$ on aurait au quotient des pouces et des lignes, tandis que la question proposée exige des livres tournois ; il faut donc que le dividende soit converti en un nombre incomplexe, c'est-à-dire, à sa moindre sous-espèce, ou en lignes ; il faut donc aussi convertir en lignes le diviseur. (N° 259).

On démontrera, comme on l'a fait précédemment, qu'il faut que le diviseur devienne incomplexe, et soit ensuite considéré comme un nombre abstrait.

494. REMARQUE. La preuve des opérations qu'on vient d'exposer, se fera selon les méthodes relatives à celle des opérations sur les nombres entiers, en les modifiant d'après les procédés particuliers au calcul des nombres complexes.

DES RAPPORTS.

495. DÉFINITION. On appelle *rapport par quotient*, ou simplement *rapport*, le quotient de deux nombres.

496. Pour écrire un rapport, on sépare les deux nombres par deux points, qui signifient *est à*, ou *divisé par.*

Ces deux nombres sont les *termes* du rapport.

Le premier terme se nomme *antécédent*, et le second terme *conséquent.*

497. On est convenu de prendre pour valeur du rapport *le quotient de l'antécédent divisé par le conséquent.*

498. Le mot de *rapport* est souvent employé pour désigner la valeur même du rapport. Cette valeur s'appelle aussi *raison.*

499. Ainsi le rapport de 27 à 3 est 9 ; celui de 8 à 11 est $\frac{8}{11}$; celui de $\frac{2}{3}$ à $\frac{4}{5}$ est $\frac{10}{12}$ ou $\frac{5}{6}$. (N°^{s} 240, 396, 416, 435 *bis* et 495).

Ces rapports s'écriront, $27 : 3$; $8 : 11$; $\frac{2}{3} : \frac{4}{5}$, et se liront, 27 est à 3 ; 8 est à 11 ; $\frac{2}{3}$ est à $\frac{4}{5}$.

27, 8 et $\frac{2}{3}$, sont les *antécédens* de ces rapports ; 3, 11 et $\frac{4}{5}$ en sont les *conséquens.*

La valeur ou la *raison* de chacun de ces rapports est respectivement 9, $\frac{8}{11}$ et $\frac{5}{6}$.

500. DÉFINITION. On appelle *rapport composé* celui qui résulte de la multiplication, *terme à terme*, de plusieurs rapports : ces derniers sont les *rapports composans.*

Par exemple, si l'on multiplie les deux termes du rapport 6 : 2 par les termes correspondans du rapport 10 : 5, on aura............

$6 \times 10 : 2 \times 5$, ou 60 : 10 pour le rapport composé des deux rapports proposés. De même, le rapport composé des quatre rapports 2 : 3 ; 9 : 5 ; 16 : 8 et 7 : 21, sera ....
$2 \times 9 \times 16 \times 7 : 3 \times 5 \times 8 \times 21$, ou 2016 : 2520, dont la valeur est $\frac{2016}{2520}$ ou $\frac{4}{5}$. (N° 416).

PROPOSITIONS RELATIVES AUX RAPPORTS.

501. THÉORÈME. I. *Un rapport peut être mis sous la forme d'une expression fractionnaire qui a l'antécédent pour numérateur et le conséquent pour dénominateur.*

C'est la conséquence de ce qui a été dit n°s 396, 495 et 497.

502. COROLLAIRE. I. *Donc un rapport est plus petit ou plus grand que l'unité, ou lui est égal, selon que l'antécédent est plus petit ou plus grand que le conséquent, ou qu'il est égal à ce dernier.*
(Voyez les n°s 399, 400, 401, 497 et 498.)

503. COROLLAIRE II. *Si l'antécédent est double, triple, quadruple, etc., de son conséquent, le rapport est égal à 2, 3, 4, etc., unités, et s'il n'en est que la moitié, le tiers, le quart, etc., le rapport ne vaut que $\frac{1}{2}$, $\frac{1}{3}$, $\frac{1}{4}$, etc.*
(Voyez les n°s 399, 402, 497 et 498.)

504. COROLLAIRE III. *Si l'on augmente ou si l'on diminue l'antécédent d'un rapport, sans rien changer au conséquent, le rapport deviendra plus grand ou plus petit ; et ce sera le contraire, si l'on augmente ou si l'on diminue le conséquent, seul.*
(Voyez les n°s 404 et 405).

505. COROLLAIRE IV. *En multipliant ou en divisant l'antécédent, seul, d'un rapport, par un certain nombre, on multiplie ou l'on divise le rapport par ce même nombre ; et c'est le contraire, si l'on multiplie ou si l'on divise le conséquent, seul, par un nombre quelconque.*
(Voyez les n°s 257, 258, 406, 407, 495, 497 et 498).

506. COROLLAIRE V. *Un rapport ne change pas de valeur quand on multiplie, ou quand on divise ses deux termes, à la fois, par un même nombre. En d'autres termes : les doubles, les triples, les quadruples, etc., et, en général, les multiples semblables de deux nombres, ont entre eux les mêmes rapports que ces nombres ; et il en est de même des moitiés, des tiers, des quarts, etc., et, en général, des parties semblables de deux nombres quelconques.*

Car, pour avoir les multiples ou les parties semblables de deux nombres, il suffit de multiplier ou de diviser ceux-ci par un même nombre, ce qui ne change pas la valeur de leur rapport.
(Voyez les n°s 259, 408, 495, 497 et 498.)

507. Corollaire VI. *La valeur d'un rapport ne dépend pas de la grandeur absolue de ses deux termes, mais de la grandeur de l'antécédent à l'égard de celle du conséquent.*

(Voyez les nᵒˢ 260, 409, 495, 497 et 498).

508. Corollaire VII. *On peut simplifier un rapport de la même manière qu'on simplifie une fraction.*

(Voyez les nᵒˢ 415, 416, 501, 506 et 507).

509. Corollaire VIII. *On peut ramener plusieurs rapports au même antécédent ou au même conséquent, en suivant des procédés analogues à ceux de la réduction des fractions au même dénominateur.*

Iᵉʳ Exemple. Soit proposé de réduire au même antécédent les rapports 24 : 2; 12 : 6; 8 : 9; 6 : 5 et 4 : 8?

On prend 24, multiple de tous les autres antécédens, pour antécédent commun; on multiplie le conséquent de chaque rapport par le nombre de fois que son antécédent est contenu dans l'antécédent multiple; et les rapports proposés deviennent : 24 : 2;...... 24 : 12; 24 : 27; 24 : 20 et 24 : 48, qui ont respectivement la même valeur.

(Voyez le nᵒ 418.)

IIᵉ Exemple. Ramener au même conséquent les rapports 21 : 7; 12 : 5; 6 : 11 et 5 : 10?

On multiplie les deux termes de chacun de ces rapports par le produit des conséquens des autres, et l'on obtient les nouveaux rapports 11550 : 3850; 9240 : 3850; 2100 : 3850 et 1925 : 3850, qui sont respectivement égaux aux rapports proposés, et qui ont tous le même conséquent, puisque celui-ci est, pour tous les rapports nouveaux, le produit des conséquens des rapports primitifs.

(Voyez les nᵒˢ 422 et 506).

510. Théorème. *L'antécédent d'un rapport est égal au conséquent multiplié par la raison.*

Exemple. Dans le rapport 3 : 7, l'antécédent $3 = 7 \times \frac{3}{7}$.

Démonstration. Car l'antécédent contient le conséquent autant que la raison contient l'unité; or, la raison $\frac{3}{7}$ est égale aux $\frac{3}{7}$ de l'unité; donc l'antécédent 3 est égal aux $\frac{3}{7}$ du conséquent 7, c'est-à-dire, au produit de ce conséquent 7 par la raison $\frac{3}{7}$.

(Voyez les nᵒˢ 279, 384, 410, 497 et 498).

En général, c'est, en d'autres termes, le principe que le dividende est égal au produit du diviseur par le quotient. (Nᵒ 277).

511. Théorème. *Si l'on multiplie un rapport, terme à terme, par un autre rapport, la valeur du premier rapport est multipliée par celle du second, et réciproquement.*

Iᵉʳ Exemple. C'est ainsi qu'en multipliant les termes du rapport 10 : 5 par les termes correspondans du rapport 6 : 2, dont la valeur est 3, le rapport composé 60 : 10 est 3 fois plus grand que le premier rapport composant 10 : 5. (N°s 497; 498 et 500.)

DÉMONSTRATION. Car la raison du second rapport composant 6 : 2 n'est égale à 3, que parce que l'antécédent de ce rapport est 3 fois plus grand que son conséquent; donc, en multipliant, terme à terme, le premier rapport composant 10 : 5, par ce second rapport composant, l'antécédent 10 du premier sera multiplié par un nombre 3 fois plus grand que celui par lequel on multipliera son conséquent 5; donc ce premier rapport composant deviendra 3 fois plus grand, c'est-à-dire, qu'il sera multiplié par la raison 3 du second rapport composant 6 : 2. (N°s 503 et 505.)

On démontrerait d'une manière semblable que le second rapport composant 6 : 2 a été multiplié par 2, qui est la valeur du premier.

II°. EXEMPLE. Soit encore le rapport 5 : 9 qu'on multiplie, terme à terme, par le rapport 8 : 11, dont la raison est $\frac{8}{11}$, le rapport composé 40 : 99 ne sera que les $\frac{8}{11}$ du premier rapport composant 5 : 9.

DÉMONSTRATION. Car en multipliant l'antécédent 5 par 8, le premier rapport composant est multiplié lui-même par 8; mais en multipliant son conséquent 9 par 11, ce même rapport est divisé par 11; donc, en tout, ce premier rapport composant 5 : 9 est multiplié par $\frac{8}{11}$, qui est la raison du second rapport composant 8 : 11.

Réciproquement, la raison du rapport composé 40 : 99 n'est que les $\frac{5}{9}$ de celle du second rapport composant 8 : 11, c'est-à-dire, le produit de la valeur de celui-ci par la valeur du premier rapport composant 5 : 9.

512. THÉORÈME. En général *la valeur d'un rapport composé est égale au produit des valeurs des rapports composans.*

EXEMPLE. Si avec les quatre rapports 16 : 8; 6 : 7; 3 : 15 et 9 : 4, on forme le rapport composé $16 \times 6 \times 3 \times 9 : 8 \times 7 \times 15 \times 4$, la valeur de celui-ci sera égale à $\frac{16}{8} \times \frac{6}{7} \times \frac{5}{15} \times \frac{9}{4}$, qui est le produit des valeurs des rapports composans.

DÉMONSTRATION. Car, puisqu'on fait consister la valeur d'un rapport dans le quotient de l'antécédent divisé par le conséquent, il s'ensuit que la valeur du rapport composé dont il s'agit est exprimée par $\frac{16 \times 6 \times 3 \times 9}{8 \times 7 \times 15 \times 4}$, quantité évidemment égale à $\frac{16}{8} \times \frac{6}{7} \times \frac{3}{15} \times \frac{9}{4}$.

DÉMONSTRATION GÉNÉRALE. En général, la valeur d'un rapport composé est représentée par une expression fractionnaire qui a le produit des antécédens pour numérateur, et dont le dénominateur est le produit de tous les conséquens des rapports composans; or, cette expression est le produit des valeurs de ces derniers rapports; donc, etc.

(Voyez les n°s 428 *bis*, 439, 497 et 500).

TRANSFORMATION EN NOMBRES ENTIERS DES TERMES D'UN RAPPORT QUELCONQUE.

513. MÉTHODE. Si les termes d'un rapport sont des nombres dé-cimaux, on parvient à les exprimer par des nombres entiers, en *effaçant la virgule, après avoir rendu le même, dans chacun des termes proposés, le nombre des décimales, s'il ne l'était pas d'abord.*

EXEMPLES.

$$\text{Les Rapports} \left\{ \begin{array}{l} 4,5 \;:\; 1,5 \\ 0,36 : 0,9 \\ 7 \;\;\;:\; 0,004 \end{array} \right\} = \text{respectivement} \left\{ \begin{array}{l} 45 : 15 \\ 36 : 90 \\ 7000 : 4 \end{array} \right.$$

DÉMONSTRATION. Car la méthode qu'on vient de suivre se réduit à multiplier les deux termes de chaque rapport par un même nombre, ce qui n'en change pas la valeur.

(Voyez les n°s 72, 99, 102 et 506).

514. MÉTHODE. Lorsque les termes d'un rapport sont des frac-tions, il faut, pour ramener ces termes à être exprimés par des nombres entiers, *réduire les fractions au même dénominateur, et supprimer ensuite le dénominateur commun.* Si les termes sont des nombres fractionnaires, il faut *d'abord les convertir en expres-sions fractionnaires;* et si l'un d'eux est un nombre entier, il faut *le multiplier par le dénominateur dont l'autre terme est affecté, et effacer ensuite ce dénominateur.*

EXEMPLES.

$$\frac{8}{9} : \frac{5}{11} = \frac{88}{99} : \frac{45}{99} = 88 : 45.$$
$$4 + \frac{1}{2} : 7 + \frac{2}{3} = \frac{9}{2} : \frac{23}{3} = \frac{27}{6} : \frac{46}{6} = 27 : 46.$$
$$6 : \frac{3}{4} = 24 : 3.$$
$$\frac{7}{8} : 0,46 = 7 : 3,68 = 700 : 368.$$

DÉMONSTRATION. Il est évident que les deux termes du premier rapport ont été multipliés par 99; ceux du second par 6; ceux du troisième par 4; ceux du quatrième d'abord par 8, et ensuite par 100.

(Voyez les n°s 92, 99, 211, 421, 445 et 506).

515. MÉTHODE. Quand les termes d'un rapport sont des nombres complexes, il faut, pour déterminer la raison, *les convertir en sous-espèces de la moindre grandeur qui soit dans l'un des deux.*

EXEMPLES.

$$3^{tt} 12^s 9^d : 1^{tt} 19^s 7^d = 873 : 475.$$
$$9^{toi.} 2^{pi.} 7^{pou.} : 4^{toi.} 5^{pi.} = 679 : 348.$$
$$14^{onces} 3^{gros} : 2\,tb\; 7^{onces} 5^{gros} = 115 : 317.$$

12

Démonstration. En convertissant, en sous-espèces de la même grandeur, les termes de chaque rapport, il est clair qu'on les multiplie par un même nombre, et qu'ainsi le rapport ne change pas de valeur.

(Voyez les n°s 234, 320, 495, 497 et 506).

USAGES DES RAPPORTS.

516. Définition. Un rapport est, en général, le résultat de la comparaison de deux quantités de même espèce.

Ainsi le rapport par quotient ne peut s'entendre que de deux nombres qui se réfèrent à la même unité. (Ax. I).

517. *Le rapport peut être considéré comme un nombre abstrait.*

Car il consiste dans le quotient de deux nombres de même espèce, considéré comme exprimant combien de fois ou de fractions de fois l'un contient l'autre. (N°s 12, 13 et 320.)

518. Le rapport d'une quantité à une autre exprime le nombre de fois qu'on doit prendre la seconde quantité pour avoir la valeur de la première; il sert donc à déterminer la valeur d'un nombre quelconque d'unités d'une certaine grandeur, en unités d'une autre grandeur de même espèce, lorsque le rapport de ces unités de différente grandeur est connu.

Exemple. On sait que la double pistole neuve de 24 livres (*Pièce d'or de Savoie et de Piémont*) vaut 30^f, et que le sequin de Venise (*pièce d'or*) vaut 12^f, et l'on demande : 1° quel est le rapport de ces deux espèces monétaires ? 2° combien 36 doubles pistoles neuves de Savoie, valent de sequins de Venise ? 3° combien 40 sequins de Venise valent de doubles pistoles neuves de Savoie ?

La rapport de la double pistole au sequin est celui de 30^f à 12^f, ou de 30 : 12, parce que 30^f ne contiennent pas autrement 12^f, que le nombre abstrait 30 ne contient le nombre abstrait 12. Ce rapport est donc exprimé par $\frac{30}{12}$ ou $\frac{5}{2}$, c'est-à-dire, que la double pistole vaut $\frac{5}{2}$ sequins. Ce rapport signifie encore que 2 doubles pistoles valent 5 sequins.

On trouvera de même qu'il faut prendre $\frac{2}{5}$ de fois la double pistole neuve de Savoie, pour avoir la valeur du sequin de Venise, parce que le rapport de celui-ci à la double pistole est exprimé par $\frac{2}{5}$. On en conclurait aussi que 5 sequins ne valent que 2 doubles pistoles.

Actuellement, puisqu'on sait que la double pistole vaut $\frac{5}{2}$ sequins, il s'ensuit que 36 pistoles valent $\frac{5}{2}$ sequins $\times$ 36, ou 90 sequins de Venise.

Un calcul semblable apprendra que 40 sequins de Venise valent 16 doubles pistoles neuves de Savoie.

(Voyez les n°s 226, 320, 426, 497 et 517).

QUESTIONS RELATIVES AUX RAPPORTS.

519. Les questions suivantes développeront de plus en plus les usages des rapports.

I. *Quel est le rapport du mètre à la toise, et réciproquement?*

Puisqu'on a trouvé 5.130.740^t pour la longueur du quart du méridien, et qu'on l'a supposée d'ailleurs égale à 10.000.000^{mèt}, il s'ensuit 1° que le mètre vaut la 10.000.000^e partie de 5.130.740^t, ou o^t, 5130740, ou o^t, 513074; et 2° que la toise vaut la 5.130.740^e partie de 10.000.000^{mèt}, ou 1^{mèt}, 9490365g, à moins d'un *centmillionième* près. Donc le rapport du mètre à la toise est celui de 0,513074 : 1, c'est-à-dire, égal au nombre abstrait 0,513074; et le rapport de la toise au mètre 1,9490365g : 1, rapport évidemment égal au nombre abstrait 1,9490365g. (N° 4).

Donc, pour convertir un nombre de mètres en toises, il faut le multiplier par 0,513074, et, pour opérer la conversion contraire, multiplier le nombre de toises par 1,9490365g.

(Voyez les n°ˢ 126, 226, 280, 314, 327, 497 et 517).

II. *Quel est le rapport du mètre carré à la toise carrée, et réciproquement?*

Le mètre = o^t, 513047; donc, le mètre carré = o^t, 513074 × ... o^t, 513074 = o$^{t. car.}$, 26324493, en se bornant à huit décimales (1). Le rapport du mètre carré à la toise carrée est donc celui de 0,26324493 : 1 = 0,26324493; donc le rapport de la toise carrée au mètre carré est 1 : 0,26324493 = 3,7987436, c'est-à-dire, que la toise carrée vaut 3$^{mèt. car.}$, 7987436.

Donc, pour convertir un nombre de mètres carrés en toises carrées, il faut le multiplier par 0,26324493, et pour faire l'opération réciproque, il faut multiplier le nombre de toises carrées par 3,7987436.

III. *Quel est le rapport du mètre cubique à la toise cubique, et réciproquement?*

Le mètre cub. = o^t, 513074 × o^t, 513074 × o^t, 513074 = o$^{toi. cub.}$, 1350641285, en se contentant de dix décimales (2). Le rapport du mètre cubique à la toise cubique = 0,1350641285 : 1 = 0,1350641285; celui de la toise cubique au mètre cubique

---

(1) Le *carré* d'un nombre est le produit de ce nombre multiplié une fois par lui-même. 1, 4, 9, 16, 25, 36, 49, 64 et 81, sont respectivement les carrés des neuf premiers nombres.

(2) Le *cube* d'un nombre est le produit de ce nombre multiplié par lui-même deux fois de suite. Ainsi, 1, 8, 27, 64, 125, 216, 343, 512 et 729, sont les cubes des neuf premiers nombres.

$= 1 : 0,1350641285 = 7,4038904$, de sorte que la toise cubique $= 7^{\text{mèt. cub.}}, 4038904.$

Il suit de là, que pour réduire un nombre de mètres cubiques en toises cubiques, il faut le multiplier par $0,1350641285$, et que pour effectuer la conversion réciproque, il faut multiplier le nombre de toises cubiques par $7,4038904$.

IV. *Quel est le rapport du kilogramme à la livre, et réciproquement?*

Le kilogram. $= 2^{\text{lb}}\ 5^{\text{gros}}\ 35^{\text{grains}}\ \frac{15}{100} = 18827^{\text{grains}}$, 15; la livre $= 9216^{\text{grains}}$; donc le rapport du kilogramme à la livre $= 18827,15 : 9216 = 2,042876$, et celui de la livre au kilogramme $= 9216 : 18827,15 = 0,489506$. Donc, le kilogramme $= 2^{\text{lb}}, 042876$ et la livre $= 0^{\text{kilog.}}, 489506$.

On convertira donc un nombre de kilogrammes en livres, en le multipliant par $2,042876$, et l'on fera la réduction contraire, en multipliant le nombre de livres par $0,489506$.

(Voyez les n°s 116 et 144.)

V. *Quel est le rapport du franc à la livre tournois, et réciproquement?*

Le franc vaut 243^{deniers}, et la livre 240^{d}; donc le rapport du franc à la livre $= 243 : 240 = 81 : 80 = 1,0125$, et celui de la livre au franc $= 80 : 81 = 0,987654$. Donc le franc $= 1^{\text{lt}},0125$, et la livre $= 0^{\text{f}},987654$.

Donc $1,0125$ est le nombre par lequel il faut multiplier un nombre de francs pour le convertir en livres, et $0,987654$ le multiplicateur d'un nombre de livres à réduire en francs.

(Voyez les n°s 117 et 132).

VI. *On a calculé que le pouce cubique de diamant oriental blanc pèserait* $2^{\text{onces}}\ 2^{\text{gros}}\ 19^{\text{grains}}$, *et le pouce cubique de verre blanc ou cristal de France,* $1^{\text{once}}\ 7^{\text{gros}}$: *quel est le rapport de la pesanteur spécifique de ces deux substances* (1)?

Le rapport de la pesanteur spécifique du diamant à celle du verre $= 2^{\text{onces}}\ 2^{\text{gros}}\ 19^{\text{grains}} : 1^{\text{once}}\ 7^{\text{gros}} = 1315^{\text{grains}} : 1080^{\text{grains}} = 1315 : 1080 = 263 : 216 = \frac{263}{216}$. Donc le rapport de la pesanteur spécifique du verre à celle du diamant $= 216 : 263 = \frac{216}{263}$.

(Voyez les n°s 116, 234, 377, 497, 506, 515 et 517).

VII. *On sait que la livre pesant de Rouen, qui se divisait en* 9216^{grains}, *comme celle de Paris, valait* 9234^{grains}, *mesure de cette dernière ville : quel est le rapport de ces deux livres?*

VIII. *Sachant que la demi-queue de Champagne contient* 183^{litres}; *la demi-queue de Reims,* 198; *la pièce bordelaise,* 201; *celle de l'hermitage,* 205; *le quartaut de Mâcon,* 106; *la demi-*

---

(1) Voyez la note relative au 1er exemple du n° 483.

queue de Baune, 228; *la demi-queue de Languedoc*, 274; *la feuillette de Bourgogne*, 137; *la barrique de Marseille*, 518; *la pipe de Nantes*, 540; *celle d'Alicante*, 556; *celle d'Anjou*, 480, *et la petite pipe de Coignac*, 533^litres; *déterminer le rapport de la contenance de l'un quelconque de ces tonneaux à celle de chacun des autres?*

IX. *On sait que la pièce de* 32 *francken* (pièce d'or de Suisse), *vaut* 47^f, 63^c; *celle de* 16 (id.), 23^f, 8t5; *le ducat de Zurich* (id.), 11^f, 77^c; *celui de Berne* (id.), 11^f, 64^c; *la pistole de Berne* (id.), 23^f, 76^c; *l'écu de Bâle de* 30 *batz, ou* 2 *florins* (pièce d'argent de Suisse), 4^f, 56^c; *le demi-écu ou florin de* 15 *batz* (id.), 2^f, 28^c; *le franc de Berne depuis* 1803 (id.), 1^f, 50^c; *l'écu de Zurich de* 1781 (id.), 4^f, 70^c; *le demi-écu, ou florin, depuis* 1781 (id.), 2^f, 35^c; *l'écu de* 40 *batz de Bâle et Soleure, depuis* 1798 (id.), 5^f, 90^c; *la pièce de* 4 *franken de Berne, de* 1799 (id.), 5^f, 88^c; *celle de* 4 *franken de Suisse, en* 1803 (id.), 6^f; *celle de* 2 *franken, en* 1803 (id.), 3^f; *celle d'un franken, en* 1803 (id.), 1^f, 50^c. (1).

Que le ducat de Prusse (pièce d'or) *vaut* 11^f, 77^c; *le frédéric* (id.), 20^f, 80^c; *le demi-frédéric* (id.), 10^f, 40^c; *la risdale, ou écu thaler de* 24 *bons gros de* 1767 *à* 1807 (pièce d'argent), 3^f, 7163; *le demi-écu* (id.), 1^f, 858t.

Que l'once nouveau de 3 *ducats, depuis* 1818 (pièce d'or de Naples), *vaut* 12^f, 99^c; *la quintuple de* 15 *ducats, depuis* 1818 (id.), 64^f, 95^c; *la décuple de* 30 *ducats, depuis* 1818 (id.), 129^f, 90^c; *la pièce de* 12 *carlins de* 120 *grains, depuis* 1804 (monnaie d'argent de Naples), 5^f, 10^c; *le ducat de* 10 *carlins de* 100 *grains, de* 1784 (id.), 4^f, 25^c; *la pièce de* 2 *carlins, depuis* 1804 (id.), 0^f, 85^c; *le carlin, depuis* 1804 (id.), 0^f, 425; *le ducat de* 10 *carlins, de* 1818 (id.), 4^f, 25^c.

Que le sequin de Savoie et Piémont (pièce d'or), *vaut* 11^f, 945; *la demi-neuve pistole de* 12 *livres* (id.), 15^f; *le carlin, depuis* 1755 (id.), 150^f; *le demi-carlin* (id.), 75^f; *la pistole neuve de* 20 *livres de* 1816 (id.), 20^f; *l'écu de* 6 *livres, depuis* 1755, (pièce d'argent), 7^f, 07^c; *le demi-écu* (id.), 3^f, 535; *le quart d'écu, ou trente sous* (id.), 1^f, 7675; *le demi-quart, ou* 15 *sous* (id.), 0^f, 8837; *l'écu neuf de* 5 *livres, de* 1816 (id.), 5^f.

On propose de trouver le rapport de la valeur de l'une quelconque des espèces monétaires de l'une de ces quatre nations, à la valeur de l'une quelconque des pièces de monnaie des trois autres?

520. REMARQUE. Dans la pratique on ne laisse de décimales au nombre qui exprime le rapport de deux grandeurs, qu'autant qu'il en faut pour obtenir le degré d'approximation dont on a besoin. (N°s 215 et 216).

(1) Voyez la note sur la question VIe du n° 238.

DES PROPORTIONS.

521. Définition. Une *proportion* est la comparaison de deux rapports égaux.

522. Il y a *proportion par quotient*, ou simplement *proportion* entre quatre nombres, lorsque le premier contient le second, ou est contenu en lui, le même nombre de fois que le troisième contient le quatrième, ou y est contenu.

523. Pour écrire une proportion, c'est-à-dire, pour exprimer l'égalité entre deux raports, on sépare ceux-ci par quatre points :: qui signifient *comme*.

524. Définition. Les *extrêmes* d'une proportion sont le premier terme et le quatrième, et les *moyens* en sont le second et le troisième termes.

525. Définition. La *raison* d'une proportion est celle de chacun de ses rapports.

526. Ainsi les quatre nombres 48, 12, 24 et 6 forment une proportion, et il en est de même de 7, 21, 14 et 42.

Ces proportions s'écriront :

$$48 : 12 :: 24 : 6.$$
$$7 : 21 :: 14 : 42.$$

La première se lira : *48 est à 12 comme 24 est à 6.*

48 et 6 sont les extrêmes de cette proportion ; 12 et 24 en sont les moyens.

La raison de la première de ces proportions est 4, et la raison de la seconde est égale à $\frac{1}{3}$.

PROPOSITIONS RELATIVES AUX PROPORTIONS.

527. Théorême. *Dans toute proportion le produit des extrêmes est égal à celui des moyens.*

Exemple. Dans la proportion 5 : 9 :: 10 : 18, on a..............
$5 \times 18 = 9 \times 10$.

Démonstration. En effet, si l'on substitue à chaque antécédent sa valeur, cette proportion deviendra (n°s 510),

$$9 \times \tfrac{5}{9} : 9 :: 18 \times \tfrac{5}{9} : 18,$$

dans laquelle il est évident que le produit des extrêmes $9 \times \tfrac{5}{9} \times 18$, est égal à celui des moyens $9 \times 18 \times \tfrac{5}{9}$, puisque ces deux produits sont formés des mêmes facteurs, savoir : les conséquens 9 et 18, et la raison $\tfrac{5}{9}$ de la proportion proposée. (N°s 204, 525 et Ax. XIX).

Démonstration générale. En général, l'antécédent d'un rapport étant égal au produit du conséquent par la raison, si l'on substitue à chaque antécédent sa valeur, toute proportion sera exprimée de la manière suivante : *le premier conséquent multiplié par la raison, est au premier conséquent, comme le second conséquent multiplié par la raison est au second conséquent.* Ainsi le produit des ex—trêmes et celui des moyens, seront composés des mêmes facteurs ; savoir : les deux conséquens et la raison ; ces deux produits seront donc nécessairement égaux ; il en est donc de même dans la proportion proposée.

528. Corollaire. Donc *connaissant trois termes quelconques d'une proportion, on peut toujours déterminer le quatrième*, car 1° s'il s'agit de trouver un extrême, il suffira de *diviser le produit des moyens par l'extrême connu, le quotient sera l'extrême cherché.*

Exemple. Ainsi, pour avoir le quatrième terme de la proportion dont les trois premiers sont 3 , 8 , 15 , il faut faire le produit 120 des moyens 8 et 15, et diviser ce produit 120 par l'extrême connu 3 ; le quotient 40 sera le quatrième terme cherché ; et en effet, 3 : 8 :: 15 : 40.

Démonstration. En général, il est évident que si l'on divisait le produit des extrêmes par un extrême, on aurait l'autre extrême au quotient ; mais le produit des extrêmes est égal à celui des moyens ; donc, en divisant le produit des moyens par un extrême, on doit avoir également l'autre extrême au quotient. (N° 283).

Et 2° pour calculer un moyen, il faut *diviser le produit des extrêmes par le moyen connu, le quotient sera le moyen demandé.*

Exemple. Soit, par exemple, la proportion 54 : 9 :: x : 7, dont l'un des moyens, désigné par x, est inconnu, il faut, pour le déterminer, faire le produit 378 des extrêmes 54 et 7, et diviser ce produit 378 par le moyen connu 9, le quotient 42 sera le moyen cherché ; effectivement, 54 : 9 :: 42 : 7.

Démonstration. En général, il est clair qu'en divisant le produit des moyens par un des moyens, on obtiendrait l'autre moyen au quotient ; mais le produit des moyens est égal à celui des extrêmes ; donc, en divisant le produit des extrêmes par un des moyens, on aura aussi l'autre moyen au quotient. (N° 283).

529. Théorème. *Lorsque quatre nombres ne sont pas en pro—portion, il est impossible que le produit des extrêmes soit égal à celui des moyens.*

Démonstration. Car, si l'on substitue à chaque antécédent sa valeur, le produit des extrêmes sera formé des deux conséquens et de la raison du premier rapport, et le produit des moyens aura pour facteurs les deux conséquens et la raison du second rapport ; mais, par la supposition, les quatre nombres proposés forment deux rapports inégaux ; donc, les deux produits dont il s'agit sont composés de deux facteurs respectivement égaux, et d'un troisième facteur inégal; ces produits sont donc nécessairement inégaux. (N°s 510, 521, 522 et Ax. XX).

530. COROLLAIRE I. *Lorsque quatre nombres sont tels que le produit du premier par le quatrième, est égal à celui du second par le troisième, ces quatre nombres forment nécessairement une proportion.*

EXEMPLE. 2, 7, 6, et 21 sont en proportion, parce que $2 \times 21 = 7 \times 6$.

DÉMONSTRATION. Car si ces quatre nombres n'étaient pas en proportion, il serait impossible que le produit des extrêmes fût égal à celui des moyens, ce qui est contre la supposition; ou, en d'autres termes, ce qui est ne serait pas, et cela est absurde.

531. COROLLAIRE II. *On peut, sans détruire une proportion, y mettre 1° les moyens l'un à la place de l'autre; 2° les extrêmes l'un à la place de l'autre; 3° les extrêmes à la place des moyens, et réciproquement.*

EXEMPLE. Ainsi, la proportion 8 : 16 :: 7 : 14 donnera les trois permutations suivantes :

$$8 : 7 :: 16 : 14,$$
$$14 : 16 :: 7 : 8,$$
$$\text{et} \dots\dots 16 : 8 :: 14 : 7.$$

DÉMONSTRATION. En effet, par les deux premiers changemens, on n'a fait qu'intervertir l'ordre des facteurs du produit des moyens ou de celui des extrêmes; ces deux produits restent donc égaux entre eux; il y a donc encore proportion. Par le troisième changement, les produits n'ont fait que changer de nom, puisque le produit des extrêmes est devenu celui des moyens, et réciproquement; donc ces deux produits sont encore égaux; donc, etc. (N° 201).

532. COROLLAIRE III. Donc, *une proportion peut fournir, par la seule permutation de ses termes, sept autres proportions.*

EXEMPLE. La proportion 9 : 3 :: 15 : 5, donnera les sept proportions suivantes :

dans la 1re, les moyens l'un à la place de l'autre........	$9 : 15 :: 3 : 5$
dans la 2e, les extrêmes l'un à la place de l'autre........	$5 : 15 :: 3 : 9$
dans la 3e, les moyens l'un à la place de l'autre.........	$5 : 3 :: 15 : 9$
dans la 4e, les extrêmes à la place des moyens, et réciproquement.................................	$3 : 5 :: 9 : 15$
dans la 5e, les moyens l'un à la place de l'autre.........	$3 : 9 :: 5 : 15$
dans la 6e, les extrêmes l'un à la place de l'autre........	$15 : 9 :: 5 : 3$
dans la 7e, les moyens l'un à la place de l'autre.........	$15 : 5 :: 9 : 3$

(EN METTANT)

DÉMONSTRATION. Ces sept permutations forment autant de proportions, car on les a obtenues en opérant à chaque fois, sur une proportion, l'un des trois changemens qu'on a démontré ne pas détruire la proportionnalité.

533. Ces permutations, comparées à la proportion proposée 9 : 3 :: 15 : 5, peuvent démontrer autant de théorêmes. On ne citera que les deux suivans :

534. THÉORÊME. *Dans une proportion le rapport des antécédens est le même que celui des conséquens.*

. C'est la traduction de la première permutation.

535. THÉORÊME. *Les quatre termes d'une proportion, pris dans un ordre renversé, forment encore une proportion.*

C'est la traduction de la seconde.

536. THÉORÊME. *On peut, sans détruire une proportion, multiplier ou diviser par un même nombre, ou les deux termes d'un des rapports, ou les quatre termes de la proportion, ou les deux antécédens, ou les deux conséquens.*

DÉMONSTRATION. Car en multipliant ou en divisant par un même nombre les deux termes de l'un des rapports d'une proportion, on ne change pas la valeur de ce rapport; il reste donc encore égal à l'autre rapport; il y a donc encore proportion. (N⁰ˢ 506, 521 et 522).

Il en est de même si l'on multiplie ou si l'on divise par un même nombre les quatre termes d'une proportion, c'est-à-dire, les deux termes de chaque rapport, puisqu'alors ceux-ci ne changeant pas de valeur, conservent leur égalité.

En multipliant ou en divisant les deux antécédens par un même nombre, on rend, il est vrai, les deux rapports le même nombre de fois plus grands ou plus petits (n° 505); mais comme ils étaient égaux entre eux auparavant, il s'ensuit qu'après l'une ou l'autre de ces opérations, ils seront encore égaux entre eux. (Ax. XXI).

La même chose a lieu si l'on multiplie ou si l'on divise les deux conséquens par un même nombre, puisque c'est rendre les rapports le même nombre de fois plus petits ou plus grands. (N⁰ 505).

DE LA RÈGLE DE TROIS.

537. DÉFINITION. La *règle de trois* est une opération par laquelle on détermine une quantité dont on connaît le rapport avec une quantité connue.

Quel est, par exemple, le diamètre de la lune, sachant qu'il est à celui de la terre comme 27 est à 100, et que la longueur de ce dernier est de 2865^{lieues} (de 25 au degré, n° 109)?

Si l'on représente le diamètre de la lune par x, on aura la proportion $x : 2865^{\text{lieues}} :: 27 : 100$; donc (n° 528) $x = \frac{2865 \times 27}{100} = 773^{\text{lieues}},55$.

538. Dans l'énoncé d'une question relative à la règle de trois, on distingue des quantités *principales* et des quantités *relatives*.

539. Définition. Les quantités *principales* sont des quantités deux à deux de même espèce, connues par la question.

540. Définition. Les quantités *relatives* sont deux quantités aussi de même espèce, mais dont l'une seulement est donnée par la question, tandis que l'autre est à déterminer.

541. Définitions. La première ou les premières quantités principales sont celles dont la relative est connue : celle-ci est la *première relative*.

La seconde ou les secondes quantités principales sont celles dont la relative est à déterminer : c'est la *seconde relative*.

542. La règle de trois est *simple* ou *composée*.

543. Définition. La règle de trois est *simple*, lorsque le rapport des quantités relatives ne dépend que d'un seul rapport.

544. Définition. La règle de trois est *composée*, quand le rapport des quantités relatives dépend de plusieurs rapports qu'il faut composer en un seul, pour ramener la question à la règle de trois. (N⁰ˢ 500 et 537).

545. La règle de trois simple est *directe* ou *inverse*.

546. Définition. La règle de trois simple est *directe*, lorsque les quantités relatives croissent ou décroissent dans le même rapport que les principales qui leur correspondent.

547. Définition. La règle de trois simple est *inverse* ou *indirecte* lorsque les quantités relatives croissent ou décroissent dans le rapport selon lequel décroissent ou croissent leurs principales.

DE LA RÈGLE DE TROIS SIMPLE ET DIRECTE.

548. Définition. Dans la règle de trois directe, les quantités relatives sont dites *en raison directe* des principales, ou *directement proportionnelles* à leurs principales.

549. La règle de trois directe est fondée sur ce que *les effets sont dans le même rapport que leurs causes, et réciproquement*.

Par exemple, un nombre d'ouvriers double, triple, etc., d'un autre, ferait (toutes circonstances égales d'ailleurs) 2 fois, 3 fois, etc., plus d'ouvrage. De même, une quantité d'ouvrage 2 fois, 3 fois, etc., plus petite qu'une autre, est le résultat du travail d'un nombre d'ouvriers 2 fois, 3 fois, etc., plus petit ; ou, si le nombre d'ouvriers est le même, c'est le résultat d'un travail qui a duré 2 fois, 3 fois, etc., moins de temps, ou auquel on a apporté 2 fois, 3 fois, etc., moins de promptitude ; ou bien encore d'un travail effectué par des ouvriers qui avaient 2 fois, 3 fois, etc., moins de force que les premiers, etc., etc.

550. **Méthode.** Pour résoudre une question concernant la règle de trois simple et directe, il faut établir entre les quantités la proportion suivante : *La seconde relative* (qu'on représente par x) *est à la première relative, comme la seconde principale est à la première principale; ramener les termes du second rapport à des nombres entiers, s'ils ne l'étaient pas; considérer ensuite ce second rapport comme abstrait; le simplifier, ainsi que le rapport des conséquens, autant qu'il est possible, et calculer enfin le premier extrême de la proportion à laquelle on sera parvenu.*

Iᵉʳ **Exemple.** Si pour 216^{francs} on fait transporter 4000 ℔ pesant, combien de livres pesant fera-t-on conduire pour 342^{francs} (*toutes circonstances égales d'ailleurs, c'est-à-dire, mêmes marchandises, distances égales, chemin de la même difficulté, etc., etc.*)?

Dans cette question, 216^{francs} et 342^{francs} sont les quantités principales. (N° 539).

4000 ℔ et le nombre cherché de livres pesant, sont les quantités relatives. (N° 540).

216^{francs} est la première principale, et 342^{francs}, la seconde ; 4000 ℔ est la première relative, et x ℔, la seconde. (N° 541).

La question proposée concerne la règle de trois simple, car le rapport des quantités relatives, c'est-à-dire, des charges à transporter, ne dépend que d'un seul rapport, qui est celui des sommes destinées à cet objet. (N° 543).

Enfin, la question se réfère à la règle de trois directe; car il est clair que, pour une somme double, triple, etc., on ferait transporter 2 fois, 3 fois, etc., plus de livres pesant. En général, x ℔ poids cherché, sera, à l'égard de 4000 ℔, dans le même rapport que 342^{francs}, prix du transport de x ℔, est à 216^{francs}, prix du transport de 4000 ℔; donc les relatives x ℔ et 4000 ℔ suivent le rapport de leurs principales 342^{francs} et 216^{francs} ; donc, etc. ; (Nᵒˢ 546 et 549).

On a donc la proportion

$$x\,\text{℔} : 4000\,\text{℔} :: 342^{\text{francs}} : 216^{\text{francs}},$$

ou, en considérant le second rapport comme abstrait (n° 517),

$$x\,\text{℔} : 4000\,\text{℔} :: 342 : 216;$$

simplifiant le second rapport, autant que possible (nᵒˢ 363, 365, 506, 508 et 536), on aura

$$x\,\text{℔} : 4000\,\text{℔} :: 19 : 12;$$

divisant, par le même nombre 4, les deux conséquens de cette dernière proportion (n° 536), elle deviendra

$$x\,\text{℔} : 1000\,\text{℔} :: 19 : 3,$$

de laquelle on tire (n° 528),

$$x = \tfrac{19000\text{℔}}{3} = 6333\,\text{℔}, 33, \text{ à moins d'un centième de livre.}$$

IIe Exemple. En supposant qu'une troupe d'ouvriers fasse 520$^{mét.}$ d'un certain ouvrage, dans un temps quelconque, on demande combien une seconde troupe, d'un nombre égal d'ouvriers, ferait de mètres du même ouvrage, dans le même temps, si la force des premiers ouvriers était à celle des seconds dans le rapport de 16 à 11 (1)?

Il est évident que la seconde troupe d'ouvriers ferait 2 fois, 3 fois, etc., moins d'ouvrage que la première, si la force des ouvriers qui la composent était 2 fois, 3 fois, etc., moindre que celle des ouvriers dont la première troupe est formée. En général, le rapport des quantités d'ouvrage sera égal à celui des forces des ouvriers qui les confectionnent. On aura donc la proportion

$$x^{\text{mètres}} : 520^{\text{mètres}} :: 11 : 16; \text{ donc } x = 357^{\text{mètres}}, 5.$$

IIIe Exemple. On suppose que 43$^{toi.}$ 5$^{pi.}$ 4$^{pou.}$ d'un ouvrage quelconque, ont coûté 743^{tt} 15^{s} 8^{a}, et l'on demande le prix de 77$^{toi.}$ 3$^{pi.}$ 8$^{pou.}$ du même ouvrage?

Il est évident que le rapport des prix suivra celui des quantités d'ouvrage. On aura donc la proportion

$$x : 743^{tt} \ 15^{s} \ 8^{a} :: 77^{toi.} \ 3^{pi.} \ 8^{pou.} : 43^{toi.} \ 5^{pi.} \ 4^{pou.};$$

qui, toutes réductions faites (n°s 506, 508, 515, 517 et 536), deviendra

$$x : 743^{tt} \ 15^{s} \ 8^{a} :: 1397 : 790,$$

et de laquelle on conclut $x = 1315^{tt} \ 5^{s} \ 5^{a}\frac{213}{395}$.

(Voyez les n°s 483, 488 et 528.)

IVe Exemple. On a payé 400^f pour un certain nombre d'aunes d'une étoffe qui a $\frac{2}{3}$ de large; combien paierait-on d'un nombre égal d'aunes de la même étoffe, si sa largeur était de $\frac{5}{4}$?

Il est clair qu'on en paiera d'autant plus que $\frac{5}{4}$ est plus grand à l'égard de $\frac{2}{3}$; donc

$$x^f : 400^f :: \frac{5}{4} : \frac{2}{3}, \text{ ou } :: 15 : 8... \ (n^o \ 514),$$

ou, en divisant les conséquens par 8 (n° 536),

$$x^f : 50^f :: 15 : 1;$$

d'où l'on tire $x = 750^f$.

DE LA RÈGLE DE TROIS SIMPLE ET INVERSE.

551. Définition. Dans la règle de trois inverse les quantités relatives sont dites *en raison inverse* des principales, ou *réciproquement proportionnelles* à leurs principales.

---

(1) Dorénavant, toutes les circonstances qui ne seront pas comprises dans l'énoncé de la question, seront censées être les mêmes pour les deux quantités relatives.

552. La règle de trois inverse suppose qu'*une cause croît ou décroît dans un certain rapport, et qu'il faut, par conséquent, qu'une autre cause, qui concourt avec la première à produire le même effet, décroisse ou croisse dans le même rapport, afin qu'il en résulte un effet précisément égal à celui qu'ont produit d'autres causes de la même nature, mais d'une intensité différente.*

Quelquefois la règle de trois inverse suppose encore que *des effets croissent ou décroissent dans le rapport selon lequel décroissent ou croissent, au contraire, les obstacles à la production de ces effets.*

Ainsi, parmi les causes de la consommation, il y a le nombre des consommateurs et le temps; si celui-ci croît ou décroît, dans un certain rapport, il faut que l'autre décroisse ou croisse dans le même rapport, afin que la consommation reste la même. L'étendue d'une surface dépend de sa longueur et de sa largeur; il faut donc, pour que la surface conserve la même grandeur, que si l'une de ses dimensions devient 2 fois, 3 fois, etc., plus considérable, l'autre devienne 2 fois, 3 fois plus petite, et réciproquement.

D'un autre côté, si, par exemple, on suit une route qui présente des difficultés 2 fois, 3 fois, etc., plus grandes que celles qu'offre une autre route, on ne parcourra, sur la première, qu'un espace 2 fois, 3 fois, etc, plus petit que celui qu'on parcourrait, sur la seconde, dans le même temps.

553. MÉTHODE. Pour résoudre une question de règle de trois simple et inverse, il faut disposer les quantités de manière qu'on ait : *la seconde relative est à la première relative, comme la première principale est à la seconde principale, et achever ensuite l'opération selon la méthode prescrite pour la règle de trois simple et directe.* (N°s 550.)

Ier EXEMPLE. En supposant qu'on fasse conduire $7000^{kilogrammes}$ de marchandise à $38^{myriamètres}$, moyennant un certain prix convenu, on demande combien de kilogrammes de la même marchandise on ferait conduire à $57^{myriamètres}$, pour le même prix?

S'il fallait effectuer le transport à une distance 2 fois, 3 fois, etc., plus considérable, il est clair que, pour le même prix, on ne pourrait faire conduire que 2 fois, 3 fois, etc., moins de marchandise.

En général, le prix du transport se détermine d'après la quantité de la charge et la distance à laquelle on doit la conduire; il faut donc que $x^{k.g.}$, poids cherché, soit d'autant plus petit à l'égard de $7000^{k.g.}$, que $57^{m.ym.}$, distance à laquelle on doit conduire $x^{k.g.}$, est au contraire plus grand à l'égard de $38^{my.m.}$, distance à laquelle le transport des $7000^{k.g.}$ doit avoir lieu. Il faut donc que $x^{k.g.}$ soit à $7000^{k.g.}$ dans le rapport selon lequel $38^{my.m.}$, espace que doit parcourir ce dernier poids, est à $57^{my.m.}$, chemin que devront faire les $x^{k.g.}$. Donc les quantités relatives $x^{k.g.}$ et $7000^{k.g.}$ suivent le rapport inverse de leurs principales $57^{m\text{y.m.}}$ et $38^{m\text{y.m.}}$. On aura donc la proportion

$$x^{\text{k.s.}} : 7000^{\text{k.s.}} :: 38^{m\text{y.m.}} : 57^{m\text{y.m.}}, \text{ ou} :: 38 : 57. \ (\text{N}^{\text{o}} \ 517).$$

De laquelle on déduit $x = 4666^{\text{k.s.}}, 66$, à moins d'un centième de kilogramme.

IIᵉ Exemple. Si la dureté d'un terrain est à celle d'un autre dans le rapport de 13 à 8, et qu'on creuse dans le premier un canal de $728^{\text{t. cub.}}$, on demande quel sera le volume du canal qu'on creusera dans le second terrain, en faisant usage des mêmes forces et de temps égaux?

Il est clair que, toutes choses égales d'ailleurs, on enlèverait 2 fois, 3 fois, etc., plus de terre dans un terrain qui aurait 2 fois, 3 fois, etc., moins de dureté. Donc, $x^{\text{t. cub.}}$, enlevées dans le second terrain, dont la dureté est exprimée par 8, doivent être à l'égard de $728^{\text{t. cub.}}$, extraites du premier terrain, dont 13 repré-sente la dureté, dans le rapport de 13 à 8. La proportion à établir est donc

$$x^{\text{t. cub.}} : 728^{\text{t. cub.}} :: 13 : 8,$$

qui conduit (n° 536) à cette autre proportion,

$$x^{\text{t. cub.}} : 91^{\text{t. cub.}} :: 13 : 1,$$

d'où l'on tire $x = 1183^{\text{t. cub.}}$.

IIIᵉ Exemple. On suppose qu'on creuse deux canaux d'une largeur égale, mais dont le premier a $200^{\text{mèt.}}$ de long sur 3 de profondeur, et le second doit avoir une profondeur de $5^{\text{mèt.}}$; on demande quelle sera la longueur du second canal, creusé dans un terrain de même nature que le premier, et par le concours des mêmes circonstances?

Puisque le second canal doit résulter des mêmes forces, employées dans des temps égaux, il est évident que sa longueur sera d'autant plus petite à l'égard de celle du premier, qu'il doit avoir plus de profondeur que celui-ci. La proportion sera donc

$$x^{\text{m}} : 200^{\text{m}} :: 3^{\text{m}} : 5^{\text{m}}, \text{ ou} :: 3 : 5 \ (\text{n}^{\text{o}} \ 517),$$

ou (n° 536) $x^{\text{m}} : 46^{\text{m}} :: 3 : 1$;

donc $x = 120^{\text{mèt.}}$, qui sera la longueur du second canal.

IVᵉ Exemple. S'il faut 29^{jours} à 1479 ouvriers pour faire un certain ouvrage, combien faudra-t-il d'ouvriers pour effectuer le même ouvrage dans 17^{jours}?

Puisqu'il faut d'autant plus d'ouvriers qu'ils ont moins de temps pour confectionner la même quantité d'ouvrage, on aura évidemment la proportion

$$x^{\text{ouvriers}} : 1479^{\text{ouv.}} :: 29 : 17,$$

ou............ $x^{\text{ouv.}} : 87^{\text{ouv.}} :: 29 : 1,$

qui donne $x = 2523$ ouvriers.

DE LA RÈGLE DE TROIS COMPOSÉE.

554. LEMME. *Lorsque le rapport de deux quantités dépend de plusieurs rapports, il dépend nécessairement du rapport composé de ces derniers.*

EXEMPLE. Supposons que pour 63^{francs} on fasse conduire 3150^{lb} à 45^{lieues}; combien de livres pesant ferait-on transporter à 15^{lieues} pour 90^{francs}, si la difficulté du premier chemin était à celle du second dans le rapport de 4 à 9?

Soit x^{lb} le nombre cherché, il est clair qu'il sera d'autant plus grand à l'égard de 3150^{lb}, que 90^{francs} est plus grand que 63^{francs}; on aura donc la proportion (nos 546, 549 et 550),

$$x^{lb} : 3150^{lb} :: 90 : 63, \text{ ou } :: 10 : 7.$$

Cette même charge x^{lb} sera d'autant plus forte qu'elle devra être transportée à une moindre distance; donc (nos 547, 552 et 553),

$$x^{lb} : 3150^{lb} :: 45 : 15, \text{ ou } :: 3 : 1.$$

Enfin d'après la troisième condition du problème, le nombre cherché de livres pesant sera à l'égard de 3150^{lb}, en raison inverse des difficultés respectives que présentent les routes par lesquelles les transports doivent s'effectuer; par conséquent (nos 547, 551, 552 et 553), on aura

$$x^{lb} : 3150^{lb} :: 4 : 9.$$

On aura donc à la fois

$$x^{lb} : 3150^{lb} :: \begin{cases} 10 : 7 \\ 3 : 1 \\ 4 : 9. \end{cases}$$

Cela posé, il faut démontrer que le rapport de x^{lb} à 3150^{lb} dépendant de ces trois rapports, dépend nécessairement aussi de leur rapport composé, c'est-à-dire, qu'on aura (n° 500),

$$x^{lb} : 3150^{lb} :: 10 \times 3 \times 4 : 7 \times 1 \times 9.$$

DÉMONSTRATION. En effet, selon la première condition du problème, x^{lb} doit être à 3150^{lb} dans le rapport de 10 à 7; mais, d'après la seconde condition, x^{lb} doit être 3 fois plus grand qu'il ne le serait en vertu de la première, seule; on satisferait donc à cette seconde condition en rendant 3 fois plus grand le rapport $10 : 7$; or (n° 511), c'est précisément ce qui arrivera si on le multiplie, terme à terme, par le second rapport $3 : 1$, qui est égal à 3. Ainsi les deux premières conditions de la question proposée donnent

$$x^{lb} : 3150^{lb} :: 10 \times 3 : 7 \times 1, \text{ ou } :: 30 : 7.$$

Actuellement, d'après la troisième condition, x^{lb} ne doit-être, à l'égard de 3150^{lb}, que les $\frac{4}{9}$ de ce qu'il serait en vertu des deux premières conditions réunies, c'est-à-dire, de ce qu'il est selon le rapport de 3o : 7. On remplirait donc la troisième condition, en substituant au rapport 3o : 7, un autre rapport qui n'en serait que les $\frac{4}{9}$; mais c'est précisément (n° 511) ce qu'on obtiendra, si l'on multiplie, terme à terme, ce rapport 3o : 7, par le troisième rapport 4 : 9, qui est egal à $\frac{4}{9}$.

Il est donc démontré qu'on satisfait à toutes les conditions du problème en faisant dépendre le rapport de x ℔ à 315o ℔ du rapport composé des trois rapports 1o : 7; 3 : 1 et 4 : 9, donnés par la question proposée. Donc, etc.

555. MÉTHODE. Pour résoudre les questions qui se réfèrent à la règle de trois composée, il faut *écrire les uns sous les autres les rapports* (directs ou inverses) *desquels dépend le rapport des quantités relatives; réduire à des nombres entiers les termes qui ne le seraient pas d'abord; simplifier les rapports autant que possible; les multipler ensuite, terme à terme, avec l'attention de supprimer auparavant les nombres qui seraient communs à la colonne des antécédens et à celle des conséquens; alors l'opération sera ramenée à une règle de trois simple.*

EXEMPLE. On suppose que 14o ouvriers, ayant 9 degrés de force, ont travaillé 7^{heures} et $\frac{1}{2}$ par jour, pendant 546^{jours}, dans un terrain de 7 degrés de dureté, pour construire une digue de 216^{toises} de longueur, sur 1$^{\text{toi.}}$ 4^{pieds} de hauteur et 3$^{\text{toi.}}$ 2$^{\text{pi.}}$ de largeur. Quelle sera la longueur d'une digue construite par 192 ouvriers, ayant 11 degrés de force, travaillant dans un terrain de 11 degrés de dureté, 8^{heures} et $\frac{1}{5}$ par jour, pendant 975^{jours}, en supposant que la hauteur de cette digue soit de 2$^{\text{toi.}}$ 3$^{\text{pi.}}$ et la largeur de 4$^{\text{toi.}}$ 1$^{\text{pi.}}$?

Il est clair que $x^{\text{toi.}}$, longueur de la seconde digue, sera, à l'égard de 216$^{\text{toi.}}$, longueur de la première, en raison *directe* des nombres d'ouvriers, de leurs forces recpectives, des nombres de jours employés au travail et de sa durée journalière. (N° 549).

On conçoit, au contraire, que le rapport des longueurs des digues dont il s'agit, sera en raison *inverse* de leurs autres dimensions respectives et de la dureté des terrains sur lesquels on les construit. (N° 552).

Ainsi le rapport de x^{toises} à 216^{toises} dépendra de quatre rapports directs et de trois rapports inverses; on aura donc:

$$x^{\text{t.}} : 216^{\text{t.}} :: \begin{cases} 192 : 14o \\ 11 : 9 \\ 8\frac{1}{3} : 7\frac{1}{2} \\ 975 : 546 \\ 7 : 11 \\ 1^{\text{t.}}4\text{pi} : 2^{\text{t.}}3\text{pi} \\ 3^{\text{t.}}2\text{pi} : 4^{\text{t.}}1\text{pi} \end{cases} \text{ou} :: \begin{cases} 48 : 35 \\ 11 : 9 \\ 10 : 9 \\ 25 : 14 \\ 7 : 11 \\ 2 : 3 \\ 4 : 5 \end{cases} \text{ou} :: \begin{cases} 16 \times 3 : 7 \times 5 \\ 11 : 9 \\ 10 : 9 \\ 5 \times 5 : 7 \times 2 \\ 7 : 11 \\ 2 : 3 \\ 4 : 5 \end{cases}$$

(Voyez les n°s 44o, 5o6, 5o8, 514, 515 et 517).

Effaçant les nombres 3, 11, 5, 5, 7 et 2, communs à la colonne des antécédens et à celle des conséquens ; multipliant entre eux les nombres qui restent dans chacune d'elles, la proportion deviendra

$$x^{t\cdot} : 216^{t\cdot} :: 16 \times 10 \times 4 : 9 \times 9 \times 7 ;$$

décomposant le premier conséquent 216, en $8 \times 9 \times 3$, et l'un des facteurs 9 du second conséquent, en 3×3, on aura

$$x : 8 \times 9 \times 3 :: 640 : 9 \times 3 \times 3 \times 7 ;$$

supprimant les facteurs 9 et 3, communs aux deux conséquens de cette nouvelle proportion (n°s 383 et 536), elle se réduira à

$$x : 8 :: 640 : 21 ;$$

de laquelle on obtient $x = 243^{t\cdot}$, 81, à moins d'un centième de toise.

DÉMONSTRATION. On supprime les nombres communs à la colonne des antécédens et à celle des conséquens des rapports composans ; car ils deviendraient facteurs communs des termes du rapport composé ; on devrait donc les supprimer dans ces termes, s'ils s'y trouvaient ; à plus forte raison ne faut-il pas les y introduire.

APPLICATION

DE LA RÈGLE DE TROIS AU CALCUL DE L'INTÉRÊT.

556. DÉFINITION. L'*intérêt* est ce qu'un débiteur paie à son créancier au-delà du remboursement intégral de la somme dont celui-ci lui a laissé la libre disposition pendant un certain temps, c'est-à-dire, depuis la création de la dette jusqu'à son extinction. L'intérêt prend aussi le nom de *rente*.

557. L'intérêt n'est donc qu'une rétribution donnée par le débiteur au créancier pour le dédommager des avantages que ses fonds lui eussent procurés, s'il les avait employés lui-même, et une juste compensation du profit que le débiteur est présumé en avoir retiré.

558. DÉFINITION. La somme prêtée au débiteur, ou laissée entre ses mains, est ce qu'on appelle le *principal* ou le *capital*.

559. DÉFINITION. Le *taux* de l'intérêt est ce que rapporte une somme déterminée, pendant un temps aussi déterminé : cette somme est la *base* du taux.

560. On est convenu d'adopter 100 francs pour base du taux, ou pour le capital servant de terme de comparaison à tous les capitaux.

L'année, composée de 12 mois, de 30 jours chacun, est le temps auquel on rapporte le prêt de 100 francs.

5 francs, en matière civile, et 6 francs, en matière de commerce,

forment, en général, l'intérêt de 100 francs par année; mais il est clair que ce taux pourrait varier.

Ainsi, quand on dit que le taux est de 3 ; 4 et $\frac{1}{2}$; 5 etc., pour 100, cela signifie qu'un capital de 100 francs produit par année une rente de 3^f ; 4^f, 50^c ; 5^f, etc.

561. Le taux se représente par une fraction qui a la base pour dénominateur, et pour numérateur l'intérêt correspondant à cette base.

Par exemple, le taux de 5 pour 100 se désigne par $\frac{5}{100}$. Ce même taux s'écrit encore dans le commerce, 5 p^r $\frac{0}{0}$.

562. Les négocians rapportent souvent le taux à un mois.

Ainsi le taux du commerce étant de 6 p^r $\frac{0}{0}$ par an, sera de $\frac{1}{2}$ p^r $\frac{0}{0}$ par mois.

563. Définition. On dit que le taux est *au denier vingt*, *au denier vingt-cinq*, etc., lorsque 20^{francs} ; 25^{francs} ; etc., rapportent un intérêt d'un franc par année. Ces taux équivalent à 5; 4; etc., pour 100.

564. L'intérêt s'entend souvent du taux auquel il est fixé; et l'un et l'autre se désignent en sous-entendant la base quand elle est 100.

C'est ainsi qu'on dit indifféremment *l'intérêt est à 5* ou *le taux est à 5*, ce qui signifie que l'intérêt se perçoit au taux de 5 pour 100.

565. L'intérêt est *simple* ou *composé*.

566. Définition. L'intérêt *simple*, ou l'intérêt proprement dit, est celui qui ne se joint pas au principal, pour porter intérêt à son tour, quoique le débiteur le conserve depuis son échéance.

Par exemple, le débiteur d'une somme de 4000 francs, prêtée à 6 pour $\frac{0}{0}$, doit, au bout de 3 ans, tant en principal qu'intérêt, 4720 francs, c'est-à-dire, 3 fois l'intérêt annuel 240 francs du capital, au par-delà de ce dernier. (n°s 556, 558 et 560).

567. Définition. L'intérêt *composé*, est celui qui, à la fin de chaque année, se capitalise, c'est-à-dire, se joint au capital pour porter intérêt l'année suivante.

On prête, par exemple, 6000 fr. à 5 pour $\frac{0}{0}$. Au bout de la première année l'emprunteur doit 300 fr. d'intérêt, qui, réunis à 6000 fr., font 6300 fr. pour le capital nouveau. L'intérêt de la seconde année, ou celui de 6300 fr., est de 315 fr. Si l'on joint cet intérêt à 6300 fr., on aura 6615 fr., pour le capital de la troisième année, dont l'intérêt sera de 330 fr., 75 c. En sorte qu'à la fin de la troisième année l'emprunteur devra, tant en principal qu'en intérêt, 6945 fr., 75 c.

568. Cette perception de *l'intérêt des intérêts*, qu'on nomme *anatocisme*, étant, à quelques exceptions près, prohibée par la loi, on ne s'occupera que du calcul de l'intérêt simple.

569. Ce calcul a pour objet de résoudre le problème général suivant :

De ces quatre choses, le capital, le temps, le taux et l'intérêt, trois quelconques étant connues, déterminer la quatrième.

570. Les théorêmes suivans sont des conséquences si évidentes de ce que l'on a dit sur la nature de la règle de trois, qu'elles n'ont pas besoin de démonstration.

571. THÉORÊME. *Les intéréts de deux capitaux, au même taux et dans le même temps, sont en raison directe de ces capitaux, et réciproquement.* (Nº 549.)

572. THÉORÊME. *Les capitaux étant les mêmes, ainsi que le taux, les intéréts sont en raison directe des temps pendant lesquels ils sont produits, et réciproquement.* (Nº 549).

573. THÉORÊME. *Les intéréts étant les mêmes, ainsi que le taux, les capitaux sont en raison inverse des temps pendant lesquels ils sont placés, et réciproquement.* (Nº 552).

574. A l'aide de ces trois théorêmes on peut démontrer les proportions par lesquelles on résout toutes les questions relatives à l'intérêt, ainsi qu'on va le voir.

Ire QUESTION. *Quel est, à 6 p^r 0/0, l'intérêt de 3627^f par année?*
Soit x l'intérêt annuel de 3627^f, il est clair que 5^f étant celui du capital 100^f, on aura la proportion suivante:

$$x^f : 5^f :: 3627^f : 100^f,$$

de laquelle on tire $x = 181^f,35^c$; pour réponse à la question.

Cette proportion est fondée sur ce que le rapport des intéréts est égal à celui des capitaux correspondans, lorsque le taux et le temps sont les mêmes. (Nº 571).

IIe. *Quel est le capital qui, prété à 4 et $\frac{1}{2}$ p^r 0/0, produit un intérét annuel de 114^f,03^c?*
Les capitaux x^f et 100^f, étant placés au même taux et pendant le même temps, sont (réciproque du nº 571) directement proportionnels à leurs intérêts 114^f,03^c et 4^f,50^c; donc (nºˢ 513 et 517)

$$x^f : 100^f :: 11403 : 450,$$

qui donne, toutes réductions faites, $x = 2534^f$. C'est le capital demandé.

IIIe. *Un capital de 7624^f a produit un certain intérét dans 29^{mois}; combien de mois faudrait-il qu'un autre capital de 27637^f restât prété, au même taux que le premier, pour produire le même intérêt?*
Le temps cherché doit être d'autant plus petit que le capital correspondant est plus grand; donc

$$x^{mois} : 29^{mois} :: 7624 : 27637,$$

d'où $x = 8^{mois}$. (Réciproque du nº 573).

IVe. *Un capital de 1863^f fournit une rente annuelle de 130^f,41^c: quel est le taux du prêt?*

La question revient à demander combien le capital 100^f produit d'intérêt par année, lorsque, dans le même temps, 130^f,41^c sont l'intérêt du capital 1863^f. On écrira donc (n° 571) la proportion

$$x^f : 130^f,41^c :: 100 : 1863,$$

qui conduit à $x = 7$, c'est-à-dire, que le taux est à 7 p^r 100.

V^e. *Quel est, à 6 p^r $\frac{0}{0}$, l'intérêt de 6800^f pendant 17^{mois}?*

Cette question équivaut à celle de savoir combien 6800^f donnent d'intérêt, dans 17^{mois}, lorsqu'en 12^{mois}, un autre capital de 100^f produit un intérêt de 6^f. (N^u 560).

Le rapport de l'intérêt demandé à l'intérêt connu 6^f dépend du rapport direct des capitaux et du rapport direct des temps correspondans (n°s 571 et 572); on aura donc

$$x^f : 6^f :: \left\{ \begin{matrix} 6800 : 100 \\ 17 : 12 \end{matrix} \right\} \text{ ou} :: \left\{ \begin{matrix} 68 : 1 \\ 17 : 12 \end{matrix} \right\} \text{ ou} :: 68 \times 17 : 1 \times 12,$$

ou, en divisant les conséquens par 6,

$$x : 1 :: 68 \times 17 : 1 \times 2$$

de laquelle on tire $x = 578^f$.

(Voyez les n°s 536, 554 et 555).

VIe. *Quel est le capital qui, placé à 5 et $\frac{1}{2}$ p^r $\frac{0}{0}$, produit 81^f,18^c d'intérêt dans 5^{mois}?*

Puisque 5^f,50^c sont la rente annuelle de 100^f, on trouvera le capital dont l'intérêt, pendant 5^{mois}, s'élèverait à 81^f,18^c, en posant la proportion

$$x^f : 100^f :: \left\{ \begin{matrix} 81,18 : 5,50 \\ 12 : 5 \end{matrix} \right\} \text{ ou} :: \left\{ \begin{matrix} 8118 : 550 \\ 12 : 5 \end{matrix} \right\},$$

laquelle est fondée sur ce que le rapport des capitaux est égal au rapport direct des intérêts et au rapport inverse des temps qui ont produit ces derniers. (Réciproque du n° 571 et n° 573).

Cette proportion devient

$$x : 2 :: 8118 \times 12 : 55; \text{ donc } x = 3542^f,40^c.$$

VIIe. *Pendant combien de temps faut-il qu'un capital de 7200^f reste placé à 4 $\frac{3}{4}$ p^r $\frac{0}{0}$, pour fournir une rente de 541^f,50^c?*

Il est clair que le temps nécessaire à 7200^f, pour produire 541^f,50^c d'intérêt, sera d'autant plus petit à l'égard de 12^{mois} (temps pendant lequel un autre capital de 100^f fournit 4^f,75^c de rente) que 7200^f est plus grand à l'égard de 100^f, et d'autant plus grand que l'intérêt de ce capital 7200^f est aussi plus grand que celui de l'autre capital 100^f (réciproque des n°s 572 et 573); on a donc la proportion suivante

$$x^{mois} : 12^{mois} :: \left\{ \begin{matrix} 100 : 7200 \\ 541,50 : 4,75 \end{matrix} \right.,$$

qui, toutes réductions faites, donne $x = 19^{mois}$.

VIIIe. *À quel taux faut-il percevoir l'intérêt de 10800^f pour qu'il s'élève à 1293^f,75^c dans 23^{mois}?*

La question revient à calculer l'intérêt du capital 100^f pendant 12^{mois} ; c'est évidemment le résultat de la proportion

$$x^f : 1293^f, 75^c :: \begin{cases} 100 : 10800 \\ 12 : \quad 23, \end{cases}$$

fondée sur ce que les intérêts sont dans le rapport direct des capitaux et des temps qui les produisent. (N°s 571 et 572).

En faisant les simplifications et les calculs, on trouvera $x =$ $6^f, 25^c$; le taux cherché est donc $6\frac{1}{4}$ pour $\frac{0}{0}$.

575. REMARQUE. La solution des questions les plus compliquées en apparence que l'on peut proposer sur l'intérêt, rentre dans celle du problème général du n° 569. C'est ce que les questions suivantes vont rendre sensible.

I. *On a placé une somme à 4 pour $\frac{0}{0}$; au bout de 7 ans le débiteur doit, tant en capital qu'en intérêt, 1952^f : quel était le capital prêté ?*

Il est clair qu'un capital de 100^f, au taux de 4, ne peut être remboursé, au bout de 7 années, que par 128^f. (N°s 556 et 566). On dira donc : *Si 128^f se réduisent à un capital de 100^f, à quel capital se réduiront 1952^f ?*

$$x^f : 100^f :: 1952 : 128 ; \text{ donc } x = 1525^f.$$

II. *Au bout de combien d'années un emprunteur devra-t-il $1413^f, 40^c$, tant en principal qu'en intérêt, à raison d'un prêt de 955^f à 6 pr $\frac{0}{0}$?*

La rente de ce capital étant de $458^f, 40^c$, il ne s'agit que de trouver combien d'années il faut à un capital de 955^f, placé à 6 pr $\frac{0}{0}$, pour fournir $458^f, 40^c$ d'intérêt. La question VIIe apprend qu'il faut établir la proportion.

$$x^{ans} : 1^{an} :: \begin{cases} 100 \quad : 955 \\ 458,40 : \quad 6 \end{cases} \text{ ou} :: 45840 : 5730, \text{ ou} :: 4584 : 573,$$

d'où l'on tire $x = 8^{ans}$.

DU CALCUL DE L'INTÉRÊT CORRESPONDANT A UN NOMBRE DE JOURS ET A UN TAUX QUELCONQUES.

576. MÉTHODE. Pour déterminer l'intérêt d'un capital quelconque, pour tel nombre de jours et à tel taux annuel qu'on voudra, il faut *multiplier le capital par le taux, puis par le nombre de jours, et diviser le produit par 36.000, avec l'attention de simplifier d'abord l'expression fractionnaire à laquelle conduira l'indication préliminaire des calculs à effectuer.*

EXEMPLE. Quel est, à 7 pr $\frac{0}{0}$, l'intérêt de 6300^f pendant 128^j ?

Soit x cet intérêt, on aura $x = \frac{6300^f \times 7 \times 128}{36000} = \frac{63^f \times 7 \times 128}{360} =$
$\frac{7^f \times 7 \times 128}{40} = \frac{7^f \times 7 \times 32}{10} = 156^f, 80^c.$

Démonstration. En effet, s'il fallait fixer l'intérêt annuel de 6300^f à 7 p^r $\frac{0}{0}$, on l'obtiendrait par la proportion $x : 7 :: 6300 : 100$, de laquelle on déduit $x = \frac{6300^f \times 7}{100}$; mais l'intérêt d'un jour n'est que la 360e partie de l'intérêt d'un an ; il faut donc diviser $\frac{6300^f \times 7}{100}$ par 360, ce qui donne $\frac{6300^f \times 7}{36000}$ pour l'intérêt d'un jour ; celui de 128^{jours} sera donc égal à $\frac{6300^f \times 7 \times 128}{36000}$, expression conforme à la méthode prescrite.

(Voyez les n°s 426, 433, 440, 560, 564 et la question Ire du n° 574.)

577. Remarque. Lorsque le taux est à 5 ou à 6 p^r $\frac{0}{0}$, la méthode précédente se réduit à multiplier le capital par le nombre de jours, et à diviser le produit, dans le premier cas, par 7200, et, dans le second, par 6000.

Car si, dans l'exemple précédent, le taux était 5, l'intérêt serait égal à $\frac{6300^f \times 5 \times 128}{36000}$, expression qui se réduit, sur-le-champ, à $\frac{6300^f \times 128}{7200}$; et si, dans le même exemple, le taux était 6, on aurait $\frac{6300^f \times 6 \times 128}{36000}$, quantité évidemment égale à $\frac{6300^f \times 128}{6000}$.

C'est ce qu'on peut démontrer directement de la manière suivante.

En effet, 6300^f en 128^{jours} produisent le même intérêt que 128 fois 6300^f, ou 806.400^f, en un seul jour. Mais à 5 p^r $\frac{0}{0}$, par exemple, l'intérêt annuel est égal aux $\frac{5}{100}$ du capital ; donc celui d'un jour ne vaut que $\frac{1}{360}$ des $\frac{5}{100}$; ou $\frac{1}{7200}$ du capital. Par conséquent l'intérêt de 806.400^f, pour un jour, sera le quotient de ce capital par 7200 ; ce dernier quotient sera donc aussi l'intérêt de 6300^f pendant 128^{jours}.

578. Méthode. Pour calculer l'intérêt d'un capital quelconque, pour tel nombre de jours et à tel taux mensuaire qu'on voudra, il faut *multiplier le capital par le taux, puis par le nombre de jours, et diviser le produit par* 3000, *en simplifiant d'abord les opérations autant qu'il est possible.*

Exemple. Quel est, à $\frac{2}{3}$ p^r $\frac{0}{0}$, par mois, l'intérêt de 1350^f pendant 72^{jours} ?

Si l'on représente par x l'intérêt correspondant à 72^{jours}, on aura $x = \frac{1350^f \times \frac{2}{3} \times 72}{3000} = \frac{135^f \times 2 \times 24}{300} = \frac{135^f \times 2 \times 8}{100} = \frac{2160^f}{100} = 21^f,60^c$.

Démonstration. Car soit x l'intérêt d'un mois, il est évident qu'il sera déterminé par la proportion $x : \frac{2}{3} :: 1350 : 100$, qui donne $x = \frac{1350 \times \frac{2}{3}}{100}$; mais l'intérêt d'un jour n'en étant que la 30e partie, vaudra $\frac{1350^f \times \frac{2}{3}}{3000}$; ainsi l'intérêt de 72^{jours} sera exprimé par $\frac{1350^f \times \frac{2}{3} \times 72}{3000}$, quantité qui répond parfaitement à la méthode indiquée.

(Voyez les n°s 561, 562 et 571.)

DES COMPTES D'INTÉRÊTS.

579. Méthode. Pour déterminer l'intérêt de plusieurs sommes, ayant une échéance commune, mais portant rente à compter de diverses époques, il faut *ramener chacune de ces sommes à ce qu'elle doit être pour produire, dans un seul jour, un intérêt égal à ce que chaque capital réel en produirait pendant le tems qu'il porte rente; faire la somme de ces capitaux fictifs, et la diviser par 7200, ou par 6000, selon que le taux est à 5 ou à 6: le quotient sera la totalité des intérêts dus au jour de l'échéance commune de tous les capitaux proposés.*

Exemple. Supposons que la maison de commerce *Beaumarchais* ait fait à la maison *Duvernay* les avances suivantes :

Le 31 décembre 1820	4290^f
10 janvier 1821	500
20 février	900
15 mars	800
25 avril	2500
10 mai	2050

et l'on demande ce que la maison *Duvernay* devait en intérêt à 6 p^r $\frac{0}{0}$, au 31 juillet 1821, à la maison *Beaumarchais ?*

On multipliera chaque dette en principal par le nombre de jours qu'elle porte intérêt, c'est-à-dire, depuis sa création jusqu'au jour du remboursement qui est celui de l'arrêté du compte. Cela formera le tableau qu'on voit ci-dessous,

4290^f	pendant	212^{jours}	= 909480^f	pendant 1^{jour}
500		202	= 101000	
900		161	= 144900	
800		138	= 110400	
2500		97	= 242500	
2050		82	= 168100	

L'intérêt revient à celui de . . . . 1676380^f pendant 1^{jour}.

On divise ce capital fictif 1.676.380^f par 6000, et le quotient 379^f,39^c, qui en est l'intérêt pour 1^{jour}, est donc en même temps celui de tous les prêts réunis, eu égard à leur durée respective.

La démonstration de cette opération résulte suffisamment de celle qui est exposée dans la remarque du n° 577.

580. Méthode. Pour fixer à une époque indiquée la situation relative de deux personnes, ou de deux maisons de commerce, tout à la fois créancières et débitrices l'une de l'autre, il faut

ramener les dettes de chacune à l'époque indiquée; prendre la différence des capitaux fictifs; calculer l'intérêt de cette différence pendant un jour; la joindre à la différence des capitaux réels; la somme formera le débet total de la personne ou de la maison qui a plus reçu de l'autre que celle-ci n'a reçu de la première.

EXEMPLE. Supposons que, dans l'exemple précédent, la maison *Duvernay* ait fait, à son tour, à la maison *Beaumarchais* les avances suivantes : 3000^f au 8 février 1821 ; 1800^f, au 20 mars ; 120^f, au 5 avril, et 1590^f, au 20 juin ; et l'on demande quelle est la balance du compte de ces deux maisons, au 31 juillet 1821 ?

On réduira, suivant la méthode précédente, les dettes de la maison *Beaumarchais* au capital fictif 837.630^f, pendant un jour. On prendra la différence 838.750^f entre ce dernier et le capital fictif $1.676.380^f$ calculé ci-dessus; ou déterminera l'intérêt à 6 p$^r \frac{0}{0}$ de 838.750^f pour un jour, et l'on trouvera que la maison *Duvernay* doit, en intérêt, à la maison *Beaumarchais*, $139^f,79^c$; et comme les capitaux prêtés réellement par celle-ci à la maison *Duvernay*, surpassent de 4530^f les avances effectives qu'elle en a reçues, il s'ensuit que la maison *Beaumarchais* est créancière de la maison *Duvernay* de $4669^f,79^c$, tant en principal qu'en intérêt.

La simplicité et la justesse de cette méthode sont évidentes.

581. REMARQUE. On suit un procédé analogue pour déterminer ce que l'emprunteur d'une somme quelconque, à une époque donnée, redoit à son créancier à qui il a fait divers paiemens à des époques connues.

Supposons, par exemple, qu'au 1er janvier 1818, *Floridor* ait prêté 9000^f à *Dervis*, et que celui-ci ait remboursé à *Floridor* 2500^f, au 15 août 1818; 2000^f, au 20 juin 1819; 1700^f, au 30 octobre 1820; et l'on demande ce que *Dervis* devait payer, au 1er janvier 1821, à son créancier, pour se libérer entièrement du capital et de l'intérêt, convenu à 5 p$^r \frac{0}{0}$?

On calculera l'intérêt du capital entier 9000^f pour 3^{années}, durée du prêt. On supposera que les à-compte payés par *Dervis* à *Floridor*, forment autant de prêts qu'il lui a faits à son tour, et dont *Floridor* lui doit l'intérêt depuis leurs époques respectives jusqu'au 1er janvier 1821; on ramènera donc ces prêts partiels à un capital fictif, duquel on calculera l'intérêt à 5 p$^r \frac{0}{0}$ pour un jour. Réunissant ces derniers à la somme des à-compte réels payés par Dervis à Floridor, on aura ce dont celui-ci doit tenir compte à son débiteur. Réunissant de même le capital primitif 9000^f, à l'intérêt qu'il a produit pendant 3^{ans}, la somme exprimera ce qui serait dû au créancier, si aucun paiement ne lui avait été fait par le débiteur. Par conséquent la différence de ces deux résultats formera le débet véritable de *Dervis* à l'égard de *Floridor*, au 1er janvier 1821.

On laisse au lecteur le soin d'effectuer les calculs dont la marche est suffisamment tracée.

APPLICATION

DE LA RÈGLE DE TROIS AU CALCUL DE L'ESCOMPTE.

582. DÉFINITION. L'escompte (*ex compte* ou *hors de compte*) est, en général, la déduction à faire sur la valeur d'un billet que le débiteur veut acquitter, ou dont le créancier désire être payé avant l'échéance.

583. Il y a deux manières d'opérer cette déduction, c'est-à-dire, deux sortes d'escompte : l'escompte en *dedans* et l'escompte en *dehors*.

584. DÉFINITION. L'escompte en *dedans* est l'intérêt compris dans un billet, dont le montant se compose alors du capital joint à la rente.

Par exemple, à 5 p$^r\frac{0}{0}$, l'intérêt de 600^f est, pour une année, de 30^f. Si l'on souscrit un billet de 630^f, à un an de terme, les 30^f qu'on a joints au principal 600^f, forment l'escompte en dedans de cette somme, de sorte que si le souscripteur du billet de 630^f voulait l'acquitter sur-le-champ, il n'aurait réellement à débourser que 600^f.

585. DÉFINITION. L'escompte en *dehors* est l'intérêt qui ne fait pas partie du montant du billet, et que le créancier retient sur la somme même qu'il prête.

Ainsi, dans l'exemple précédent, le créancier qui, au lieu de délivrer 600^f à l'emprunteur, ne lui délivrerait réellement que 570^f, en retenant par ses mains les 30^f d'intérêt, et qui ferait souscrire à son profit un billet de 600^f, tirerait l'escompte en dehors. Si donc le débiteur se libérait le jour même de la souscription du billet, il le ferait avec 570^f.

586. On voit donc que, dans l'escompte en dedans, la base du taux est 100^f en argent ; et que, dans l'escompte en dehors, cette base est 100^f en billet. (N° 559).

587. L'escompte en dehors est un véritable *anatocisme* (n° 568). Il peut encore être considéré comme la perception de l'intérêt d'une somme que le créancier ne prête pas, ou bien qu'il prête à un taux supérieur à celui dont on semble être convenu.

Dans l'exemple précédent, on tire l'intérêt de 570^f + 30^f, et déjà les 30^f sont l'intérêt de la somme 600^f ; on perçoit donc l'intérêt de l'intérêt. On voit encore qu'on touche l'intérêt de 600^f, quoiqu'on n'en prête que 570. Enfin, le prêteur recevant un billet de 100^f à raison d'un prêt de 95, il s'ensuit que le taux est réellement à 5 pour 95, quoiqu'il paraisse n'être qu'à 5 p$^r\frac{0}{0}$.

L'usage en France a cependant consacré l'escompte en dehors.

588. L'escompte en dedans est fondé sur ce que l'intérêt, pour tout le temps du crédit, étant joint au capital, il s'ensuit que si le débiteur dévance l'époque de sa libération, il ne doit de ce même intérêt qu'une partie proportionnelle au délai dont il a usé comparativement à celui qui était à sa disposition. Le créancier doit donc lui tenir compte du surplus.

589. L'escompte en dehors est fondé sur ce que le créancier ayant perçu d'avance la totalité de l'intérêt, le débiteur doit retenir, sur le remboursement du capital porté au billet, la portion d'intérêt que le créancier a prélevée de trop, eu égard à la circonstance d'une libération anticipée.

590. Ce n'est qu'autant que le débiteur profite de tout le temps du crédit, qu'il doit payer la somme entière portée sur le billet, de quelque manière que le créancier ait tiré l'escompte.

591. DÉFINITION. *L'escompte d'un billet* est ce qu'il faut soustraire du montant de ce billet pour le réduire en argent comptant.

592. DÉFINITION. *L'escompte d'une somme en numéraire* est ce qu'il faut ajouter à celle-ci pour la convertir en billet.

593. Les questions suivantes auront pour objet de calculer l'escompte d'une somme d'argent ou celui d'un billet ; de convertir une valeur numéraire en une valeur en billet, et réciproquement ; enfin, de fixer le temps ou le taux nécessaire pour faire produire à une somme connue un escompe déterminé.

QUESTIONS RELATIVES A L'ESCOMPTE EN DEDANS.

594. Le lecteur ne perdra pas de vue que deux capitaux en argent, deux valeurs en billets, les escomptes de deux sommes en numéraire, et ceux de deux sommes en billets, forment à chaque fois deux quantités de même espèce, dans le sens des quantités *principales* ou *relatives* qu'on a définies en exposant la règle de trois. (Nos 539, 540 et 541.)

I. *Quel est, à* 5 p r 0/0, *l'escompte d'une somme d'argent de* 3627 f *par an?*

L'escompte ou l'intérêt cherché est 181 f, 35 c. (Voyez la question I re du n° 574).

Donc en joignant cet escompte au principal, on aura 3808 f, 35 c pour le montant du billet à souscrire et payable dans un an. (Nos 584 et 592).

II. *Quel est l'escompte à déduire sur le montant d'un billet de* 4096 f, 90 c, *au taux de* 6 p r 0/0, *acquitté le jour même de sa souscription?*

On dira : si sur 106 f, portés au billet, il y en a 6 d'escompte, combien sur 4096 f, 90 c? Donc $x : 6 :: 4096,90 : 106$, d'où l'on tire $x = 231$ f, 90 c.

En retranchant cet escompte du montant du billet, on verra que, pour acquitter celui-ci sans délai, le débiteur n'aura à débourser que 3865^f (N° 591).

III. *A combien se réduit en argent un billet de 2502^f, acquitté, le jour même de sa date, le taux de l'escompte étant supposé à* 4 ¼ p^r % ?

On raisonnera comme il suit : si un billet de 104^f, 25^c, payé comptant, se réduit à 100^f, à combien se réduit, dans la même hypothèse, un billet de 2502^f ? donc x : 100 :: 2502 : 104,25 proportion qui donne 2400^f pour répondre à la question. L'escompte à déduire du montant du billet est donc de 102^f.

IV. *De combien faut-il souscrire un billet à un an de crédit, pour une dette de* 10400^f, *l'escompte étant convenu à* 5 ¾ p^r % ?

Le raisonnement se réduit à celui-ci : lorsque pour une dette de 100^f, on fait un billet de 105^f,75^c, payable dans un an, de combien doit être le billet à souscrire, au même terme de crédit, à l'occasion d'une dette de 10400^f ? Donc x : 105,75 :: 10400 : 100. Ainsi le montant de la somme à porter au billet est de 10998^f.

Si donc le débiteur voulait se libérer sur-le-champ, le créancier lui ferait remise de 598^f d'escompte.

V. *Combien de temps de crédit faut-il accorder à un débiteur, pour en obtenir un billet de* 7741^f,50^c, *à raison d'une dette de* 7200^f, *l'escompte étant calculé à* 4 ¾ p^r % ?

On voit que l'escompte de 7200^f est de 541^f,50^c, et qu'ainsi la question proposée revient à la VIIe du n° 574.

VI. *Quel est le taux de l'escompte, lorsque, pour une dette de* 1863^f, *on fait un billet de* 1993^f, 41^c *payable dans un an* ?

L'escompte ou l'intérêt de 1863^f, étant de 130^f,41^c, pour une année, il s'ensuit que cette question n'est que la IVe du n° 574.

VII. *Quel est, à 6 p^r %, l'escompte d'une somme d'argent de* 6800^f, *pendant* 17^{mois} ?

C'est la question V^e du n° 574.

VIII. *Quel est, à 9 ⅗ p^r %, l'escompte à déduire sur un billet de* 9561^f,60^c, *au crédit de* 19^{mois}, *si le débiteur veut l'acquitter* 11^{mois} *avant l'échéance* ?

Le taux de l'escompte est de ⅘ p^r %, par mois, et par conséquent de 15 ⅕ p^r %, pour 19^{mois}. Ainsi pour chaque 100^f de la dette, on a porté 115^f,20^c sur le billet. Mais puisque le débiteur n'a joui que de 8^{mois} de crédit, c'est-à-dire, à devancé de 11^{mois} l'époque de son remboursement, il s'ensuit qu'on doit lui faire état de 8^f,80^c, escompte correspondant à ces 11^{mois}.

On dira donc : si sur 115^f,20^c, portés au billet, on doit déduire un escompte de 8^f,80^c, quelle sera la déduction à faire sur 9561^f,60^c, montant total de la créance ? Donc ....

$x : 80,8 :: 9561,60 : 115,20$, d'où l'on tire $x = 730^f,40^c$, en sorte que le débiteur retirera son billet en payant seulement $8831^f,20^c$.

IX. *A combien se réduit en argent un billet de* 3922^f *à l'escompte de* 6 p^r $\frac{0}{0}$, *si le débiteur paie* 5^{mois} *avant l'échéance?*

Si, lors de la souscription du billet, on eût prévu que le débiteur se libérerait au bout de 7^{mois}, on n'y aurait compris que l'intérêt de ce temps, c'est-à-dire, qu'au lieu d'y mettre 106^f pour chaque 100^f de la dette, on n'y eût porté que $103^f,50^c$. En sorte qu'on raisonnera de la manière suivante : lorsqu'un billet de 106^f se réduit en argent à $103^f,50^c$, à combien se réduit un autre billet de 3922^f? La proportion est donc $x : 103,50 :: 3922 : 106$, laquelle donne $x = 3829^f,50^c$ pour la somme à payer par le débiteur en retirant son titre de 3922^f.

X. *De quelle somme faut-il souscrire un billet, payable dans* 10^{mois}, *pour une dette de* 2850^f, *en calculant l'escompte à* 9 p^r $\frac{0}{0}$?

L'escompte étant de $\frac{3}{4}$ par mois, sera, pour 10^{mois}, de $7\frac{1}{2}$. La question se réduit donc à la suivante : Si pour une dette de 100^f, on fait un billet de $107^f,50^c$, de combien sera-t-il pour une autre dette de 2850^f? Donc $x : 107,50 :: 2850 : 100$, c'est-à-dire que le billet à souscrire, à 10^{mois} de crédit, est de $3063^f,75^c$.

XI. *A quel taux est l'escompte, lorsque, pour une somme de* 10800^f, *on fait souscrire un billet de* $12093^f,75^c$, *payable dans* 23^{mois}?

L'escompte de 10800^f étant de $1293^f,75^c$ pour 23^{mois}, il s'ensuit que la question proposée est la même que la VIIIe du n° 574.

QUESTIONS RELATIVES A L'ESCOMPTE EN DEHORS.

595. Le lecteur ayant bien compris la solution des questions précédentes, quelques explications suffiront à l'intelligence de celles qui suivent.

I. *Quel est, à* $6\frac{1}{2}$ p^r $\frac{0}{0}$, *l'escompte en dehors de* 3000^f *en argent?*

Cet escompte n'est autre chose que l'intérêt qu'on obtiendra par la proportion $x : 6,50 :: 3000 : 100$.

Otant cet intérêt 195^f de 3000^f, on aura 2805^f pour la somme que le créancier doit délivrer à l'emprunteur pour en recevoir un billet de 3000^f, à un an de terme. (N° 585).

II. *Quel est l'escompte en dehors à déduire sur le montant d'un billet de* 2839^f, *au taux de* 7 p^r $\frac{0}{0}$, *payé le jour même de sa passation?*

Sur 100^f, portés au billet, il y en a 7 d'escompte; on déterminera donc l'escompte de la valeur en billet 2839^f, par la proportion $x : 7 :: 2839 : 100$.

Déduisant cet escompte $198^f,73^c$ du montant du billet, le débiteur, qui l'acquittera sans délai, n'aura à débourser que $2640^f,27^c$. (N° 591).

III. *A combien se réduit en argent un billet de 1175^f acquitté le jour même de sa souscription, le taux de l'escompte en dehors étant de $6\frac{4}{5}$ p^r $\frac{0}{0}$?*

Un billet de 100^f, payable dans un an, se réduit sur-le-champ à $93^f,20^c$; on aura donc $x : 93,20 :: 1175 : 100$. Le billet se réduit donc à $1095^f,10^c$ en argent, et l'escompte est alors de $79^f,90^c$.

IV. *De combien faut-il souscrire un billet à un an de crédit pour un prêt de $5025^f,54^c$, l'escompte en dehors étant convenu à $5\frac{1}{4}$ p^r $\frac{0}{0}$?*

Pour un prêt de $94^f,75^c$ on fait un billet de 100^f; c'est dans la même proportion qu'on fera celui qui correspond à un prêt de $5025^f,54^c$. Donc $x : 100 :: 5025,54 : 94,75$.

Si le débiteur acquittait sans délai ce billet de 5304^f, il obtiendrait un escompte de $278^f,46^c$.

V. *Quel est le temps du crédit, lorsque pour un prêt de $1521^f,50^c$, à l'escompte en dehors de 6 p^r $\frac{0}{0}$, l'emprunteur souscrit un billet de 1700^f?*

L'escompte total est de $178^f,50^c$, et celui d'un mois de $0,50^c$; or, les temps productifs des escomptes, sont évidemment en raison inverse des valeurs en billets sur lesquelles on les calcule (dans l'escompte en dehors, n° 586), et en raison directe des escomptes correspondans à ces temps; on aura donc

$$x^{mois} : 1^{mois} :: \left\{ \begin{array}{ll} 100 & : 1700 \\ 178,50 : & 0,50 \end{array} \right.$$

d'où l'on tire $x = 21^{mois}$.

VI. *Quel est le taux de l'escompte en dehors, lorsque, pour un prêt de $1244^f,97^c$, on fait un billet de 1305^f, payable dans un an?*

L'escompte de 1305^f, étant de $60^f,03^c$, quel est celui de 100^f? Donc $x : 60^f,03^c :: 100 : 1305$, qui donne $x = 4^f,60^c$; le taux est donc à $4\frac{3}{5}$ p^r $\frac{0}{0}$.

VII. (Voyez la VIIe question du n° 594).

VIII. *Quel est, à 6 p^r $\frac{0}{0}$, l'escompte en dehors à déduire sur un billet de 2748^f, au crédit de 13^{mois}, si le débiteur veut l'acquitter 8^{mois} avant l'échéance?*

Si ce billet eût été payé le jour même de sa création, sur 100^f y insérés, le débiteur eût obtenu une déduction de $6^f,50^c$; mais cet escompte doit se réduire à 4^f, dès que la libération a lieu seulement 8^{mois} avant le terme. On aura donc $x : 4 :: 2748 : 100$, d'où l'on tire $x = 109^f,92^c$. Ainsi le souscripteur du billet de 2748^f, le retirera en payant $2638^f,08^c$.

IX. *A combien se réduit en argent un billet de* 4250^f, *à l'es-compte en dehors de* 7$\frac{1}{5}$ pr $\frac{0}{0}$, *et à* 11^{mois} *de crédit, si le débiteur le paie* 4^{mois} *avant l'échéance?*

Le taux est de $\frac{3}{5}$ pr $\frac{0}{0}$ par mois ; donc l'escompte de 11^{mois} est de 6^f,60^c, et par conséquent si le débiteur eût acquitté le billet à sa date, 100^f se seraient réduits à 93^f,40^c ; mais comme il ne le fait que 4^{mois} avant l'échéance, il n'obtient qu'une déduction de l'escompte de 4^{mois}, ou de 2^f,40^c ; donc 100^f portés au billet, se réduisent à 97^f,60^c ; donc x : 97,60 :: 4250 : 100. Ainsi le billet se réduit à 4148^f.

X. *De quelle somme faut-il souscrire un billet payable dans* 9^{mois}, *pour un prêt de* 833^f,93^c, *en calculant l'escompte en dehors à* 8$\frac{2}{5}$ pr $\frac{0}{0}$?

Le taux est de 6$\frac{3}{10}$ pour 9^{mois} ; donc pour un prêt de 93^f,70^c, il faut faire un billet de 100^f ; donc x : 100 :: 833,93 : 93,70 ; ainsi le billet doit-être de 890^f.

XI. *A quel taux est l'escompte en dehors lorsque, pour un prêt de* 9506^f,25^c, *on fait souscrire un billet de* 10800^f, *payable dans* 23^{mois}?

Puisque l'escompte de 10800^f est de 1293^f,75^c pour 23^{mois}, la question revient à la VIIIe du n° 574.

APPLICATION

DE LA RÈGLE DE TROIS AU TROC.

596. Définition. Le *troc* est un échange de marchandises.

597. Le calcul du troc a pour objet de proportionner la valeur d'une marchandise, au prix qu'on veut avoir d'une autre marchandise ; ou de vérifier, en cas d'échange consommé, lequel des deux échangistes a fait le marché le plus avantageux.

QUESTIONS RELATIVES AU TROC.

598. Les questions suivantes mettront le lecteur en état de résoudre aisément toutes celles qui peuvent concerner le troc.

I. *Un Épicier a du café qu'il vend, argent comptant, à raison de* 125^{tt} *le quintal ; mais, en troc, il veut en avoir* 134^{tt}. *Un autre a de l'indigo qu'il vend comptant* 9^{tt} 10^s *la livre ; combien celui-ci doit-il vendre, en échange, son indigo, pour n'être point trompé?*

Il est clair que ce marchand doit apprécier son indigo, en troc, dans la même proportion que le premier estime son café, en échange, comparativement à ce qu'il le vend au comptant. On dira donc : *Si* 125^{tt}, *argent comptant, valent* 134^{tt}, *en échange,*

combien 9^{tt} 10$^{\mathcal{S}}$, *argent comptant*, *vaudront-ils*, *en troc?* Donc
$x : 134 :: 9\frac{1}{2} : 125$.

Ainsi, le second épicier doit compter, en échange, son indigo
à 10^{tt} 3$^{\mathcal{S}}$ 8$^{\mathfrak{d}}$ la livre.

II. *Deux commerçans veulent faire un échange : l'un a de la
serge qui vaut* 56$^{\mathcal{S}}$ *le mètre, argent comptant; et, en échange,
il veut en avoir* 3^{tt} *le mètre, dont le tiers argent comptant ; l'autre
a de la laine qui vaut* 20$^{\mathcal{S}}$ *la livre, argent comptant : combien
doit-il la vendre, en échange, pour n'essuyer aucune perte?*

Puisque le second commerçant devrait payer comptant 20$^{\mathcal{S}}$ par
mètre de serge, dont le surplus seulement serait l'objet de l'échange,
il s'ensuit qu'à l'égard de ce second marchand, c'est comme si le
prix du mètre de serge était à 36$^{\mathcal{S}}$ comptant, et à 40$^{\mathcal{S}}$ en troc.
Donc $x : 40 :: 20 : 36$.

Le second marchand doit estimer, en troc, sa laine à 1^{tt} 2$^{\mathcal{S}}$ 2$^{\mathfrak{d}}$ $\frac{1}{2}$
la livre.

III. *Un marchand a du papier qu'il vend comptant* 9^{tt} 10$^{\mathcal{S}}$ *la
rame; il voudrait l'échanger contre du savon qui se vend comp-
tant* 17$^{\mathcal{S}}$ 6$^{\mathfrak{d}}$ *la livre ; mais comme le marchand de savon ne veut
payer, même en échange, le papier qu'à* 7^{tt} 15$^{\mathcal{S}}$ *la rame, à
combien, proportionnellement, doit-il estimer son savon, en troc?*

Puisque le second négociant ne veut pas, même en troc, payer
le papier aussi cher que le premier veut en avoir au comptant, il
est clair qu'il faudra que lui-même laisse son savon, en troc, à un
prix inférieur à celui qu'il exigeait au comptant. On dira donc :
Si 9^{tt} 10$^{\mathcal{S}}$, *comptant, se réduisent, en échange, à* 7^{tt} 15$^{\mathcal{S}}$, *à combien*
17$^{\mathcal{S}}$ 6$^{\mathfrak{d}}$, *comptant, se réduiront-ils, en troc?* Donc $x : 7^{tt}$ 15$^{\mathcal{S}}$ ::
17$^{\mathcal{S}}$ 6$^{\mathfrak{d}}$: 9^{tt} 10$^{\mathcal{S}}$, ou :: 7 : 76. (N°s 506 et 515).

On trouvera que le savon sera compté, en échange, à 14$^{\mathcal{S}}$ 3$^{\mathfrak{d}}$ $\frac{6}{11}$
la livre. A ce moyen le papier ne reviendra qu'à 7^{tt} 15$^{\mathcal{S}}$ la rame
en troc.

IV. *De deux négocians, l'un a de l'étain qui vaut* 8$^{\mathcal{S}}$ *la livre,
argent comptant, et qu'en échange il fait valoir* 10$^{\mathcal{S}}$ *; l'autre a
du cuivre qui vaut* 26$^{\mathcal{S}}$, *argent comptant, et qu'en troc, il estime*
30$^{\mathcal{S}}$: *on veut savoir lequel gagne à l'échange?*

Il faut chercher ce que le marchand de cuivre, par exemple,
devrait le vendre, en échange; ce qui se fera par cette règle de trois:
Si 8$^{\mathcal{S}}$, *argent comptant, valent* 10$^{\mathcal{S}}$, *en échange, combien* 26$^{\mathcal{S}}$,
argent comptant, vaudront-ils, en troc? On trouvera que le
second négociant devrait vendre son cuivre à raison de 32$^{\mathcal{S}}$ 6$^{\mathfrak{d}}$ la
livre, pour ne rien perdre au troc; donc, puisqu'il ne le vend que
30$^{\mathcal{S}}$, il perd 2$^{\mathcal{S}}$ 6$^{\mathfrak{d}}$ sur chacune.

V. *Dans la supposition précédente, si le marchand de cuivre
voulait avoir le tiers en argent comptant, lequel des deux ferait
le marché le plus avantageux?*

Puisqu'alors, à l'égard du premier négociant, le troc ne porterait plus que sur les $\frac{2}{3}$ du prix du cuivre, c'est-à-dire sur 20ˢ, c'est pour lui comme si le cuivre se vendait 16ˢ comptant, et 20ˢ, en échange; mais comme on suppose d'ailleurs que le second négociant continue à estimer son cuivre 26ˢ comptant la livre, on fera cette règle de trois : *Si* 16ˢ *comptant valent* 20ˢ, *en troc, combien* 26ˢ, *prix réel du cuivre, argent comptant, vaudront-ils, en échange?* On aurait 32ˢ 6ᵈ pour résultat; d'où l'on conclurait que si le marchand de cuivre échangeait à la condition du paiement d'un tiers comptant, il ferait un troc égal avec l'autre marchand.

DES SUITES DE RAPPORTS ÉGAUX.

599. De même qu'on a l'expression de l'égalité de deux rapports, on peut avoir celle de l'égalité de plusieurs.

Telle est la suite

$$6 : 3 :: 10 : 5 :: 14 : 7 :: 16 : 8 :: \frac{1}{2} : \frac{1}{4} :: \frac{18}{25} : \frac{9}{25}, \text{ etc.},$$

qu'on peut écrire encore de cette autre manière

$$6 : 10 : 14 : 16 : \frac{1}{2} : \frac{18}{25} :: 3 : 5 : 7 : 8 : \frac{1}{4} : \frac{9}{25}.$$

600. Un théorème analogue à celui du n° 536, s'applique aux suites de rapports égaux.

Si l'on avait la suite

$$21 : 35 : 49 : 63 :: \frac{5}{11} : \frac{5}{11} : \frac{7}{11} : \frac{9}{11},$$

on pourrait, par exemple, multiplier tous les conséquens par le même nombre 11, ce qui donnerait

$$21 : 35 : 49 : 63 :: 3 : 5 : 7 : 9;$$

car la suite proposée pourrait s'écrire

$$21 : \frac{5}{11} :: 35 : \frac{5}{11} :: 49 : \frac{7}{11} :: 63 : \frac{9}{11};$$

dans laquelle on peut multiplier tous les conséquens par 11, sans détruire l'égalité qui règne entre tous ces rapports, puisque cela revient à diviser des rapports égaux par le même nombre 11 (n° 305); on aura donc

$$21 : 3 :: 35 : 5 :: 49 : 7 :: 63 : 9,$$

qu'on peut écrire

$$21 : 35 : 49 : 63 :: 3 : 5 : 7 : 9,$$

ce qu'il fallait démontrer.

Soit encore la suite

$$48 : 108 : 144 :: 24 : 54 : 72,$$

il sera facile de démontrer, d'une manière analogue, qu'on peut diviser tous les conséquens par le même nombre 6, ce qui la ramènera à cette expression plus simple

$$48 : 108 : 144 :: 4 : 9 : 12.$$

DE LA RÈGLE DE SOCIÉTÉ OU DE PARTAGE.

601. DÉFINITION. La règle de société est une opération par laquelle on partage un nombre en parties proportionnelles à des nombres donnés.

Par exemple, *partager* 100 *en trois parties qui soient entre elles comme les nombres* 2, 3 *et* 5 *sont entre eux?*

On voit que ces trois parties sont 20; 30 et 50, car il est clair qu'on a 20 : 30 : 50 :: 2 : 3 : 5.

602 Cette règle s'appelle *règle de société*, parce que son principal usage est de partager le bénéfice ou la perte résultant d'une société de commerce, en parties proportionnelles aux mises des associés et aux temps pendant lesquels les diverses mises sont restées dans le fonds social.

603. DÉFINITION. Les *nombres proportionnels* sont ceux dans la proportion desquels le partage doit avoir lieu.

Tels sont 2; 3 et 5, dans l'exemple précédent.

604. DÉFINITION. Les *parties proportionnelles*, ou les *parts*, sont les résultats du partage effectué.

Ce sont 20; 30 et 50, dans le même exemple.

605. COROLLAIRE I. Donc *la somme des parties proportionnelles ou des parts, est égale au nombre à partager*.

606. COROLLAIRE II. Donc *lorsque le nombre à partager est égal à la somme des nombres proportionnels, ceux-ci expriment précisément les parts demandées*.

Si, par exemple, on avait à partager 43 en parties proportionnelles aux nombres 9; 14 et 20, il est évident que les parts seraient précisément 9; 14 et 20, dont la somme est en effet 43.

607. La règle de société est *simple* ou *composée*.

608. DÉFINITION. La règle de société est *simple*, lorsque la détermination des parts ne dépend que d'une seule circonstance, ou, ce qui revient au même, lorsque chaque part ne correspond qu'à un seul nombre proportionnel.

Par exemple, *une somme de* 256^f *doit être distribuée entre* 4 *ouvriers proportionnellement au nombre de journées de travail de chacun d'eux; le* 1er *a travaillé* 5^{jours}; *le* 2e, 8^j; *le* 3e, 9^j, *et le* 4e, 13^j : *quelle est la part de chacun dans la somme à distribuer?*

Il est clair qu'il n'y a là qu'une seule circonstance, qui est la *durée* du travail de chaque ouvrier; ainsi, 5; 8; 9 et 13 sont les nombres proportionnels qui correspondent respectivement aux quatre parts à calculer, de telle sorte que chacune de celles-ci n'est représentée que par un seul nombre proportionnel.

14

609. DÉFINITION. La règle de société est *composée*, quand la détermination des parts dépend de plusieurs circonstances ou de plusieurs rapports, c'est-à-dire, que la même part correspond à plusieurs nombres proportionnels différens.

Par exemple, *partager* 198^f *entre* 4 *ouvriers, à proportion du nombre de mètres d'ouvrage que chacun a faits, et de la dureté du terrain dans lequel chacun a travaillé: le premier a fait* 5^{mètres} *d'ouvrage; le* 2e, 7$^{m.}$; *le* 3e, 9$^{m.}$ *et le* 4e, 12$^{m.}$; *le terrain dans lequel le* 1er *ouvrier travaillait, avait* 13^{degrés} *de dureté; celui du* 2^c *ouvrier,* 10$^{d.}$; *celui du* 3e, 6$^{d.}$, *et celui du* 4e, 4$^{d.}$: *quelle est la part de chaque ouvrier?*

Il y a ici deux circonstances, la quantité de travail et la difficulté de son exécution. Il est clair que chaque ouvrier doit recevoir d'autant plus, qu'il a fait plus d'ouvrage; ainsi, eu égard à cette première circonstance, il s'agirait de partager 198^f en parties proportionnelles aux nombres 5; 7; 9 et 12, et les parts seraient alors respectivement 30^{francs}; 42^f; 54^f et 72^f. Mais il est juste que chaque ouvrier reçoive aussi d'autant plus, qu'il a rencontré plus de difficultés dans son travail; conséquemment, d'après cette seconde circonstance, on devrait partager 198^f en parties proportionnelles aux nombres 13; 10; 6 et 4; ce qui donnerait, pour les parts respectives, 78^{francs}; 60^f; 36^f et 24^f.

DE LA RÈGLE DE SOCIÉTÉ SIMPLE.

610. LEMME. *Chaque part est au nombre à partager, comme le nombre proportionnel, correspondant à cette part, est à la somme des nombres proportionnels.*

EXEMPLE. Supposons qu'on doive partager 600^f en trois parties proportionnelles aux nombres 2; 7 et 11, dont la somme est 20, la première part 60, par exemple, donnera lieu à la proportion suivante:

$$60^f : 600^f :: 2 : 20.$$

DÉMONSTRATION. En effet, si le nombre à partager était précisément égal à la somme des nombres proportionnels, c'est-à-dire 20^f, on aurait évidemment la proportion annoncée

$$2^f : 20^f :: 2 : 20,$$

puisqu'elle se formerait de deux rapports identiques, et à plus forte raison égaux. (N°s 521 et 606).

Mais si le nombre à partager devient 30 fois plus grand, par exemple, il est clair que chacune de ces parts deviendra aussi 30 fois plus grande, et que, par conséquent, la proportion subsistera toujours, puisque cela revient à la multiplication, par le même nombre 30, des deux termes du premier rapport. (N° 536).

On aura donc la proportion

$$60^i : 600^f :: 2 : 20,$$

laquelle est conforme à l'énoncé de la proposition qu'il s'agissait de démontrer.

Il est aisé d'appliquer ce raisonnement aux deux autres parts 210^f et 330^f, et de le généraliser en l'étendant au partage d'un nombre qui serait un nombre quelconque de fois plus grand ou plus petit que la somme des nombres proportionnels.

611. MÉTHODE. Pour déterminer chaque part, il faut, *après avoir simplifié les nombres proportionnels, c'est-à-dire, les avoir divisés tous, s'il est possible, par un même nombre, multiplier le nombre à partager, par le nombre proportionnel correspondant à la part cherchée, et diviser le produit par la somme des nombres proportionnels : le quotient sera la part correspondante au nombre proportionnel qui a servi de multiplicateur.*

EXEMPLE. Supposons qu'on propose de partager 391 en parties proportionnelles aux nombres 15; 21 et 33.

On observera d'abord qu'on peut diviser tous les nombres proportionnels par le même nombre 3, en sorte qu'il suffit de partager 391 en parties proportionnelles aux nombres 5; 7 et 11.

Ensuite, pour obtenir la première part, on multiplie 391, nombre à partager, par 5, nombre proportionnel correspondant à cette première part, et l'on divise le produit 1955, par 23, somme des nombres proportionnels, ce qui donne au quotient 85 pour la première part.

Des opérations semblables donnent 119 pour la seconde part, et 187 pour la troisième.

DÉMONSTRATION. 1° On ne change pas la valeur des parts en divisant tous les nombres proportionnels par un même nombre ; car si ces parts sont représentées par x, y et z, elles devront être calculées de manière qu'on ait

$$x : y : z :: 15 : 21 : 33;$$

mais on peut diviser, par un même nombre, tous les conséquens d'une suite de rapports égaux, sans détruire la proportionnalité (n° 600) ; on a donc aussi

$$x : y : z :: 5 : 7 : 11;$$

le partage conduira donc aux mêmes résultats, en faisant usage des nombres proportionnels plus simples 5; 7 et 11.

2° En vertu du lemme précédent, on aura les trois proportions suivantes :

$$\left.\begin{array}{l} x : 391 :: 5 : 23 \\ y : 391 :: 7 : 23 \\ z : 391 :: 11 : 23 \end{array}\right\} \text{ d'où l'on tire } \left\{\begin{array}{l} x = \frac{391 \times 5}{23} \\ y = \frac{391 \times 7}{23} \\ z = \frac{391 \times 11}{23} \end{array}\right.$$

ce qui démontre la méthode indiquée pour le calcul de chaque part.

612. **Méthode.** Lorsque les nombres proportionnels sont des fractions, il faut *les réduire au même dénominateur, puis effectuer le partage en parties proportionnelles aux numérateurs des nouvelles fractions.*

Exemple. Si l'on avait 624 à partager en parties proportionnelles aux fractions $\frac{1}{2}$, $\frac{3}{4}$, $\frac{5}{6}$ et $\frac{7}{8}$, on réduirait celles-ci en $\frac{12}{24}$, $\frac{18}{24}$, $\frac{20}{24}$ et $\frac{21}{24}$, respectivement égales aux premières (n° 419); et il ne s'agirait plus que de partager 624 en parties proportionnelles à 12; 18; 20 et 21.

Démonstration. En effet, en désignant par v, x, y et z les parts à trouver, elles devront être telles qu'on ait

$$v : x : y : z :: \tfrac{12}{24} : \tfrac{18}{24} : \tfrac{20}{24} : \tfrac{21}{24},$$

ou bien (n° 600),

$$v : x : y : z :: 12 : 18 : 20 : 21.$$

613. **Corollaire.** Donc, si parmi les nombres proportionnels, il y avait des fractions et des nombres fractionnaires, il faudrait *réduire ceux-ci en expressions fractionnaires ; les ramener ensuite ainsi que les fractions, au même dénominateur ; convertir ensuite les nombres entiers en expressions fractionnaires affectées du dénominateur commun ; supprimer celui-ci, et effectuer le partage en parties proportionnelles aux numérateurs.*

Exemple. Si l'on avait 8015 à partager en parties proportionnelles aux nombres $\frac{1}{3}$; $\frac{3}{4}$; 5; $6\frac{7}{9}$; 8 et $10\frac{17}{18}$, on convertirait $6\frac{7}{9}$ en $\frac{61}{9}$, et $10\frac{17}{18}$ en $\frac{197}{18}$; on réduirait ensuite $\frac{1}{3}$, $\frac{3}{4}$, $\frac{61}{9}$, $\frac{197}{18}$ en $\frac{12}{36}$, $\frac{27}{36}$, $\frac{244}{36}$, $\frac{394}{36}$; puis on changerait 5 en $\frac{180}{36}$ et 8 en $\frac{288}{36}$, en sorte qu'on aurait à partager 8015 en parties proportionnelles à $\frac{12}{36}$, $\frac{27}{36}$, $\frac{180}{36}$, $\frac{244}{36}$, $\frac{288}{36}$ et $\frac{394}{36}$, et par conséquent proportionnelles à 12; 27; 180; 244; 288 et 394.

La démonstration est la même que celle de la méthode précédente.

(Voyez les n°s 419, 445 et 446).

QUESTIONS RELATIVES A LA RÈGLE DE SOCIÉTÉ SIMPLE.

614. Le lecteur aura soin d'effectuer les calculs dont les résultats seulement sont indiqués.

I. *Trois personnes ont à partager la prise d'un vaisseau ; la première a fait un fonds de* 20.000^f, *la seconde de* 60.000^f, *la troisième de* 120.000^f *: on demande ce qui revient à chacune, sur la prise estimée* 800.000^f, *tous frais faits ?*

Il est clair que la part de chaque personne, dans le bénéfice, doit être d'autant plus grande que sa mise a été plus considérable ; on aura donc à partager 800.000^f en parties proportionnelles aux nombres 20.000 ; 60.000 et 120.000, ou simplement aux nombres 1 ; 3 et 6.

Les parts respectives seront donc 80.000^f; 240.000^f et 480.000^f.

II. *Quatre négocians ont fait une mise égale de fonds, mais le premier a laissé les siens, dans la société, pendant* 18^{mois}; *le second,* 13^{mois}; *le troisième,* 11^{mois} *et le quatrième,* 7^{mois}; *le bénéfice est de* 4263^{francs} : *quelle est la part de chacun dans ce bénéfice ?*

Il est évident qu'on répondra à la question en établissant entre les parts les mêmes rapports qu'entre les temps pendant lesquels les négocians ont laissé leurs fonds à la disposition de la société. Le partage devra donc se faire en parties proportionnelles aux nombres 18 ; 13 ; 11 et 7. Les parts seront donc 1566^f; 1131^f; 957^f et 609^f.

III. *Un débiteur laisse à 5 créanciers* 52^f, *à la place de* 137^f *qu'il leur doit ; il doit au premier* 15^f, *au second* 22^f, *au troisième* 14^f, *au quatrième* 27^f, *et au cinquième* 59^f : *on demande la part que doit avoir chaque créancier dans la somme laissée par le débiteur ?*

Il est clair que chaque créancier a droit à une part d'autant plus considérable, que sa créance est plus forte ; il suffit donc, pour résoudre la question proposée, de partager 52^f en parties proportionnelles aux nombres 15 ; 22 ; 14 ; 27 et 59.

Les parts seront par conséquent 5$^f \frac{95}{137}$, 8$^f \frac{48}{137}$, 5$^f \frac{43}{137}$, 10 $\frac{34}{137}$ et 22$^f \frac{54}{137}$.

IV. *Un homme meurt, laissant sa femme enceinte, et, par son testament, il dispose ainsi de sa fortune, montant à* 100.000^f : *si ma femme met au monde un fils, les* $\frac{2}{3}$ *de mon bien lui appartiendront, et l'autre tiers sera à sa mère ; s'il naît une fille, elle aura la moitié de mon bien, sa mère aura l'autre. Comment partagera-t-on, suivant les intentions du testateur, s'il naît un fils et une fille ?*

L'intention du testateur est évidemment que sa veuve et sa fille aient une part égale dans sa succession, et que la part de son fils soit double de celle de sa veuve ; il faut donc partager 100.000^f en parties proportionnelles aux nombres 1 ; 1 et 2, ce qui donnera : 25.000^f pour la mère, 25.000^f pour la fille, 50.000^f pour le fils.

DE LA RÈGLE DE SOCIÉTÉ COMPOSÉE.

615. LEMME. *On ne peut résoudre une question relative à la règle de société composée, sans l'avoir ramenée à une question de règle de société simple, c'est-à-dire, sans avoir fait en sorte que chaque part ne corresponde qu'à un seul nombre proportionnel.*

DÉMONSTRATION. Car si l'on recourt à l'exemple du n° 609, on verra que les nombres proportionnels sont,

	Pour le 1er ouvrier.	2e ouv.	3e ouv.	4e ouv.
En vertu de la 1re circonstance.	5	7	9	12
Et selon la 2e................	13	10	6	4

Les parts sont alors

	1er ouvrier	2e ouv.	3e ouv.	4e ouv.
D'après les 1ers nomb. propor...	30^f	42^f	54^f	72^f
Et suivant les seconds..........	78	60	36	24.

C'est-à-dire que les calculs effectués, tant qu'une seule part est représentée par plusieurs nombres proportionnels différens, ne conduisent à rien, car savoir que la part du 1er ouvrier, par exemple, est 30^f eu égard à l'une des circonstances, et 78^f., relativement à l'autre, c'est réellement ne pas connaître cette part, qui doit être unique pour le même ouvrier, et résulter, pour chacun, du concours de toutes les circonstances.

616. MÉTHODE. Lorsque la détermination des parts dépend de plusieurs circonstances, il faut, *après avoir disposé, dans une même colonne, les nombres proportionnels correspondans à la même part, faire le produit des nombres placés dans chacune de ces colonnes, avec l'attention de supprimer les facteurs qui seraient communs à toutes : à ce moyen l'opération reviendra à la règle de société simple.*

EXEMPLE. On suppose que cinq voituriers ont conduit, le 1er 90^{myriagrammes} de blé, à 24^{myriamètres}; le deuxième, 110$^{my.g.}$ à 19$^{my.m.}$; le troisième, 170$^{my.g.}$ à 13$^{my.m.}$; le quatrième, 200$^{my.g.}$ à 42$^{my.m.}$; et le cinquième, 250$^{my.g.}$ à 6$^{my.m.}$; que la difficulté des chemins qu'ils ont parcourus est désignée respectivement par les nombres 7; 6; 12; 5 et 8; et qu'on leur alloue 360^f, 60e pour le transport qu'ils ont effectué : on demande quelle est la part de chaque voiturier dans cette somme ?

On représente par u, v, x, y et z les parts cherchées, et l'on pose la suite de rapports qui résulte des trois conditions du problème, c'est-à-dire,

$$u : v : x : y : z :: \begin{cases} 90 : 110 : 170 : 200 : 250 \\ 24 : 19 : 13 : 42 : 6 \\ 7 : 6 : 12 : 5 : 8; \end{cases}$$

on supprime, dans chaque colonne, les facteurs 10 et 6, communs à toutes, ce qui réduit l'expression à

$$u : v : x : y : z :: \begin{cases} 9 : 11 : 17 : 20 : 25 \\ 4 : 19 : 13 : 7 : 1 \\ 7 : 1 : 2 : 5 : 8; \end{cases}$$

enfin on multiplie entre eux les nombres placés dans chaque colonne, et l'on obtient

$$u : v : x : y : z :: 252 : 209 : 442 : 700 : 200,$$

en sorte que la question est ramenée au partage de 360^f,60^c, en parties proportionnelles aux nombres 252; 209; 442 ; 700 et 200.

Démonstration. 1° Les parts sont entre elles comme les produits des nombres proportionnels correspondans à chacune d'elles ; car, si l'on en compare deux quelconques, la seconde et la cinquième, par exemple, on aura (n° 554),

$$v : z :: \left\{ \begin{array}{c} 110 : 250 \\ 19 : 6 \\ 6 : 8 \end{array} \right\} \text{ ou} :: 110 \times 19 \times 6 : 250 \times 6 \times 8;$$

et comme, en les comparant toutes, deux à deux, on trouvera toujours qu'elles sont entre elles comme les produits des nombres proportionnels qui leur correspondent, il s'ensuit que la même chose a lieu si on les compare toutes entre elles à la fois ; donc, etc.

2° Il faut, avant de former ces produits, effacer les facteurs communs à toutes les colonnes, puisque cela revient à diviser par un même nombre les conséquens d'une suite de rapports égaux. (N°s 382 , 383 et 600).

617. Méthode. Lorsqu'une seule part est représentée par les antécédens ou par les conséquens des rapports donnés par la question, il suffit de *réduire ces rapports au même antécédent ou au même conséquent.*

Exemple. Soit proposé de partager 5022^f, 82^c en cinq parties, de manière que 1re : 2e :: 5 : 1 ; 1re : 3e :: 4 : 7; 1re : 4e :: 2 : 5; et enfin 1re : 5e :: 1 : 9?

On voit que chacune des quatre dernières parts n'est désignée que par un seul nombre porportionnel ; mais qu'il n'en est pas ainsi de la première part, puisqu'elle est successivement représentée par les nombres 5; 4; 2 et 1, qui sont les antécédens des rapports donnés 5 : 1; 4 : 7; 2 : 5 et 1 : 9.

Comme il est nécessaire (n° 615) que cette première part ne corresponde elle-même qu'à un seul nombre proportionnel, il faut réduire les rapports donnés au même antécédent, ce qui ne change par leur valeur. (N° 509).

Les nouveaux rapports seront alors 40 : 8; 40 : 70; 40 : 100 et 40 : 360; en sorte que la question proposée se réduit à partager 5022^f, 82^c en parties proportionnelles aux nombres 40; 8; 70; 100 et 360, ou simplement aux nombres 20; 4 ; 35; 50 et 180, ce qui donne 347^f,60^c; 69^f,52^c; 608^f,30^c; 869^f et 3128^f,40^c pour les parts respectives demandées.

Cette méthode se démontre d'elle-même.

618. Remarque. Si une seule part était représentée par les antécédens de quelques-uns des rapports, et par les conséquens des autres, il faudrait renverser les uns ou les autres, afin que la même part correspondît à tous les antécédens ou à tous les conséquens

des rapports, et qu'il n'y eût plus qu'à réduire ceux-ci au même antécédent ou au même conséquent.

S'il fallait, par exemple, partager 2000 en cinq parties, de manière que $1^{re} : 2^e :: 4 : 7$; $2^e : 3^e :: 6 : 5$; $2^e : 4^e :: 9 : 8$ et $5^e : 2^e :: 11 : 3$, on renverserait le second et le troisième rapports, et l'on aurait

$$1^{re} : 2^e :: 4 : 7$$
$$3^e : 2^e :: 5 : 6$$
$$4^e : 2^e :: 8 : 9$$
$$5^e : 2^e :: 11 : 3;$$

en sorte que la seconde part étant représentée par les conséquens de tous les rapports, il suffira de réduire ceux-ci au même conséquent.

On laisse au lecteur le soin d'effectuer les calculs.

619. MÉTHODE. Lorsque les nombres proportionnels donnés par la question, tendent à établir entre les parts des rapports inverses de ceux qui sont demandés, il faut *comparer l'une des parts avec chacune des autres, en établissant les rapports exigés par la question, et alors cette part, seule, étant représentée par les antécédens de tous les rapports, il suffit de réduire ces derniers au même antécédent.*

EXEMPLE. Un oncle laisse, par testament, 360.000^f à cinq neveux, à condition que moins ils auront d'âge, plus ils auront; on demande la part de chacun : le premier est âgé de 30 ans, le second de 20, le troisième de 18, le quatrième de 12 et le cinquième de 10 ans?

Il est clair que si l'on partageait la succession de l'oncle en parties proportionnelles aux nombres 30; 20; 18; 12 et 10, on ferait précisément tout le contraire de ce que veut le testateur, puisqu'alors chaque neveu aurait une part d'autant plus considérable qu'il serait plus âgé.

Soient u, v, x, y et z les parts respectives des cinq neveux, à commencer par l'aîné; que l'on compare l'une de ces parts, celle de l'aîné, par exemple, à chacune des autres, on aura les règles de trois inverses suivantes, fondées sur ce que l'aîné doit avoir d'autant moins, par rapport à chacun des quatre autres neveux, que l'âge de l'un de ces derniers est plus petit à l'égard de l'âge de cet aîné.

$$u : v :: 20 : 30 \quad \text{ou} \quad :: 2 : 3$$
$$u : x :: 18 : 30 \quad \text{ou} \quad :: 3 : 5$$
$$u : y :: 12 : 30 \quad \text{ou} \quad :: 2 : 5$$
$$u : z :: 10 : 30 \quad \text{ou} \quad :: 1 : 3;$$

c'est-à-dire, u la part de l'aîné : v celle du puîné :: au contraire 20 l'âge de celui-ci : 30 l'âge de l'aîné; de même u la part de l'aîné : x celle du 3e :: au contraire 18 l'âge du 3e : 30 celui de l'aîné ; etc., etc. Mais la part de l'aîné étant représentée par les antécédens de ces nouveaux rapports, on réduira ceux-ci au même antécédent, et, toutes simplifications faites, les nombres proportionnels seront 6 ; 9 ; 10 ; 15 et 18.

Si l'on achève l'opération, on trouvera que la part de l'aîné est de $37.241^f \frac{11}{29}$; celle du second, $55.862^f \frac{2}{29}$; celle du troisième, $62.068^f \frac{28}{29}$; celle du quatrième, $93.103^f \frac{15}{29}$, et celle du cinquième, $111.724^f \frac{4}{29}$.

620. MÉTHODE. Lorsque plusieurs parts sont représentées par plusieurs antécédens ou conséquens quelconques des rapports donnés, il faut *représenter par l'unité l'une des parts ; déterminer, d'après cette valeur, la valeur fictive des autres parts : ces valeurs fictives seront les nombres proportionnels cherchés.*

EXEMPLE. On propose de partager 248.000^f en six parts, de telle sorte qu'on ait $1^{re} : 2^e :: 5 : 7$; $1^{re} : 3^e :: 6 : 11$; ....
$1^{re} : 4^e :: 2 : 5$; $3^e : 5^e :: 3 : 8$, et enfin, $2^e : 6^e :: 1 : 4$?

Si l'on représente par 1 l'une des parts, la première, par exemple, et les autres par u, v, x, y et z, il est clair que les proportions

$$
\left.\begin{array}{l}
1^{re} : 2^e :: 5 : 7 \\
1^{re} : 3^e :: 6 : 11 \\
1^{re} : 4^e :: 2 : 5 \\
3^e : 5^e :: 3 : 8 \\
2^e : 6^e :: 1 : 4
\end{array}\right\} \text{deviendront}
\left.\begin{array}{l}
1 : u :: 5 : 7 \\
1 : v :: 6 : 11 \\
1 : x :: 2 : 5 \\
\frac{11}{6} : y :: 3 : 8 \\
\frac{7}{5} : z :: 1 : 4
\end{array}\right\} \text{d'où}
\left\{\begin{array}{l}
u = \frac{7}{5} \\
v = \frac{11}{6} \\
x = \frac{5}{2} \\
y = \frac{44}{9} \\
z = \frac{28}{5}
\end{array}\right.
$$

de manière que les parts fictives sont 1, $\frac{7}{5}$, $\frac{11}{6}$, $\frac{5}{2}$, $\frac{44}{9}$ et $\frac{28}{5}$: on les prend pour les nombres proportionnels, et en leur appliquant la méthode du n° 613, on trouve qu'ils sont remplacés par 90 ; 126 ; 225 ; 440 et 504, dans la proportion desquels il ne s'agit plus maintenant que de partager 248.000^f.

DÉMONSTRATION. Les parts fictives étant calculées en vertu des rapports qui, d'après la question, doivent exister entre les parts réelles, sont donc propres à exprimer les rapports véritables de celles-ci ; ces parts fictives sont donc essentiellement les nombres proportionnels cherchés.

621. REMARQUE I. Lorsque plusieurs associés ont fait des mises inégales, en ont ajouté de nouvelles ou retiré partie, à des époques différentes, il faut ramener les opérations de chaque associé à la mise d'une seule somme, pendant un temps déterminé, qui soit le même pour tous les associés, en raisonnant comme on va le voir dans la question suivante :

Trois négocians ont fait une société qui a duré 2^{ans} ; le 1er a mis 2000^f ; au bout de 5 mois il a remis 1000^f ; 2^{mois} après il a ajouté 500^f ; enfin, 13^{mois} après, il a encore remis 1500^f. Le second a mis 3000^f ; 7^{mois} ensuite il a ajouté 4000^f ; mais au bout de 3^{mois} il a retiré 5500^f ; et enfin, 8^{mois} après, il a rapporté à la

caisse 2500^f, *qui y sont restés jusqu'à l'expiration de la société.*
Le troisième a mis 9000^f ; *mais*, *au bout d'un mois*, *il a retiré*
3500^f ; 9^{mois} *ensuite il a retiré* 1000^f ; *et enfin*, 11^{mois} *après cette*
dernière époque, *il a encore repris* 500^f. *Le bénéfice est de*
2644^f,07^c : *quelle part doit y prendre chacun de ces négocians ?*

À l'égard du 2e négociant, par exemple, on dira : il a laissé
dans la caisse sociale 3000^f pendant 7^{mois}, ce qui revient à 21.000^f
pendant 1^{mois}; puis au bout des 7^{mois}, il a remis 4000^f; sa mise a
donc été de 7000^f pour les 3^{mois} suivans, ce qui équivaut à 21.000^f
pendant 1^{mois}; mais, à cette époque, il a retiré de la caisse sociale
5500, qu'il a conservés pendant 8^{mois} ; sa mise n'était donc plus,
pendant ces 8^{mois}, que de 1500^f, valeur correspondante à celle de
12.000^f pendant 1^{mois}. Enfin, à l'expiration de ces 8^{mois}, il a rapporté 2500^f, qui y sont restés jusqu'à la dissolution de la société,
c'est-à-dire, pendant 6^{mois}; ainsi, dans ce dernier intervalle, il
avait en tout 4000^f, quantité équivalente à 24.000^f pendant 1^{mois}.

Les mises et retiremens successifs du second négociant correspondent donc à une seule mise de 78.000^f qui n'aurait été que
pendant 1^{mois} à la disposition de la société.

Des raisonnemens semblables donneront, pour le premier négociant, une mise de 81.500^f, pendant 1^{mois}, et, pour le troisième,
un mise de 120.000^f, pendant le même temps.

Il ne s'agit plus maintenant que de partager le bénéfice 2644^f,07^c,
en parties proportionnelles aux nombres 81.500 ; 78.000 et 120.000,
ou plutôt aux nombres 163 ; 156 et 240 ; et le calcul effectué
donnera au premier négociant, 770^f,99^c ; au second, 737^f,88^c ; et
au troisième, 1135^f,20^c.

622. REMARQUE II. La preuve de la règle de société se fait évidemment en réunissant les parts qu'on a calculées et dont la somme
doit être égale au nombre à partager, si leur détermination est
exempte d'erreurs.

DE LA RÈGLE D'ALLIAGE.

623. DÉFINITIONS. L'*alliage* est l'assemblage de différens métaux ; le *mélange* est celui de divers grains ou liqueurs.

624. La *règle d'alliage* sert 1° à déterminer la valeur moyenne
de plusieurs unités de même espèce, quand on connaît la valeur
particulière de chacune d'elles.

2° A prendre un terme moyen entre des résultats différens
donnés, sur un même objet, par l'expérience ou l'observation.

625. MÉTHODE. Pour résoudre une question relative à la règle
d'alliage, il faut, *après avoir fixé* (si elles ne le sont pas) *les*
valeurs de toutes les unités d'une même espèce, *faire la somme de*

ces valeurs, et diviser cette somme par le nombre total des unités : le quotient sera la valeur moyenne ou le terme moyen cherché.

Ier EXEMPLE. On a mêlé ensemble 300 bouteilles de vin à 14^s, 200 à 20^s, et 150 à 26^s : on demande à quel prix revient une bouteille du mélange ?

$$300^b \text{ à } 14^s \text{ font} \dots\dots\dots\dots 210^{tt}$$
$$200 \text{ à } 20^s \dots\dots\dots\dots 200^{tt}$$
$$150 \text{ à } 26^s \dots\dots\dots\dots 195^{tt}$$

Nombre total des unités....650^b.　　Valeur totale du mélange....605^{tt}.

DÉMONSTRATION. Actuellement, puisque 650 bouteilles coûtent 605^{tt}, il est clair que chaque bouteille coûtera la 650e partie de 605^{tt}, ou 18^s 7^d $\frac{5}{13}$.

QUESTIONS RELATIVES A LA RÈGLE D'ALLIAGE.

I. On a fondu ensemble 2 lingots d'argent, savoir : un de 3^{marcs} 7^{onces} 4^{gros}, au titre de 10 deniers, l'autre de 6^{marcs} 3^{onces} 7^{gros}, au titre de 11 deniers : quel est le titre de la fonte ?

$$3^m \ 7^o \ 4^g = 252^{gros} \dots \text{ à } 10^{d.} \text{ de titre} = 2520^d$$
$$6 \ \ 3 \ \ 7 = 415 \ \ \dots \text{ à } 11 \ \ \ \ \ = 4565^d$$

Nombre des unités........667^{gros}.　　Valeur du mélange....7085^d.

Puisque les 667 parties de l'alliage comprennent entre elles 7085^d d'argent, c'est que chacune en comprend les $\frac{7085}{667}$, ou 10^d 14^{grains} $\frac{622}{667}$, qui est conséquemment le titre de la fonte (1).

II. Pour essayer une pièce d'artillerie, on a tiré avec elle 100 coups, dont 18 ont porté à 632^{mètres}; 25 à 628^m; 53 à 620^m et 4 à 640^m : on demande quelle est la portée moyenne de cette pièce ?

$$\left.\begin{array}{c}18\\25\\53\\4\end{array}\right\} \text{coups ont porté à} \left\{\begin{array}{c}632\\628\\620\\640\end{array}\right\}^{\text{mètres}} \dots = \left\{\begin{array}{c}11376\\15700\\32860\\2560\end{array}\right\}^{\text{mètres}}$$

100　　　Somme des portées ....62496^{mètres}.

On voit que les portées des 100 coups d'essai, formant une

---

(1) Le titre de l'or et de l'argent est le rapport de chacun de ces métaux avec l'alliage qui les accompagne. Quand on dit que le titre de l'or est à 22 carats, cela signifie que sur 24 carats ou 24 parties d'un alliage, il y en a 22 en or pur et 2 en métal étranger. De même, le titre de l'argent est à 8 deniers, par exemple, lorsque sur 12 deniers ou 12 parties d'un alliage, il y en a 8 en argent pur et 4 en autre métal. D'où l'on voit que l'or pur serait à 24 carats, et l'argent pur à 12 deniers.

somme de 62.496^{mètres}, la portée moyenne de cette pièce sera estimée être la 100° partie de 62.496^m, ou 624^m,96^{centimètres}.

III. *Une ordonnance royale du 16 janvier 1822 a arrêté à 30.465.291 individus le tableau de la population de la France en 1821 : quelle serait la population moyenne de chacun des 86 départemens dont son territoire se compose ?*

Il suffit de diviser 30.465.291 par 86, en négligeant le reste.

COMPARAISON

DE QUELQUES MESURES ANCIENNES AVEC LES MESURES NOUVELLES CORRESPONDANTES, OU UTILITÉ DES TABLES DE CONVERSIONS.

626. On a calculé des tables qui contiennent la valeur des unités des nouvelles mesures en unités des mesures anciennes, et des tables réciproques.

Par exemple, on a trouvé que la *livre tournois* valait 0,987 du franc, ou 0^f,987 (1); et d'après cela, il est aisé de déterminer la valeur de 2^{tt}; 3^{tt}; etc., jusqu'à 9^{tt} inclusivement.

En divisant par 20 la valeur de 1^{tt}, on aura la valeur du *sou*, en fraction du franc, laquelle est 0,049; et celle-ci conduira sur-le-champ à la valeur de 2^s; 3^s; etc.

En divisant par 12 la valeur de 1^s, on aura celle du *denier*, qu'on trouve être 0,004 du franc; et cette dernière donnera aisément les valeurs de 2^{sh}; 3^{sh}; etc.

D'un autre côté, lorsqu'on a la valeur de 8^{tt}, par exemple, laquelle est de 7^f,901, il est facile d'avoir la valeur de 80^{tt}, de 800^{tt}, etc., il suffit évidemment de reculer la virgule d'une, de deux, etc., places vers la droite; ainsi, 80^{tt} vaudraient 79^f,01°; 800^{tt} vaudraient 790^f,1^{décime}; etc.

Des observations analogues expliquent la construction des dix-huit tables qu'on verra bientôt, dans lesquelles on n'a compris que les mesures de l'usage le plus fréquent et le plus habituel.

Indépendamment des exemples qui se trouvent au bas de ces tables, voici quelques questions qui feront connaître leur utilité et la manière de s'en servir.

627. *A 17^{francs} l'aune d'une certaine étoffe, combien coûte le mètre de la même étoffe ?*

Il clair que si le *mètre* était la moitié de l'*aune*, il coûterait la moitié de 17^{francs}; de même, s'il était le $\frac{1}{3}$, le $\frac{1}{4}$, les $\frac{3}{8}$, etc., de l'*aune*, il coûterait le $\frac{1}{3}$, le $\frac{1}{4}$, les $\frac{3}{8}$, etc., de 17^{francs}; en général, il est évident qu'il suffirait, pour avoir le prix du *mètre*, de mul-

---

(1) Dans les citations de valeurs, on se bornera à trois ou à quatre décimales. (N°s 215, 216 et 217).

tiplier 17^francs, prix de l'*aune*, par la fraction qui indique la valeur du *mètre*, comparée à celle de l'*aune*.

Ainsi, pour répondre à la question proposée, il faut prendre, dans la table IVe, la valeur du *mètre* en *aunes*, laquelle est....... o^aune, 8414, et multiplier 17^f par cette fraction 0,8414; le produit est 14^f,3038, ou (N° 217) simplement 14^f,30^c; c'est-à-dire, que l'*aune* coûtant 17^francs, le *mètre* reviendrait à 14^f,30^c.

628. *A* 3^tt 17^s 9^d *la livre d'une certaine marchandise, combien coûte, en francs, le kilogramme de la même marchandise?*

On commence par réduire 3^tt 17^s 9^d en *francs*, *décimes* et *centimes*, ce qui est facile au moyen de la table Ire; car on a

$$3^{tt} = 2^f, 9629$$
$$10^s = 0, 4938$$
$$7^s = 0, 3457$$
$$9^d = 0, 0370$$

Somme................ 3^f, 8394 : ou (N°217) 3^f,84^c;

la *livre* coûte donc 3^f,84^c.

Actuellement, si le *kilogramme* était le double, le triple, etc., de la *livre pesant*, il coûterait le double, le triple, etc., de 3^f,84^c; et, en général, il est évident que, pour avoir le prix du *kilogramme*, il suffit de multiplier 3^f,84^c, prix de la *livre pesant*, par le nombre qui représente la valeur comparative du *kilogramme* à la *livre pesant*.

Or, la table XVIIIe apprend que le *kilogramme* vaut 2^liv,0428; il faut donc multiplier 3^f,84^c par ce nombre décimal 2,0428, et le produit 7^f,844352, ou simplement 7^f,84^c, serait le prix du *kilogramme* si la *livre pesant* coûtait 3^tt 17^s 9^d.

629. *A* 9^f,52^c *le kilolitre de froment, combien coûte, en ancienne monnaie, le muid du même grain?*

Si le *muid* était le double, le triple, etc., du *kilolitre*, il est clair qu'il coûterait le double, le triple, etc., de 9^f,52^c; en général, il suffit, pour avoir le prix du *muid*, de multiplier celui du *kilolitre*, par le nombre décimal qui exprime la valeur du *muid*, comparée à celle du *kilolitre*.

Mais la table XVe apprend que le *setier*, qui est la *douzième* partie du *muid*, vaut 156^litres, 10; donc 12^setiers ou 1^muid vaudront 1873^li,20, ou 1^k.li,873.

Actuellement, puisqu'on sait, d'une part, que le *kilolitre* coûte 9^f,52^c, et de l'autre, que le *muid* vaut 1^k.li,873, il est évident qu'en multipliant 9^f,52^c par le nombre décimal 1,873, le produit 17^f,83096, ou (N° 217) simplement 17^f,83^c, sera le prix du *muid*.

On sait donc déjà que le *muid* de froment coûte 17^f,83^c.

Il ne reste plus qu'à réduire cette somme en *livres tournois*. A cet effet, on recourt à la table IIe, qui donne :

$$10^f = 10^{\#}, 125$$
$$7^f = 7, 087$$
$$80^c = 0, 810$$
$$3^c = 0, 030$$

Somme. . . . . $18^{\#}, 052$

Ainsi le *muid* coûterait $18^{\#},052$, ou $18^{\#} + \frac{52}{1000}$ de *livre*; ou, en évaluant la fraction, $18^{\#}$ 1^s $0^{\text{д}}$ et $\frac{12}{25}$ de *denier*.

630. *On veut vendre un terrain sur le pied de* 1834^f *l'hectare ou l'arpent nouveau : on demande à combien revient l'arpent ?* (Eaux et Forêts).

On cherche, dans la troisième colonne de la table IXe, la valeur en *hectares* de l'*arpent* (Eaux et Forêts), et l'on trouve. . . . . $0^{\text{h.a.}}, 51072$; on multiplie cette quantité par 1834, et l'on obtient $936^f, 66^c$, environ, pour le prix de l'*arpent* ancien.

631. *Combien* $82^{\text{mètres}}$ *de drap valent-ils d'aunes ?*

La table IVe apprend que le *mètre* vaut $0^{\text{aune}}, 8414$; donc $82^{\text{mètres}}$ valent 82 fois $0^{\text{aune}}, 8414$, ou $68^{\text{aunes}}, 9948$, ou (N° 217) environ 69^{aunes}.

TABLES

632. Pour faire usage des tables suivantes, il faut avoir l'attention de reculer la virgule vers la droite, ou de l'avancer vers la gauche, d'un rang, de deux rangs, etc., suivant qu'on voudra avoir une valeur 10 fois, 100 fois, etc., plus grande ou plus petite que celle qui correspondra à l'un des chiffres de la colonne N.

Sachant, par exemple, que $7^{\#}$ valent $6^f, 91358$,

on aura. . . . . $70^{\#} = 69^f, 1358$
$$700^{\#} = 691^f, 358$$
$$7000^{\#} = 6913^f, 58^{\text{centimes}}.$$
etc.   etc.

Soit $4^{\text{francs}} = 4^{\#}, 05$, on aura,
$4^{\text{décimes}}$ ou $0^f, 4 = 0^{\#}, 405$
4^{centimes} ou $0^f, 04 = 0^{\#}, 0405$
etc.   etc.

En faisant usage des tables, il n'est pas nécessaire de prendre toutes les décimales que l'on trouvera dans les colonnes, mais bien celles qui doivent donner une approximation suffisante. (N°s 215, 216 et 217).

TABLE PREMIÈRE.
Pour réduire les livres, sous et deniers tournois en francs.

N.	LIVRES. EN FRANCS.	SOUS. EN FRANC.	DENIERS. EN FRANC.
1	0,987654	0,0494	0,0041
2	1,975309	0,0988	0,0082
3	2,962963	0,1481	0,0123
4	3,950617	0,1975	0,0165
5	4,938272	0,2469	0,0206
6	5,925926	0,2963	0,0247
7	6,913580	0,3457	0,0288
8	7,901235	0,3951	0,0329
9	8,888889	0,4444	0,0370

APPLICATION.

On demande la valeur de 930ᵗᵗ 7ˢ 9ᵈ en *francs*?

Cherchez dans la première Table, colonne N, chacun des chiffres du nombre donné; et selon que le chiffre exprimera des dixaines ou des centaines, etc., reculez la virgule d'un rang ou de deux rangs, etc., vers la droite, dans la valeur correspondante à ce chiffre. Ainsi, en se bornant à trois décimales, afin d'avoir exactement les *centimes*, on aura :

$$900^{tt} = 888^f, 889$$
$$30^{tt} = 29, 630$$
$$7^s = 0, 346$$
$$9^d = 0, 037$$

Somme............. $918^f, 902 = 918^f, 90^c.$

(Voyez les Nᵒˢ 106, 117 et 132).

TABLE II.
Pour réduire les francs, etc., en livres tournois.

N.	FRANCS. EN LIVRES.	DÉCIMES. EN LIVRE.	CENTIMES. EN LIVRE.
1	1,01250	0,1013	0,0101
2	2,02500	0,2025	0,0203
3	3,03750	0,3038	0,0304
4	4,05000	0,4050	0,0405
5	5,06250	0,5063	0,0506
6	6,07500	0,6075	0,0608
7	7,08750	0,7088	0,0709
8	8,10000	0,8100	0,0810
9	9,11250	0,9113	0,0911

APPLICATION.

Afin de vérifier l'opération précédente, proposons-nous de réduire 918ᶠ, 90ᶜ en *livres tournois*?

Par la deuxième Table, on aura :

$$900^f = 911^{tt}, 25^d$$
$$10^f = 10, 125$$
$$8^f = 8, 100$$
$$9 \text{ déc.} = 0, 911$$

Réponse : $930^{tt}, 386$ ou $930^{tt} 7^s 9^d.$

Pour évaluer la partie décimale 9ᵗᵗ, 386, on a multiplié suc-cessivement par 20 et par 12; mais on aurait pu chercher 7ˢ 9ᵈ dans la Table précédente, pour avoir 7ˢ 9ᵈ.

$$9^{tt}, 386$$
$$20$$
$$\overline{7^s, 720}$$
$$12$$
$$\overline{8^d, 640}$$

TABLE III.
Pour réduire les aunes de Paris en mètres.

N.	AUNES en MÈTRES.	Fract.	en MÉTR.	Fract.	en MÉTR.	Fract.	en MÉTR.
1	1,18845	1/2	0,594	5/8	0,743	7/16	0,520
2	2,37689	1/3	0,396	7/8	1,040	9/16	0,669
3	3,56534	2/3	0,792	1/12	0,099	11/16	0,817
4	4,75378	1/4	0,297	5/12	0,495	13/16	0,966
5	5,94223	3/4	0,891	7/12	0,693	15/16	1,114
6	7,13068	1/6	0,198	11/12	1,089		
7	8,31912	5/6	0,990	13/16	0,974		
8	9,50757	1/8	0,149	3/16	0,223		
9	10,69601	3/8	0,446	5/16	0,371		

APPLICATION.

On demande combien 347 aunes 2/3 valent de mètres?

La troisième Table donne:

$$
\begin{aligned}
300 \text{ aunes} &= 356,534 \\
40 \text{ aunes} &= 47,538 \\
7 \text{ aunes} &= 8,319 \\
2/3 \text{ aune} &= 0,792 \\
\hline
\text{Somme} \ldots\ldots\ldots\ldots &= 413,183
\end{aligned}
$$

347 aunes 2/3 valent donc 413 mètres, 18, ou 18 centimètres,
(Voyez les N.os 106, 108, 126, 127 et 135).

TABLE IV.
Pour réduire les mètres en aunes de Paris.

N.	MÈTRES en AUNES.	Décimale d'Aune.	en Fract.	Décimales d'Aune.	en Fract.	Décimales d'Aune.	en Fract.
1	0,84144	0,063	1/16	0,437	7/16	0,813	13/16
2	1,68287	0,083	1/12	0,438	7/12	0,833	5/6
3	2,52431	0,125	1/8	0,500	1/2	0,875	7/8
4	3,36574	0,167	1/6	0,563	9/16	0,917	11/12
5	4,20718	0,188	3/16	0,583	7/12	0,938	15/16
6	5,04861	0,250	1/4	0,625	5/8		
7	5,89005	0,313	5/16	0,667	2/3		
8	6,73148	0,333	1/3	0,688	11/16		
9	7,57292	0,375	3/8	0,750	3/4		

APPLICATION.

On demande combien 78 mètres, 13 centimètres valent d'aunes de Paris?

Pour avoir, en fraction d'aune, la valeur de la partie décimale 0,741, on cherchera, dans la même Table, le nombre qui en approchera le plus : on trouvera 0,750, qui répond à 3/4. Ainsi

$$
\begin{aligned}
70 \text{ mètres} &= 58,901 \\
8 \text{ mètres} &= 6,731 \\
0,1 \text{ dixième} &= 0,084 \\
0,03 \text{ centim.} &= 0,025 \\
\hline
\text{aunes} \quad\quad &\;\; 65,741
\end{aligned}
$$

78 mètres, 13 centimètres valent 65 aunes 3/4 environ.

TABLE V.

Pour réduire les toises, pieds, pouces, etc., en mètres.

N.	TOISES en MÈTRES.	PIEDS en MÈTRES.	POUCES en MÈTRE.	LIGNES en MÈTRE.
1	1,94904	0,32484	0,02707	0,00227
2	3,89807	0,64968	0,05414	0,00451
3	5,84711	0,97452	0,08121	0,00677
4	7,79615	1,29936	0,10828	0,00902
5	9,74519	1,62420	0,13535	0,01128
6	11,69422	1,94904	0,16242	0,01354
7	13,64326	2,27388	0,18949	0,01579
8	15,59239	2,59872	0,21656	0,01805
9	17,54133	2,92356	0,24363	0,02030

APPLICATION.

On demande la taille en *mètres* d'un homme de 5 pi. 6 po. 3 l.?

La cinquième Table donne :

```
5 pieds  ==  1m,6243
6 pouc.  ==  0 ,1624
3 lig.   == -0 ,0068
             _____
             1m,7934
```

La taille demandée est 1 mètre, 793 millimètres, ou 1 mètre 7 palmes 3 traits environ. (Voyez les Nos 106, 107 et 126).

TABLE VI.

Pour réduire les mètr. en tois., ou en pieds, ou en pouces, etc.

N.	MÈTRES en TOISES.	MÈTRES en PIEDS.	MÈTRES en POUCES.	MÈTRES en LIGNES.
1	0,513074	3,078441	36,94913	443,296
2	1,026148	6,15689	73,8827	886,592
3	1,539222	9,23533	110,8240	1329,888
4	2,052296	12,31378	147,7653	1773,184
5	2,565296	15,39222	184,7067	2216,480
6	3,078444	18,47066	221,6480	2659,775
7	3,591518	21,54911	258,5893	3103,071
8	4,104592	24,62755	295,5306	3546,367
9	4,617666	27,70600	332,4720	3989,663

APPLICATION.

Soit proposé de réduire 809 mètres, 73 centimètres en *toises* ?

La sixième Table donne :

```
800 mèt. ==  410 toi. ,459
     9   ==    4 ,618
   0,7   ==    0 ,359
  0,03   ==    0 ,015
             _____
             415 toi. ,451
```

Réponse..... 415 toi. ,451

En évaluant la partie décimale 0 toise, 451 en *pieds, pouces,* etc., on aura 415 toises 2 pieds 8 pouces 5 lignes environ.

15

TABLE VII.

Pour réduire les toises carrées, pieds carrés, pouces carrés et lignes carrées en mètres carrés.

N.	TOISES CARR. en mètres carr.	PIEDS CARR. en métr. carr.	POUCES CARR. en mètre carré.	LIGNES CARR. en mètre carré.
1	3,798744	0,105521	0,0007328	0,00000509
2	7,597487	0,211041	0,0014656	0,00001018
3	11,396231	0,316562	0,0021983	0,00001527
4	15,194975	0,422083	0,0029311	0,00002036
5	18,993718	0,527604	0,0036639	0,00002545
6	22,792462	0,633124	0,0043967	0,00003053
7	26,591205	0,738645	0,0051295	0,00003562
8	30,389949	0,844166	0,0058622	0,00004071
9	34,188693	0,949686	0,0065950	0,00004580

APPLICATION.

On demande la valeur de 19 toises car. 7 pieds car. 93 pouces car. en mètres carrés ?

On aura par la septième Table :

$$
\begin{aligned}
&&& \text{m. e.} \\
10 \text{ tqes carrées} &=& 37,&98744 \\
9 \text{ t. c.} &=& 34,&18869 \\
7 \text{ pi. c.} &=& 0,&73865 \\
90 \text{ po. c.} &=& 0,&06595 \\
3 \text{ po. c.} &=& 0,&00220 \\
\hline
&&& \text{m. e.} \\
&&& 72,98293
\end{aligned}
$$

Réponse. 72,98293

C'est-à-dire, 72 mètres carré 98 palmes 29 doigts environ.

TABLE VIII.

Pour réduire les mètres carrés en toises carrées, ou en pieds carrés, ou en pouces carrés, etc.

N.	MÈTR. CARR. en toises carr.	MÈTRES CARR. en pieds carrés.	MÈTRES CARR. en pouces car.	MÈTR. CARR. en lignes carr.
1	0,263245	9,47682	1364,66	196511
2	0,526490	18,95363	2729,32	393023
3	0,789735	28,43045	4093,99	589534
4	1,052980	37,90726	5458,65	786045
5	1,316225	47,38408	6823,31	982557
6	1,579469	56,86090	8187,97	1179068
7	1,842714	66,33771	9552,63	1375579
8	2,105959	75,81453	10917,30	1572090
9	2,369204	85,29134	12281,96	1768602

APPLICATION.

Soit proposé de réduire 5708 mètr. car. 30 en toises carrées ?

La huitième Table donne :

$$
\begin{aligned}
&&& \text{t. car.} \\
5000 \text{ m. car.} &=& 1316,&225 \\
700 &=& 184,&271 \\
8 &=& 2,&106 \\
0,3 &=& 0,&079 \\
0,004 &=& 0,&001 \\
\hline
&&& \text{t. car.} \\
&&& 1502,682
\end{aligned}
$$

Réponse. 1502,682

ou 1502 toises carrées 79 pouces carrés environ.

(Voyez les Nos 110 et 136).

TABLE IX. *Pour réduire les lieues car. terres, en lieues car. nouvelles, ainsi que les arp. et les perches car. en arp. nouv. et perches car. nouv.*

N.	Lieues car. terrestr. en lieue car. nouvelle	Arpens (E. et F.) en arpens nouveaux, ou perch. car. (de Paris) en perch. car. nouv.	Arpens (de Paris) en arpens nouveaux; ou perch. car. nouvelles au perch. car. nouv.
1	0,1975309	0,510720	0,341887
2	0,3950617	1,021440	0,683774
3	0,5925926	1,532160	1,025661
4	0,7901234	2,042880	1,367548
5	0,9876543	2,553600	1,709435
6	1,1851852	3,064320	2,051322
7	1,3827160	3,575040	2,393209
8	1,5802469	4,085760	2,735096
9	1,7777778	4,596480	3,076983

APPLICATION.

Un terrain contient 95 arpens et 67 perches carrées (eaux et forêts): combien contient-il d'hectares ou d'arpens nouveaux?

Comme l'arp. vaut 100 perch. car., on peut réduire 2567 perch. car. en ares ou perches carrées nouvelles, et avancer ensuite la virgule dans le produit de deux rangs vers la gauche.
Par la neuvième Table:

Perch. car. | Per. car-nouv.
2000 = 1021,440
500 = 255,360
60 = 30,643
7 = 3,575
‾‾‾‾‾‾‾‾‾‾‾‾
13,11p,018 = 13arp. 11 perch. car.2m.car.

(Voyez les Nos 109, 110, 136, 138 et 140.)

TABLE X. *Pour réduire les lieues carrées nouvelles en lieues carrées terrestres, ainsi que les arpens nouveaux et les perches carrées nouvelles en arpens, etc.*

N.	Lieues car. nouv. en lieues car. terrestres.	Arpens nouveaux, en arpens (E. et F.) ou perch. car. nouvelles en perch. car. (E. et F.)	Arpens nouveaux en arpens (de Paris) ou perch. car. nouvelles en perch. car. (de Paris)
1	5,06a5	1,958020	2,924943
2	10,1250	3,916040	5,849886
3	15,1875	5,874060	8,774829
4	20,2500	7,832080	11,699772
5	25,3125	9,790100	14,624715
6	30,3750	11,748120	17,549658
7	35,4375	13,706140	20,474601
8	40,5000	15,664160	23,399544
9	45,5625	17,622180	26,324487

APPLICATION.

On voudrait vendre un terrain labourable sur le pied de 1200f l'arpent (eaux et forêts); combien doit-on vendre, à proportion, l'hectare, ou l'arpent nouveau? —Il est clair que si l'arpent nouveau était un multiple ou un sous-multiple de l'arpent (eaux et forêts), le prix du premier serait le même multiple ou sous-multiple du prix du second; or, l'arpent nouveau est égal à 1,958o2 de l'arpent (eaux et forêts); il faut donc multiplier 1200f, prix de celui-ci, par 1,958o2, pour avoir le prix de l'arpent nouveau; ce qu'on peut effectuer comme il suit:
La dixième Table donne,

Pour 1000f... 1958f,02'
200.... 391,60
‾‾‾‾‾‾‾‾‾‾‾‾
Réponse........ 2349,62

TABLE XI.

Pour réduire les Toises cubiques, Pieds cubiques, etc., en Mètres cubiques.

N.	TOIS. CUB. en métr. cub.	PIEDS CUB. en métr. cub.	POUCES CUB. en mètre cub.	LIGNES CUBIQ. en mètre cubique.
1	7,403890	0,0342773	0,00001 9836	0,00000001148
2	14,807781	0,0685545	0,00003 9673	0,00000002296
3	22,211671	0,1028318	0,00005 9509	0,00000003444
4	29,615561	0,1371090	0,00007 9346	0,00000004592
5	37,019452	0,1713863	0,00009 9182	0,00000005740
6	44,423342	0,2056636	0,00011 9018	0,00000006888
7	51,827232	0,2399408	0,00013 8855	0,00000008036
8	59,231122	0,2742181	0,00015 8691	0,00000009184
9	66,635013	0,3084953	0,00017 8528	0,00000010332

APPLICATION.

On demande la valeur de 47 toises cubiques 200 pieds cubiques en mètres cubiques?

La onzième Table donne :

$$
\begin{array}{lll}
 & & \text{m. c.} \\
40 \text{ toises cubiques} & = & 296,1556 \\
7 & = & 51,8272 \\
200 \text{ pieds cub.} & = & 6,8555 \\
\hline
 & & 354,8383
\end{array}
$$

Réponse : 354 mètres cub. 838 décimètres cub., ou 838 palmes cubiq.
(Voyez les Nos 107, 111, 126, 136 et 139.)

TABLE XII.

Pour réduire les Mètres cubiques en Toises cubiques ou en Pieds cubiques.

N.	MÉTR. CUB. en toise cub.	MÉTR. CUB. en pieds cub.	MÉTR. CUB. en pouces cub.	MÉTR. CUB. en lignes cubiq.
1	0,135064	29,17385	50412,42	8711 2655
2	0,270128	58,34770	100824,83	17422 3510
3	0,405193	87,52156	151237,25	26133 7965
4	0,540257	116,69541	201649,66	34845 6019
5	0,675321	145,86926	252062,08	43556 3274
6	0,810385	175,04311	302474,50	52266 7599
7	0,945449	204,21696	352886,91	60978 8384
8	1,080513	233,39082	403299,33	69090 1239
9	1,215577	262,56467	453711,74	78401 3894

APPLICATION.

Si la toise cubique de moellons coûte 16 f., combien doit valoir, à proportion, le mètre cubique?

En opérant d'une manière semblable à celle de l'exemple de la dixième Table, on aura par la Table XIIe :

$$
\begin{array}{lll}
\text{Pour } 10 \text{ f} & \ldots\ldots & 1 \text{ f},35 \text{ c.} \\
6 & \ldots\ldots & 0\ ,81 \\
\hline
\end{array}
$$

Le mètre cubique vaudra.... 2 f,16 c.

TABLE XIII.

Pour réduire les cordes de bois (eaux et forêts), et les so-lives (charpente) en stères.

N.	CORDES de bois (eaux et forêts), EN STÈRES.	SOLIVES (charpente) en STÈRE.
1	3,8391	0,10283
2	7,6781	0,20566
3	11,5172	0,30850
4	15,3562	0,41133
5	19,1953	0,51416
6	23,0343	0,61699
7	26,8734	0,71982
8	30,7124	0,82265
9	34,5515	0,92549

APPLICATION.

On demande combien 38 solives valent de solives nouvelles?

La treizième Table donne :

$$
\begin{array}{ll}
& \text{stères} \\
\text{30 solives} = & 3,0850 \\
\text{8} = & 0,8227 \\
\hline
& 3,9077
\end{array}
$$

Comme un *stère* vaut à-peu-près 10 solives nouv., les 38 solives anc. vaudront 39 solives nouvelles, et environ un *dixième* de solive.
(Voyez les Nos 112, 113, 129 et 141).

TABLE XIV.

Pour réduire les stères en cordes de bois (eaux et forêts), ou en solives (charpente).

N.	STÈRES en CORDES DE BOIS.	STÈRES en SOLIVES.
1	0,26048	9,7246
2	0,52096	19,4492
3	0,78144	29,1739
4	1,04192	38,8985
5	1,30241	48,6231
6	1,56289	58,3477
7	1,82337	68,0723
8	2,08385	77,7970
9	2,34433	87,5216

APPLICATION.

Quelle est la valeur de 96 stères en *cordes de bois?*

La quatorzième Table donne :

$$
\begin{array}{ll}
& \text{cordes} \\
\text{90 stères} = & 23,44 \\
\text{6} = & 1,56 \\
\hline
& 25,00
\end{array}
$$

Ainsi, 96 stères valent 25 cordes de bois (*eaux et forêts*), ou, comme la *corde* vaut 2 voies de bois, les 96 stères vaudront 50 voies.

TABLE XV.

Pour réduire les veltes et les pintes de Paris en litres ou pintes nouvelles; et les setiers, boisseaux, litrons de Paris, en litres ou litrons nouveaux.

N.	VELTES en litres.	PINTES en litres.	SETIERS en litres.	BOISSEAUX en litres.	LITRONS en litres.
1	7,4506	0,9313	156,10	13,008	0,8130
2	14,9012	1,8626	312,20	26,017	1,6260
3	22,3518	2,7940	468,30	39,025	2,4391
4	29,8024	3,7253	624,40	52,033	3,2521
5	37,2530	4,6566	780,50	65,042	4,0651
6	44,7036	5,5879	936,60	78,050	4,8781
7	52,1542	6,5193	1092,70	91,058	5,6911
8	59,6048	7,4506	1248,80	104,066	6,5042
9	67,0554	8,3819	1404,90	117,075	7,3172

APPLICATION.

Soit un tonneau que l'on suppose contenir 240 pintes de Paris: on demande combien il contient de *litres ou pintes nouvelles?*
La quinzième Table donne :

$$
\begin{array}{rl}
\text{pintes} & \text{litres} \\
200 = & 186,26 \\
40 = & 37,25 \\
\hline
240 = & 223,51
\end{array}
$$

Réponse : 223 litres, 51 centilitres, ou 223 pintes nouvelles 5 verres;
ou enfin 22 veltes nouvelles 3 pintes 5 verres,
(Voyez les Nos 8,4, 115, 130, 142 et 143).

TABLE XVI.

Pour réduire les litres en veltes ou en pintes de Paris; ou bien en setiers, ou en boisseaux, ou en litrons.

N.	LITRES ou p.-nouv. en velte.	LITRES en pintes ou litrons n. en setier.	LITRES en cuillerons n. en setier.	LITRES en boisseau	LITRES en litrons.
1	0,13492	1,9737	0,0064606	0,076807	1,230
2	0,26844	2,1475	0,0128812	0,153575	2,460
3	0,40266	3,2212	0,0192919	0,230062	3,690
4	0,53688	4,2950	0,0256625	0,307050	4,920
5	0,67110	5,3687	0,0320031	0,384037	6,150
6	0,80532	6,4424	0,0384437	0,461124	7,380
7	0,93954	7,5162	0,0448843	0,538112	8,610
8	1,07376	8,5899	0,0512250	0,614499	9,840
9	1,20798	9,6637	0,0576656	0,691187	11,070

APPLICATION.

Quelle est la valeur de 1 muid 3 setiers 3 boisseaux 5 litres nouveaux c'est-à-dire, de 1335 litres en *setiers de Paris?*
La seizième Table donne :

$$
\begin{array}{rl}
\text{litres} & \text{setiers de Paris} \\
1000 = & 6,406 \\
300 = & 1,922 \\
30 = & 0,192 \\
5 = & 0,032 \\
\hline
1335 = & 8,552 = \text{8 setiers 6 boisseaux 10 litrons.}
\end{array}
$$

TABLE XVII.

Pour réduire les livres, onces, gros et grains, poids de marc, en kilogrammes.

N.	LIVRES en kilogram.	ONCES en kilogram.	GROS en kilogramme.	GRAINS en kilogramme.
1	0,48951	0,03059	0,0038264	0,0000531
2	0,97901	0,06119	0,0007648	0,0001062
3	1,46852	0,09178	0,0011472	0,0001593
4	1,95802	0,12238	0,0015296	0,0002124
5	2,44753	0,15297	0,0019120	0,0002655
6	2,93704	0,18356	0,0022944	0,0003186
7	3,42654	0,21416	0,0026768	0,0003717
8	3,91605	0,24475	0,0030592	0,0004248
9	4,40555	0,27535	0,0034416	0,0004779

APPLICATION.

Un lingot d'argent pèse 58 livres 6 onces 5 gros poids de marc : combien pèse-t-il en *kilogrammes* ?

La dix-septième Table donne :

5o livres	=	24 kilog.	,4753
8	=	3	,9161
6 onces	=	0	,1836
5 gros	=	0	,0191

$$\overline{\quad 28 \text{ kilog.},5941\quad}$$

Réponse.. 28 kilog., 594, ou 594 grammes.

D'ARITHMÉTIQUE.

TABLE XVIII.

Pour réduire les kilogrammes en livres, ou en onces, ou en gros, ou en grains, poids de marc.

N.	KILOGRAMMES en livres anc.	KILOGRAMMES en onces.	KILOGRAMMES en gros.	KILOGRAM. en grains.
1	2,04288	32,686	261,49	18827
2	4,08575	65,372	522,98	37654
3	6,12863	98,058	784,46	56481
4	8,17150	130,744	1045,95	75309
5	10,21438	163,430	1307,44	94136
6	12,25726	196,116	1568,93	112963
7	14,30013	228,803	1830,42	131790
8	16,34301	261,488	2091,90	150617
9	18,38588	294,174	2353,39	169444

APPLICATION.

Preuve de l'opération précédente par la dix-huitième Table :

20 kilog.	=	4o liv.	,8575
8	=	16	,3430
0,5	=	1	,0214
0,09	=	0	,1839
0,004	=	0	,0082
0,0001	=	0	,0002

$$\overline{\quad 58^{\text{liv.}},4142 = 58 \text{ livres } 6 \text{ onces } 5 \text{ gros env.}\quad}$$

(Voyez les N°s 116, 131, 134 et 144).

TABLEAU

DES VALEURS DE QUELQUES MESURES DE LORRAINE EN NOUVELLES MESURES ET RÉCIPROQUEMENT (1).

La toise de Lorraine vaut en mètres... 2^{m}, 859358
Le pied, qui est le 10e de la toise,..... o , 285936
Le pouce, qui est le 10e du pied,...... o , 028594
La ligne, qui le 10e du pouce,........ o , 002859

Le mètre vaut en toise de Lorraine....	$0^{t.}$	$3^{pi.}$ $4^{pou.}$	$9^{li.}$	,728
Le décamètre...................	3	4 9	7	,280
L'hectomètre...................	34	9 7	2	,800
Le décimètre...................	o	o 3	4	,973
Le centimètre..................	o	o o	3	,497
Le millimètre..................	o	o o	o	,350

L'aune de Lorraine vaut en mètre...... 0^{m}, 639527

Le mètre vaut en aune de Lorraine..... 1^{au}, 563655

La toise carrée de Lorraine vaut en mè-
tres carrés.................... $8^{m.c.}$, 175928
Le pied carré, en décimètres carrés.... $8^{d.m.c.}$, 175928
Le pouce carré en centimètres carés.... $8^{c.m.c.}$, 175928

Le mètre carré vaut en toise carrée de
Lorraine..................... $0^{t.c.}$, 122310
Le décimètre carré, en pied carré..... $0^{p.c.}$, 122310
Le centimètre carré en pouce carré..... $0^{po.c.}$, 122310

Le pied carré vaut en mètre carré...... $0^{m.c.}$, 0817593
Le pouce carré.................. o , 0008176
La ligne carrée.................. o , 00000817

L'arpent de Lorraine de 250 verges vaut
en ares (2)................... 20^{a}, 4398204
L'arpent de Vic, de 320 verges....... 23 , 4490302
L'arpent de Réchicourt, de 372 verges.. 27 , 3594976
L'arpent de Metz, de 400 verges...... 35 , 4666462

(1) Voyez les N°s 215, 216 et 117.

(2) L'*arpent* ou le *jour* se divise en 10 *hommées*. L'hommée vaut 25 toises carrées de Lorraine.

L'hommée de Lorraine, qui est le 10ᵉ de l'arpent,...................... 2ᵃʳᵉˢ, 0439820

La toise cubique de Lorr. vaut en mètres cubiques...................... 23ᵐ·ᶜ·, 3779056
Le pied cubique en décimètres cubiques.. 23ᵈ·ᵐ·ᶜ·, 3779056

Le mètre cubique vaut en toise cubique de Lorraine...................... 0ᵗ·ᶜ·, 4277543
Le décimètre cubique en pied cubique.. 0ᵖⁱ·ᶜ·, 4277543

La corde de Nancy vaut en stères...... 2ˢ, 972179

Le stère en corde de Nancy.......... 0ᶜ, 336453

Le resal (1) de Nancy, mesuré ras, vaut en hectolitre................... 1ʰ·ˡⁱ·, 1725
Id. mesuré comble................. 1 , 5470
Le resal d'Épinal, mesuré ras......... 1 , 2484
Id. mesuré comble................. 1 , 6206
Le resal de Neufchâteau, mesuré ras.... 1 , 2055
Id. mesuré comble................. 1 , 5525
Le resal de St.-Dié, mesuré ras....... 1 , 2202
Id. mesuré comble................. 1 , 5782

La quarte de Pont-à-Mousson, mesurée rase, vaut en litres............... 83ˡⁱ·, 787
Id. de Nomeny .... 69 , 8225
Id. d'Essey-en-Vœvre.............. 88 , 865
Id. de St-Avold................... 76 , 17
Id. de Vic et de Fribourg........... 63 , 475
Id. de Château-Voué.............. 66 , 014
Id. de Château-Salins............. 69 , 824
Le firtel de Sarrebourg et de Phalsbourg. 100 , 135
Le resal de Badonvillers et de Lorquin.. 126 , 9527
Id. de Blâmont.................... 120 , 605
Le bichet de Toul................. 94 , 99

Le virlis, vaut en hectolitres........ 3ʰ·ˡⁱ·, 084953

La mesure (2), vaut en litres......... 44ˡⁱ·, 070757
La charge ou hotte............... 39 , 1740048
Le pot.......................... 2, , 4483753

(1) Le resal comprend 4 *bichets*; le bichet 2 *imaux* ou *boisseaux*.
(2) La mesure de Lorraine comprend 18 *pots*; le pot, 2 *pintes*.

EXPLICATION

DE QUEQUES TERMES EMPLOYÉS DANS CET OUVRAGE.

PROPOSITION est une vérité. Elle se compose de l'*Hypothèse* et de la *Conclusion*.

L'Hypothèse est une supposition, la Conclusion est le principe qui naît de la supposition qu'on a faite.

Quand on dit, par exemple : *Deux quantités égales à une même troisième, sont égales entre elles,* c'est comme si l'on disait : *En supposant que deux quantités soient égales à une même troisième, il en résulte un principe, c'est que ces deux quantités sont égales entre elles.*

L'hypotèse est encore une supposition faite dans le cours d'une démonstration, pour donner plus de force et de clarté au raisonnement.

La proposition est un *Axiome*, un *Théorème*, *un Lemme*, un *Problème*, un *Corollaire* ou un *Scholie*.

AXIOME est une vérité évidente par elle-même. Par exemple : *le tout est de même espèce que les parties qui le composent.*

THÉORÈME est une vérité qui, pour devenir évidente, a besoin d'être prouvée par un raisonnement qu'on appelle *Démonstration.*

LEMME est une proposition qui n'est pas utile par elle-même, et qu'on n'expose qu'afin de pouvoir justifier, par son moyen, soit une autre proposition, soit la solution d'une question, qu'on ne pourrait démontrer sans le secours de ce lemme.

PROBLÈME est une question proposée ou une vérité à découvrir : dans tous les cas le problème exige une *solution.*

La solution d'un problème est la réponse à la question proposée, c'est-à-dire la détermination de ce qui était d'abord inconnu.

Les *données* d'un problème sont les quantités connues par la question, à l'aide desquelles on parvient à trouver celles qui sont inconnues.

COROLLAIRE est une conséquence que l'on tire d'un principe ou de la solution d'un problème.

SCHOLIE est une remarque sur une ou plusieurs propositions ou méthodes précédentes, afin de faire apercevoir leur liaison, leur utilité, leur restriction ou leur extention.

DÉFINITION (UNE) est l'explication d'un mot, ou l'indication du but qu'une opération doit atteindre.

MÉTHODE (UNE) est la manière de parvenir sûrement, et le plus promptement possible, à un but déterminé. Après la justesse, la qualité la plus essentielle à une méthode est la simplicité, ou la facilité d'exécution. (Nos 21 et 23).

DÉMONSTRATION (UNE) est un raisonnement destiné à prouver la vérité d'un théorême, d'un lemme et d'un corollaire ; la justesse et l'art d'une méthode ; enfin, l'exactitude des procédés employés à la solution d'un problème. (Nº 22).

La démonstration est générale, quand on y raisonne abstraction faite de tel ou tel nombre.

Néanmoins une démonstration appliquée à tel ou tel nombre, peut être considérée comme suffisamment générale, lorsque les raisonnemens sont indépendans de la valeur même de ces nombres.

C'est le caractère de la plupart des démonstrations données dans cet ouvrage.

Il y a encore des *vérités de conventions* et des *identités*.

Les vérités de conventions sont des principes qu'on a librement établis, ou qui ne tiennent pas à la nature même des choses.

C'est ainsi que, dans notre numération, on est convenu que de dix unités d'un certain ordre, on formerait une unité d'un autre ordre. De même, *deux fois deux font quatre*, par exemple, n'est qu'une vérité de convention.

Les identités sont des propositions tacitement renfermées dans une définition, ou qui sont la conséquence nécessaire d'un principe convenu.

Par exemple, une quantité est la moitié de son double; le tiers de son triple ; etc. De même, tout nombre est le carré de sa racine carrée ; le cube de sa racine cubique ; etc.

La *réciproque* d'une proposition est une autre proposition dans laquelle on démontre ce qu'on supposait dans la première, et dont la supposition faisait l'objet de la conclusion de celle-ci.

Ainsi, le théorême suivant, *un nombre terminé par o, ou par un chiffre pair, est divisible exactement par 2*, a pour théorême réciproque, celui-ci : *un nombre exactement divisible par 2, est nécessairement terminé par o, ou par un chiffre pair.*

Par opposition à la proposition réciproque, la première se nomme *directe*.

Le problème réciproque d'un autre, est une question dans laquelle on suppose connu ce qu'il fallait déterminer dans la première, tandis que les données de celle-ci sont, en tout ou en partie, l'objet des recherches du problème réciproque.

Par exemple, la question suivante : *à 3 sous la livre de pain, combien coûteront 100 livres de ce comestible ?* a pour réciproque : *100 livres de pain coûtent 15 francs : à combien revient la livre?*

AXIOMES

CITÉS DANS LE COURS DE CET OUVRAGE.

I. On ne peut trouver de terme de comparaison qu'entre des quantités de même espèce.

II. Si toutes les parties d'un tout deviennent chacune un certain nombre de fois plus grandes ou plus petites, le tout devient aussi le même nombre de fois plus grand ou plus petit.

III. Le tout est égal à toutes ses parties prises ensemble.

IV. On ne peut former un seul tout qu'avec des parties homogènes, ou qui se rapportent au même terme de comparaison.

V. On ne change pas la différence de deux quantités quand on les augmente ou qu'on les diminue d'une même quantité.

VI. La partie est de même espèce que le tout auquel elle appartient.

VII. Deux quantités semblables à une même troisième, sont semblables entre elles.

VIII. Une quantité rendue un certain nombre de fois plus grande, et le même nombre de fois plus petite, ou réciproquement, ne change pas de valeur.

IX Une quantité n'est contenue dans une autre qu'autant de fois qu'on peut l'en ôter.

X. Si d'un tout on ôte toutes les parties, il ne peut rien rester.

XI. Si l'on augmente ou si l'on diminue une quantité de ce qui lui manque pour en égaler une autre, ou de ce dont elle surpasse cette autre quantité, on rend la première quantité égale à la seconde.

XII. Si toutes les parties d'un tout sont chacune divisible exactement par une même quantité, celle-ci divise exactement le tout lui-même.

XIII. Le tout est plus grand que sa partie.

XIV. Prendre une certaine portion d'un tout, ou prendre la même portion de toutes ses parties, revient au même, et réciproquement.

XV. Plus ou moins il y a de parties égales dans un même tout, plus ces parties sont petites ou grandes.

XVI. Si, dans un même tout, on forme un certain nombre de fois plus ou moins de parties égales, qu'on n'en formait d'abord, on rend les parties de ce tout le même nombre de fois plus petites ou plus grandes. Et si, sans changer la grandeur de ces parties, on en prend un certain nombre de fois plus ou moins, qu'on n'en prenait auparavant, on forme une quantité le même nombre de fois plus grande ou plus petite.

XVII. Le tout contient des unités ou des parties de même grandeur que les diverses quantités dont il n'est que la réunion.

XVIII. Une quantité devient plus grande, quand on la multiplie par une quantité plus grande que celle par laquelle on la divise; et plus petite, dans le cas contraire.

XIX. Deux quantités composées respectivement des mêmes parties, prises de la même manière, sont égales.

XX. Deux quantités composées des mêmes parties, prises de la même manière, à l'exception d'une seule, sont nécessairement inégales.

XXI. Deux quantités égales, soumises identiquement aux mêmes opérations, restent égales entre elles.

SIGNES USITÉS EN ARITHMÉTIQUE.

Le signe de l'Addition, se prononce *plus* et s'écrit............ +
Celui de la Soustraction, *moins*, et s'écrit..................... —
Celui de la Multiplication, *multiplié par*, et s'écrit.......... ×
Celui de la Division, *divisé par*, et s'écrit.................... :
Celui de l'égalité, *égale*, et s'écrit.............................. =

CHIFFRES ROMAINS.

I.   V.   X.   L.   C.   D.   M.
1   5   10   50   100 500 1000

Avec les sept lettres ou caractères ci-dessus, on peut représenter tous les nombres; mais il faut observer que la lettre qui est à la gauche d'une autre de plus grande valeur, diminue celle-ci de la valeur de la première. Ainsi IV ne vaut que quatre, IX vaut neuf, XL vaut quarante, etc. Les chiffres arabes, qui sont à côté des chiffres romains, marquent la valeur de ceux-ci.

I....................	1.	XXX..............	30.
II...................	2.	XL...............	40.
III..................	3.	L................	50.
IV...................	4.	LV...............	55.
V....................	5.	LX...............	60.
VI...................	6.	LXX..............	70.
VII..................	7.	LXXX.............	80.
VIII.................	8.	XC...............	90.
IX...................	9.	C................	100.
X....................	10.	CC...............	200.
XI...................	11.	CCC..............	300.
XII..................	12.	CD, *ou* IV°.....	400.
XIII.................	13.	D................	500.
XIV..................	14.	DC...............	600.
XV...................	15.	DCC..............	700.
XVI..................	16.	CM...............	900.
XVII.................	17.	M................	1000.
XVIII................	18.	MM...............	2000.
XIX..................	19.	MD...............	1500.
XX...................	20.	MIX..............	1009.

ÉLÉMENS

TABLE

SERVANT A DÉTERMINER LE NOMBRE DE JOURS QU'IL Y A ENTRE DEUX
ÉPOQUES QUELCONQUES DE L'ANNÉE.

	Janv.	Fév.	Mars.	Av.	Mai.	Juin.	Juil.	Aout	Sep.	Oct.	Nov.	Déc.
1		32	60	91	121	152	182	213	244	274	305	335
2		33	61	92	122	153	183	214	245	275	306	336
3		34	62	93	123	154	184	215	246	276	307	337
4		35	63	94	124	155	185	216	247	277	308	338
5		36	64	95	125	156	186	217	248	278	309	339
6		37	65	96	126	157	187	218	249	279	310	340
7		38	66	97	127	158	188	219	250	280	311	341
8		39	67	98	128	159	189	220	251	281	312	342
9		40	68	99	129	160	190	221	252	282	313	343
10		41	69	100	130	161	191	222	253	283	314	344
11		42	70	101	131	162	192	223	254	284	315	345
12		43	71	102	132	163	193	224	255	285	316	346
13		44	72	103	133	164	194	225	256	286	317	347
14		45	73	104	134	165	195	226	257	287	318	348
15		46	74	105	135	166	196	227	258	288	319	349
16		47	75	106	136	167	197	228	259	289	320	350
17		48	76	107	137	168	198	229	260	290	321	351
18		49	77	108	138	169	199	230	261	291	322	352
19		50	78	109	139	170	200	231	262	292	323	353
20		51	79	110	140	171	201	232	263	293	324	354
21		52	80	111	141	172	202	233	264	294	325	355
22		53	81	112	142	173	203	234	265	295	326	356
23		54	82	113	143	174	204	235	266	296	327	357
24		55	83	114	144	175	205	236	267	297	328	358
25		56	84	115	145	176	206	237	268	298	329	359
26		57	85	116	146	177	207	238	269	299	330	360
27		58	86	117	147	178	208	239	270	300	331	361
28		59	87	118	148	179	209	240	271	301	332	362
29			88	119	149	180	210	241	272	302	333	363
30			89	120	150	181	211	242	273	303	334	364
31			90		151		212	243		304		365

EXPLICATION.

Les nombres inscrits dans cette table expriment les numéros de
chaque jour d'une année ordinaire. Par exemple, le 29 juillet, est le
210e; et l'on voit que, pour trouver ce nombre 210, il faut prendre,
dans la colonne du mois de juillet, celui qui correspond à 29,
dans la première colonne.

Pour déterminer le nombre de jours qu'il y a entre deux jours indiqués, il suffit de soustraire l'un de l'autre les nombres qui, dans la table, correspondent à ces jours. Par exemple, 125 et 195, répondent respectivement au 5 mai et au 14 juillet, d'où l'on conclut qu'il y a 70 jours entre ces deux époques.

Si l'année est bissextile, c'est-à-dire, si février a 29 jours, le 1er mars devient le 61e jour de l'année, au lieu d'être le 60e; le 2 mars, le 62e, au lieu du 61e qu'il est dans les années ordinaires; et ainsi de suite pour tous les autres jours qui sont postérieurs au 29 février.

Il y a donc lieu d'ajouter 1 au résultat donné par la méthode précédente, toutes les fois seulement qu'on cherche, dans une année bissextile, l'intervalle entre deux jours dont l'un est antérieur au 29 février, et l'autre postérieur. Ainsi, dans une année commune, il y a 226 jours du 13 février au 27 septembre; et par conséquent 227 dans une année bissextile, puisqu'alors le 27 septembre est le 271e jour de l'année, au lieu d'être le 270e (Voyez les nos 160 et 173).

TABLE D'ADDITION.

0	1	2	3	4	5	6	7	8	9
1	2	3	4	5	6	7	8	9	10
2	3	4	5	6	7	8	9	10	11
3	4	5	6	7	8	9	10	11	12
4	5	6	7	8	9	10	11	12	13
5	6	7	8	9	10	11	12	13	14
6	7	8	9	10	11	12	13	14	15
7	8	9	10	11	12	13	14	15	16
8	9	10	11	12	13	14	15	16	17
9	10	11	12	13	14	15	16	17	18

La première ligne horizontale contient la suite naurelle des nom—bres. Il en est de même de la première ligne verticale. Les nombres des cases de la seconde ligne horizontale se forment en ajoutant 1 au nombre 1, qui occupe la première case de cette ligne, et en faisant une pareille addition à chaque nombre précédemment obtenu. Les nombres des cases des autres lignes horizontales se déterminent d'une manière analogue.

Il résulte de ce mode de formation de la table, que les cases des lignes verticales suivent la même loi que celles des lignes horizontales.

La somme de deux nombres se trouve toujours dans la case commune aux deux lignes horizontale et verticale où l'on a pris respectivement ces deux nombres.

Par exemple, 14 se trouve dans la case commune à la 8ᵉ ligne horizontale et à la 6ᵉ ligne verticale, où l'on a respectivement pris les nombres 8 et 6, qu'on aurait pu prendre autrement, c'est-à-dire, 6 dans la ligne horizontale, et 8 dans la ligne verticale, puisque le résultat eût été le même.

TABLEAUX

DE LA VALEUR DES ANCIENNES PIÈCES DE 3#; 6#; 24# ET 48# EN FRANCS.

	PETITS ÉCUS.				GROS ÉCUS		
NOMBR.	VALEUR en francs.	NOMBRE de pièces.	VALEUR en francs.	NOMBR.	VALEUR en francs.	NOMBRE de pièces.	VALEUR en francs.
	fr. c.		fr. c.		fr. c.		fr. c.
1	2 75	36	99 00	1	5 80	36	208 80
2	5 50	37	101 75	2	11 60	37	214 60
3	8 25	38	104 50	3	17 40	38	220 40
4	11 00	39	107 25	4	23 20	39	226 20
5	13 75	40	110 00	5	29 00	40	232 00
6	16 50	41	112 75	6	34 80	41	237 80
7	19 25	42	115 50	7	40 60	42	243 60
8	22 00	43	118 25	8	46 40	43	249 40
9	24 75	44	121 00	9	52 20	44	255 20
10	27 50	45	123 75	10	58 00	45	261 00
11	30 25	46	126 50	11	63 80	46	266 80
12	33 00	47	129 25	12	69 60	47	272 60
13	35 75	48	132 00	13	75 40	48	278 40
14	38 50	49	134 75	14	81 20	49	284 20
15	41 25	50	137 50	15	87 00	50	290 00
16	44 00	100	275 00	16	92 80	100	580 00
17	46 75	200	550 00	17	98 60	200	1160 00
18	49 50	300	825 00	18	104 40	300	1740 00
19	52 25	400	1100 00	19	110 20	400	2320 00
20	55 00	500	1375 00	20	116 00	500	2900 00
21	57 75	600	1650 00	21	121 80	600	3480 00
22	60 50	700	1925 00	22	127 60	700	4060 00
23	63 25	800	2200 00	23	133 40	800	4640 00
24	66 00	900	2475 00	24	139 20	900	5220 00
25	68 75	1000	2750 50	25	145 00	1000	5800 00
26	71 50	2000	5500 00	26	150 80	2000	11600 00
27	74 25	3000	8250 00	27	156 60	3000	17400 00
28	77 00	4000	11000 00	28	162 40	4000	23200 00
29	79 75	5000	13750 00	29	168 20	5000	29000 00
30	82 50	6000	16500 00	30	174 00	6000	34800 00
31	85 25	7000	19250 00	31	179 80	7000	40600 00
32	88 00	8000	22000 00	32	185 60	8000	46400 00
33	90 75	9000	24750 00	33	191 40	9000	52200 00
34	93 50	10000	27500 00	34	197 20	10000	58000 00
35	96 25	20000	55000 00	35	203 00	20000	116000 00

LOUIS DE 24 LIVRES.				DOUBL. LOUIS DE 48 LIV.			
NOMBR.	VALEUR en francs	NOMB. de pièces	VALEUR en francs.	NOMBR.	VALEUR en francs	NOMB. de pièces	VALEUR en francs
	fr. c.		fr. c.		fr. c.		fr. c.
1	23 55	40	942 00	1	47 20	40	1888 00
2	47 10	41	965 55	2	94 40	41	1935 20
3	70 65	42	989 10	3	141 60	42	1982 40
4	94 20	43	1012 65	4	188 80	43	2029 60
5	117 75	44	1036 20	5	236 00	44	2076 80
6	141 30	45	1059 75	6	283 20	45	2124 00
7	164 85	46	1083 30	7	330 40	46	2171 20
8	188 40	47	1106 85	8	377 60	47	2218 40
9	211 95	48	1130 40	9	424 80	48	2265 60
10	235 50	49	1153 95	10	472 00	49	2312 80
11	259 05	50	1177 50	11	519 20	50	2360 00
12	282 60	51	1201 05	12	566 40	51	2407 20
13	306 15	52	1224 60	13	613 60	52	2454 40
14	329 70	53	1248 15	14	660 80	53	2501 60
15	353 25	54	1271 70	15	708 00	54	2548 80
16	376 80	55	1295 25	16	755 20	55	2596 00
17	400 35	56	1318 80	17	802 40	56	2643 20
18	423 90	57	1342 35	18	849 60	57	2690 40
19	447 45	58	1365 90	19	896 80	58	2737 60
20	471 00	59	1389 45	20	944 00	59	2784 80
21	494 55	60	1413 00	21	991 20	60	2832 00
22	518 18	70	1648 50	22	1038 40	70	3304 00
23	541 65	80	1884 00	23	1085 60	80	3776 00
24	565 20	90	2119 50	24	1132 80	90	4248 00
25	588 75	100	2355 00	25	1180 00	100	4720 00
26	612 30	150	3532 50	26	1227 20	150	7080 00
27	635 85	200	4710 00	27	1274 40	200	9440 00
28	659 40	250	5887 50	28	1321 60	250	11800 00
29	682 95	300	7065 00	29	1368 80	300	14160 00
30	706 50	350	8242 50	30	1416 00	350	16520 00
31	730 05	400	9420 00	31	1463 20	400	18880 00
32	753 60	450	10597 50	32	1510 40	450	21240 00
33	777 15	500	11775 00	33	1557 60	500	23600 00
34	800 70	550	12952 50	34	1604 80	550	25960 00
35	824 25	600	14130 00	35	1652 00	600	28320 00
36	847 80	700	16485 00	36	1699 20	700	33040 00
37	871 35	800	18840 00	37	1746 40	800	37760 00
38	894 90	900	21195 00	38	1793 60	900	42480 00
39	918 45	1000	23550 00	39	1840 80	1000	47200 00

TABLE

DES MATIÈRES.

FIN DE LA TABLE.

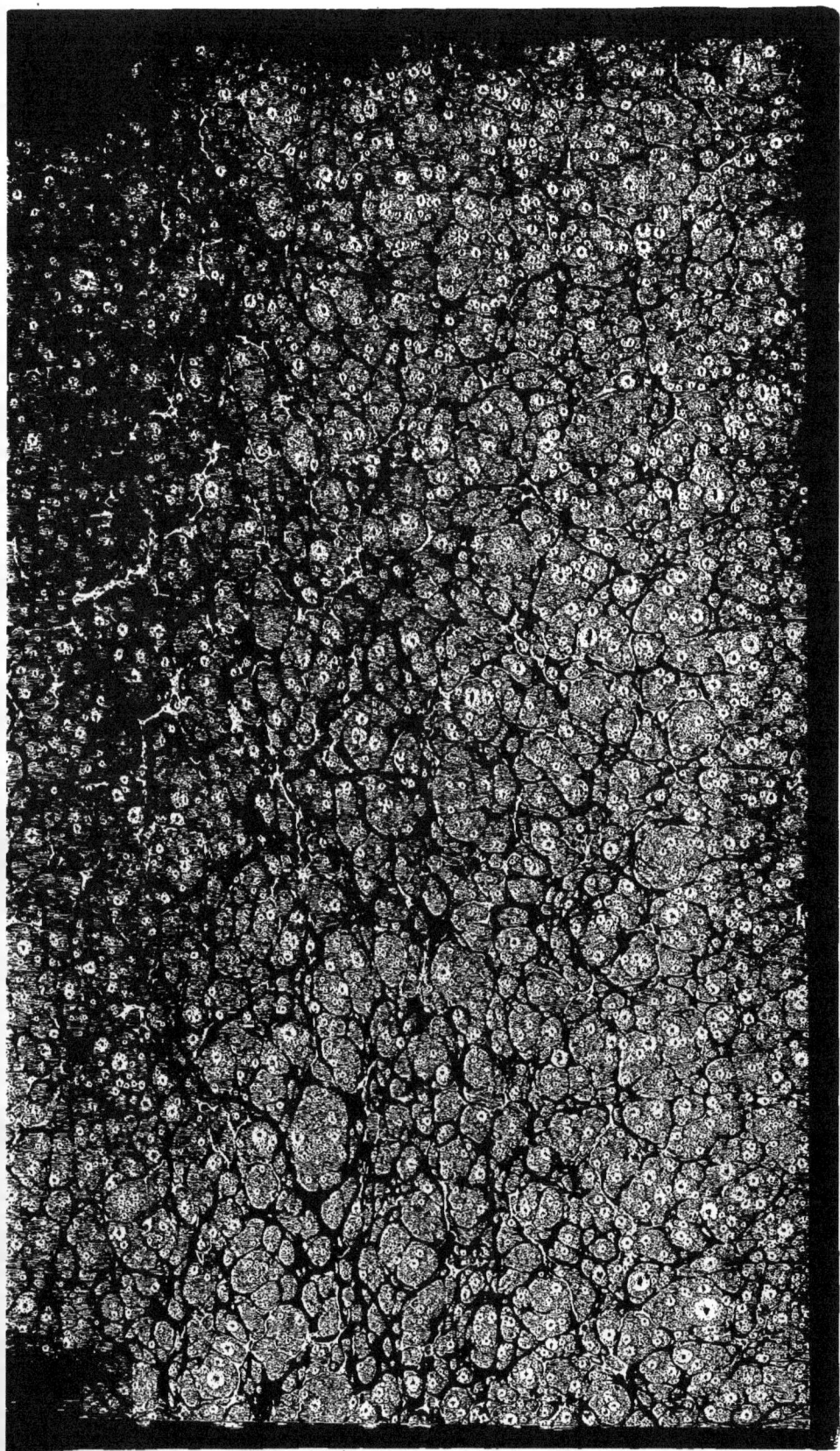

www.ingramcontent.com/pod-product-compliance
Lightning Source LLC
Chambersburg PA
CBHW071630200326
41519CB00012BA/2228